NÃO É
O FIM DO
MUNDO

HANNAH RITCHIE

NÃO É O FIM DO MUNDO

Fatos surpreendentes, mitos perigosos e soluções promissoras para o futuro do nosso planeta.

Tradução
FÁBIO ALBERTI

COPYRIGHT © FARO EDITORIAL, 2025

COPYRIGHT © DR HANNAH RITCHIE, 2024
FIRST PUBLISHED AS NOT THE END OF THE WORLD IN 2024 BY CHATTO
& WINDUS, AN IMPRINT OF VINTAGE. VINTAGE IS PART OF THE PENGUIN
RANDOM HOUSE GROUP OF COMPANIES.

Todos os direitos reservados.

Nenhuma parte deste livro pode ser reproduzida sob quaisquer meios existentes sem autorização por escrito do editor.

Diretor editorial **PEDRO ALMEIDA**
Coordenação editorial **CARLA SACRATO**
Assistente editorial **LETÍCIA CANEVER**
Tradução **FÁBIO ALBERTI**
Preparação **ARIADNE MARTINS**
Revisão **GABRIELA DE AVILA E BÁRBARA PARENTE**
Diagramação **OSMANE GARCIA FILHO**
Imagem de capa **FARO EDITORIAL**

Dados Internacionais de Catalogação na Publicação (CIP)
Jéssica de Oliveira Molinari CRB-8/9852

Ritchie, Hannah
  Não é o fim do mundo : fatos surpreendentes, mitos perigosos e soluções promissoras para o futuro do nosso planeta / Hannah Ritchie ; tradução de Fábio Alberti. — São Paulo : Faro Editorial, 2025.
  320 p. : il.

  ISBN 978-65-5957-696-8
  Título original: Not the end of the world: How we can be the first Generation to build a sustainable planet

  1. Desenvolvimento sustentável 2. Recursos naturais — Conservação 3. Mudanças climáticas I. Título II. Alberti, Fábio

24-4965   CDD 363.7

Índice para catálogo sistemático:
1. Desenvolvimento sustentável

1ª edição brasileira: 2025
Direitos de edição em língua portuguesa, para o Brasil, adquiridos por FARO EDITORIAL

Avenida Andrômeda, 885 — Sala 310
Alphaville — Barueri — SP — Brasil
CEP: 06473-000
www.faroeditorial.com.br

*Para os meus pais, a combinação perfeita
de coração e mente.*

INTRODUÇÃO 9

1. SUSTENTABILIDADE 25

2. POLUIÇÃO ATMOSFÉRICA 43

3. MUDANÇAS CLIMÁTICAS. 70

4. DESMATAMENTO 117

5. ALIMENTO. 144

6. PERDA DA BIODIVERSIDADE. 190

7. PLÁSTICO NOS OCEANOS. 220

8. PESCA PREDATÓRIA 249

CONCLUSÃO. 281

AGRADECIMENTOS. 293

NOTAS 297

INTRODUÇÃO

Hoje em dia se tornou algo comum dizer às crianças que as mudanças climáticas serão a causa da morte delas. Se uma onda de calor não acabar com elas, então será um incêndio. Ou um furacão, uma inundação ou a fome em massa. Por incrível que pareça, muitas pessoas não hesitam nem por um segundo antes de contar essa versão a seus filhos. Não causa surpresa, portanto, que muitos jovens acreditem que seu futuro esteja em perigo. Há um forte sentimento de ansiedade e medo a respeito do que o planeta nos reserva.

Eu vejo isso diariamente nos e-mails que chegam à minha caixa de entrada. Mas esse sentimento também aparece em pesquisas realizadas em todas as partes do mundo.[1] Uma pesquisa global recente perguntou a 100 mil pessoas de 16 a 25 anos de idade qual era a opinião delas a respeito das mudanças climáticas.[2] Mais de três quartos das pessoas entrevistadas consideravam o futuro assustador, e mais da metade delas disse que a humanidade estava "condenada". O sentimento de pessimismo era generalizado, desde o Reino Unido e os Estados Unidos até a Índia e a Nigéria. Independentemente do grau de riqueza ou de segurança, os jovens do mundo inteiro sentem que estão levando a vida como se não houvesse amanhã.

Na mesma pesquisa, duas em cada cinco pessoas manifestaram dúvida quanto a ter filhos. Em uma enquete de 2020 envolvendo adultos norte-americanos (de todas as idades) sem filhos, 11% deles afirmaram que as mudanças climáticas eram a "principal razão" para que não tivessem filhos, e outros 15% disseram que eram "uma das razões".[3] Entre os adultos mais jovens (de 18 a 34 anos) esse sentimento ganha ainda mais força. Um entrevistado declarou: "Eu não me sinto com a consciência tranquila trazendo uma criança a este mundo e obrigando-a a tentar sobreviver em condições que possam vir a ser apocalípticas".[4] Dos indivíduos pesquisados, 6% disseram estar arrependidos de terem tido filhos porque a ideia de que mudanças climáticas aguardavam seus filhos no futuro os desesperava.

NÃO É O FIM DO MUNDO

É tentador rejeitar esses pontos de vista como palavras vazias. Mas um estudo recente, que não considera pesquisas, mas dados concretos sobre as decisões de procriação das pessoas, sugere que não ambientalistas estão 60% mais propensos a ter filhos do que os ambientalistas.[5] Naturalmente, essa pode não ser a *única* razão pela qual os ambientalistas estão menos propensos a ter filhos, mas ela nos fornece uma evidência concreta de que as pessoas não estão blefando quando dizem que a ideia de ter filhos as deixa angustiadas. E se as pessoas não estão blefando quando demonstram hesitação em relação a ter filhos, elas provavelmente também não estão blefando quanto à apreensão que sentem e à destruição que preveem.

Sei por experiência própria que esses sentimentos são reais, porque já passei por essa situação. Um dia também já acreditei que não teria um futuro pela frente.

COMO VIRAR O MUNDO DE CABEÇA PARA BAIXO

Passo a maior parte do tempo refletindo a respeito dos problemas ambientais do mundo. É o meu trabalho e a minha paixão, mas quase desisti dele.

Em 2010, comecei a minha graduação em geociência ambiental na Universidade de Edimburgo. Eu era uma garota universitária de 16 anos pronta para saber como faríamos para solucionar alguns dos maiores desafios do mundo. Quatro anos mais tarde, saí de lá sem solução alguma; pior ainda: sentindo a carga opressiva de intermináveis problemas sem solução. Cada dia na universidade era uma lembrança constante da destruição que a humanidade trazia ao planeta. Aquecimento global, elevação do nível do mar, acidificação dos oceanos, morte dos recifes de corais, ursos-polares enfrentando a fome, desmatamento, chuva ácida, poluição do ar, pesca predatória, derramamentos de petróleo e aniquilação dos ecossistemas do mundo. Não me lembro de ter ouvido falar de uma tendência positiva sequer.

Durante o tempo que passei na universidade fiz um esforço consciente para me manter a par das notícias. Eu precisava me informar a respeito do estado em que o mundo se encontrava. Por toda parte viam-se imagens de desastres naturais, secas e rostos famintos. Pessoas pareciam estar morrendo como jamais antes; mais pessoas viviam na pobreza, e mais crianças estavam passando fome do que em qualquer outro período da história. Eu acreditava que estivesse vivendo no período mais trágico da humanidade.

INTRODUÇÃO

MUITOS JOVENS ACREDITAM QUE O MUNDO ESTÁ CONDENADO DEVIDO ÀS MUDANÇAS CLIMÁTICAS.
Percentual de jovens de 16 a 25 anos que concordam com as seguintes declarações sobre o nosso futuro associadas às mudanças climáticas:

"A humanidade está condenada"

País	%
Índia	74%
Filipinas	73%
Brasil	67%
Portugal	62%
Todos os países	56%
Reino Unido	51%
Austrália	50%
França	48%
Estados Unidos	46%
Finlândia	43%
Nigéria	42%

"O futuro é assustador"

País	%
Filipinas	92%
Brasil	86%
Portugal	81%
Índia	80%
Austrália	76%
Todos os países	75%
França	74%
Reino Unido	72%
Nigéria	70%
Estados Unidos	68%
Finlândia	56%

"Eu estou hesitante sobre ter filhos"

País	%
Brasil	48%
Filipinas	47%
Austrália	43%
Finlândia	42%
Índia	41%
Todos os países	39%
Reino Unido	38%
Portugal	37%
França	37%
Estados Unidos	36%
Nigéria	23%

Como veremos, todas essas suposições estavam erradas. Na verdade, em quase todos os casos o mundo caminhava na direção contrária. Você pode pensar que equívocos tão elementares seriam demolidos depois de quatro anos de permanência numa universidade de ponta que figura entre as melhores do mundo. Mas isso não aconteceu. Pior: esses equívocos se tornaram ainda mais arraigados, pois a cada aula a vergonha dos nossos pecados ecológicos se intensificava mais.

Esses anos causaram em mim um sentimento de impotência. Apesar de trabalhar incansavelmente para obter o meu diploma, eu estava pronta para abandonar minha obsessão e encontrar um novo rumo profissional. Comecei me candidatando a empregos muito distantes da área de ciência ambiental. Certa noite, porém, tudo mudou. Vi bolhas passando pela tela da televisão. E um homem pequeno as estava perseguindo.

"Ao longo da minha vida, ex-colônias ganharam independência e por fim começaram a se tornar mais e mais saudáveis. E aí estão elas agora! Países na Ásia e na América Latina começam a alcançar os países do Ocidente." As bolhas eram vermelhas e verdes e estavam sobrepostas num gráfico que parecia quase holográfico. O homem começou a agitar os braços, empurrando e depois arrastando as bolhas pela tela. O entusiasmo dele tornava difícil adivinhar o seu sotaque, mas parecia sueco. "E eis aqui a África!", ele exclamou.

O homem era Hans Rosling. Se você já o conhece, é bem provável que se recorde da primeira vez que o viu. Se não o conhece, me deixa com um pouco de inveja: você ainda tem a chance de se deparar com a sua magia pela primeira vez. Rosling era um médico, estatístico e palestrante sueco. Uma análise do seu trabalho na *Nature* o retrata bem: "Três minutos com Hans Rosling mudarão a sua opinião a respeito do mundo".[6] Bem, mudaram a minha.

Devo dizer que a minha compreensão acerca do mundo estava errada. Não apenas ligeiramente errada. Eu supunha que *tudo* ia de mal a pior. E eis que Rosling apareceu, movimentando-se agilmente sobre o palco, mostrando-me fatos embasados em dados sólidos. Ele me mostrou que eu havia entendido tudo errado. Mas me disse isso de um modo que não fez eu me sentir como se fosse uma idiota. Era *esperado* que eu entendesse tudo errado. Como todos entendem. Essa se tornou a sua principal atração. Ele reunia multidões de intelectuais, lideranças do mundo corporativo, cientistas e até especialistas em saúde mundial de organizações de mídia, do Google ou do Banco Mundial e lhes mostrava que eles eram completamente ignorantes acerca dos fatos mais básicos a respeito do mundo. E eles adoravam isso! Assista aos vídeos dele e você ouvirá a plateia rindo da própria ignorância. Como professor, Rosling tinha uma generosidade inigualável.

Em suas palestras, Rosling esclarece o que os dados realmente nos dizem sobre as medidas mais importantes do bem-estar humano: a porcentagem de

INTRODUÇÃO

pessoas vivendo em extrema pobreza, o número de crianças morrendo, quantas meninas conseguiam ou não ir para a escola, e qual é a porcentagem de crianças vacinadas contra doenças. Quase nunca paramos para verificar os dados sobre essas mudanças no desenvolvimento global. Em vez disso, assistimos às notícias diárias, e essas manchetes se tornam parte da nossa visão de mundo. Mas isso não funciona. O objetivo das notícias é nos trazer algo *novo* — uma história única, um evento raro, o mais recente desastre. Como nós acompanhamos o noticiário, eventos improváveis passam a nos parecer prováveis. Mas muitas vezes eles não são. Por isso eles se tornam notícia e conquistam a nossa atenção.

Esses eventos e histórias únicos são importantes. Eles servem a um propósito. Mas é uma maneira terrível de compreender o cenário geral. Muitas mudanças que moldam o mundo profundamente não são raras, excitantes, nem recebem destaque na mídia. São coisas persistentes que acontecem dia após dia e ano após ano até que décadas se passem e o mundo tenha sido alterado a ponto de se tornar irreconhecível.

A única maneira de enxergar realmente essas mudanças é parar e examinar os dados de longo prazo. Foi o que fez Hans Rosling com relação aos problemas sociais. O mesmo vale para os nossos problemas ambientais. Por quase uma década pesquisei e escrevi sobre essas tendências, e chamei atenção para elas. Eu sou chefe de pesquisas da Our World in Data, onde examinamos os dados de longo prazo associados a cada um dos grandes problemas do mundo — desde pobreza e saúde até guerra e mudanças climáticas. Também sou uma cientista destoante da Universidade de Oxford. Somos "destoantes" porque fazemos o contrário do que as pessoas esperam que acadêmicos façam. Pesquisadores tendem a ampliar um problema a fim de chegar o mais perto possível e analisá-lo. Nós reduzimos o problema.

Meu trabalho não é realizar estudos originais, nem obter grandes progressos científicos. Meu trabalho é entender *o que nós já sabemos*. Ou *podemos* saber se estudarmos adequadamente a informação que temos. E depois explicar isso às pessoas: em artigos, no rádio, na televisão e em gabinetes governamentais a fim de que possam usar esse conhecimento para nos fazer avançar.

Assim como Hans Rosling mostrou que manchetes não nos ensinam muito sobre pobreza, educação ou saúde globais, percebi que tentar formar uma compreensão ambiental do mundo com base no último incêndio florestal ou no último furacão não é uma boa ideia. Tentar compreender o sistema de energia do mundo e ajustá-lo com base em uma notícia de última hora não nos levará a lugar nenhum.

Se quisermos objetividade, teremos de visualizar o quadro completo, e isso significa nos distanciar um pouco. Se recuarmos vários passos, poderemos ver algo realmente radical, inovador e vitalizador: a humanidade se encontra em uma posição verdadeiramente única para desenvolver um mundo sustentável.

POR QUE O PENSAMENTO APOCALÍPTICO É TÃO NOCIVO

"É preciso que as pessoas despertem. É preciso que as pessoas comecem a prestar atenção!" As pessoas costumam dizer que isso tem de acontecer porque a história do apocalipse ambiental tem de ser vastamente compartilhada. Ou, como elas supõem, a *verdade* sobre o apocalipse ambiental. Eu entendo. Nós deixamos de lado muitas questões ambientais por um longo tempo. Empurramos a ação cada vez mais para o futuro — e fizemos isso com satisfação, porque podem se passar décadas ou mais antes que os impactos ambientais nos atinjam. Ocorre que as décadas se passaram, e agora aqui estamos. Os impactos chegaram: já está acontecendo.

Para que não reste nenhuma dúvida a respeito, vamos direto ao ponto: eu não nego nem minimizo as mudanças climáticas. Passei a minha vida — dentro e fora do trabalho — pesquisando, escrevendo e tentando compreender os problemas ambientais, e também buscando entender de que maneira eles podem ser solucionados. O mundo não tem urgência para se mobilizar. Chamar atenção para a magnitude de potenciais impactos é essencial se quisermos que as coisas mudem. Mas isso é completamente diferente de dizer às crianças que elas estão a um passo do colapso.

Por ora, é o bastante dizer que o colapso total é um exagero. Há algum *mal* em afirmar que o fim está logo ali? Se isso servir para fazer as pessoas levarem a sério essas questões, pode até ser algo bom, sem dúvida; e desse modo o exagero simplesmente funciona como um contrapeso para os que não dão a devida importância ao assunto. Mas estou convencida de que existe um caminho melhor, mais otimista e mais honesto a seguir.

Tenho vários motivos para acreditar que essas mensagens de apocalipse causam mais mal do que bem. Para começar, as narrativas de destino funesto muitas vezes são falsas. Não espero que você acredite em mim imediatamente e sem hesitar, mas espero que no fim deste livro eu o tenha convencido de que, embora sejam grandes e sérios, esses problemas têm solução. Nós teremos um futuro. Eu digo "nós" no sentido coletivo, como espécie. Sim, muitas pessoas podem ser duramente impactadas, ou até mesmo ter esse futuro tirado delas, por isso cabe a nós decidir *quantas pessoas*, com base nas medidas que tomaremos. Se você acredita que as pessoas têm o direito de saber a verdade, então deveria ser contrário a essas histórias exageradas de fim do mundo.

INTRODUÇÃO

Em segundo lugar, essa atitude faz os cientistas parecerem idiotas. Todo ativista do Juízo Final que faz uma grande e arrojada alegação invariavelmente termina por estar errado. Sempre que um caso assim acontece, a confiança do público nos cientistas diminui um pouco mais. Isso é fazer o jogo dos negacionistas. Quando se constata que o mundo *não* acabará em dez anos, os negadores aparecem e dizem "Ei, vejam só, os cientistas loucos erraram mais uma vez. Será que alguém ainda escuta o que eles dizem?". Em praticamente todos os capítulos deste livro eu relaciono afirmações apocalípticas que se revelaram totalmente falsas.

Em terceiro lugar, nós nos sentimos paralisados diante da nossa iminente ruína. Talvez essa seja a consequência mais séria das alegações apocalípticas. Se já estamos acabados, então de que vale tentar fazer algo? Longe de nos tornarmos mais eficientes na condução da mudança, isso nos rouba toda a motivação para essa mudança. Conheço esse sentimento, pois o experimentei quando vivi a minha própria fase sombria e quase abandonei completamente a minha área. Posso lhe garantir que, depois de reformular minha maneira de enxergar o mundo, consegui um impacto muito, *muito* maior na mudança das coisas. A verdade é que pontos de vista apocalípticos não costumam ser melhores do que os de negação.

A opção de "desistir" só é possível para quem se encontra em uma situação privilegiada. Suponhamos que você acredite que o mundo esteja condenado e que você tenha desistido de acreditar em uma solução para as questões ambientais, e as temperaturas acabem subindo um ou dois graus e ultrapassem muito as nossas metas climáticas. Se você vive num país próspero, provavelmente não terá problemas e ficará bem. Talvez tenha de enfrentar alguns contratempos, mas terá recursos para se proteger contra riscos mais sérios. Para muitas pessoas menos afortunadas, porém, isso não é possível. Em países mais pobres, as pessoas não têm à sua disposição recursos para se protegerem. Aceitar a derrota no que diz respeito às mudanças climáticas é uma posição inadmissivelmente egoísta a se tomar.

Os climatologistas não aceitam a derrota. A maioria dos climatologistas que eu conheço têm filhos. Eles passam os dias estudando e refletindo sobre as mudanças climáticas. Eles obviamente não aceitam a ideia de que enfrentaremos um apocalipse climático no próximo século. E acreditam que ainda há tempo para garantir um futuro agradável para os seus filhos. Nas palavras da dra. Kate Marvel, climatologista da Nasa: "Eu rejeito de maneira categórica, pessoal e cientificamente, a ideia de que crianças estejam de algum modo condenadas a uma vida de infelicidade".[7]

Isso não significa que os cientistas não considerem preocupantes os impactos das mudanças climáticas, não estariam dedicando seu trabalho a eles se não considerassem. Os cientistas também não acham que o mundo esteja fazendo o suficiente para enfrentar esses impactos — há décadas eles imploram para que as pessoas ajam. Quase todos eles dirão que estamos avançando muito lentamente, e que se não agirmos juntos as coisas poderão acabar muito mal. Então por que eles estão esperançosos de que ainda possamos fazer algo? Existem muitos motivos possíveis para esse otimismo. Um deles é que houve um mal-entendido a respeito do que as metas climáticas — de um aumento entre 1,5°C e 2°C — significam realmente. É um erro considerar essas metas como *limites* — é um erro acreditar que viraremos churrasco no instante em que passarmos de 1,5°C. Isso não é verdade. Não há nada de especial no número 1,5°C; ele não determina que a terra é habitável com 1,499°C a mais e no momento em que alcançarmos 1,501°C o planeta se tornará inabitável. Há um aumento significativo no risco de pontos críticos e impactos climáticos não lineares quando começamos a entrar na faixa de 1,5°C a 2°C. Mas isso não faz da marca de 1,5°C um limite intransponível sob pena de destruição. Na verdade, isso torna cada 0,1°C ainda mais importante quando começamos a nos movimentar dentro dessa zona. A diferença é que muitos climatologistas consideram esses números como *metas*. Seria incrível atingi-las, mas precisamos seguir em frente mesmo que isso não aconteça.

Esse argumento pode parecer pedante, mas é importante. A verdade é que é quase certo que ultrapassaremos 1,5°C. A maioria dos climatologistas já espera por isso. Desse modo, se as pessoas acreditam que essa marca é o que nos separa do fim do mundo, então é *evidente* que ela parecerá apocalíptica.

Outro motivo para que alguns climatologistas sejam menos pessimistas é que eles acreditam que as coisas podem mudar. As últimas décadas foram uma dura batalha para eles. Esses cientistas do clima foram quase ignorados. Muitas vezes *eles* foram apontados como alarmistas apocalípticos. Mas o mundo enfim despertou para a realidade das mudanças climáticas, e as pessoas estão entrando em ação. Os climatologistas sabem que a mudança é possível porque viram isso acontecer. Apesar de tudo, eles deram um grande impulso a esse despertar.

O MUNDO PRECISA URGENTEMENTE DE MAIS OTIMISMO

Eu acreditava que otimistas eram ingênuos e pessimistas eram inteligentes. O pessimismo parecia uma característica inerente a todo cientista: a base da ciência é desafiar cada resultado, analisar teorias a fim de saber quais permanecerão de pé. Eu pensava que o cinismo fosse um dos seus princípios fundamentais.

Talvez exista alguma verdade nisso. Mas a ciência também é inerentemente otimista. De que outra maneira descreveríamos a disposição para realizar

INTRODUÇÃO

experimentos várias e várias vezes, frequentemente com parcas chances de sucesso? O progresso científico pode ser frustrantemente lento: as mentes mais privilegiadas podem dedicar a vida inteira a uma única questão apenas para acabarem sem nada de proveitoso. Os cientistas fazem isso na esperança de que uma grande descoberta ocorra a qualquer momento. Por mais improvável que seja que *eles* façam tal descoberta, ainda existe uma chance de que isso aconteça. Contudo, essa chance acaba quando eles desistem.

No entanto, o pessimismo ainda parece inteligente, e o otimismo burro. Muitas vezes me causa embaraço admitir que sou uma otimista. Imagino que isso me faça perder alguns pontos na avaliação das pessoas. Mas o mundo necessita desesperadamente de mais otimismo. O problema é que as pessoas confundem otimismo com um "otimismo cego", a fé infundada de que as coisas simplesmente acabarão melhorando. O otimismo cego é de fato tolo. E perigoso. Se ficarmos de braços cruzados e não fizermos nada, as coisas não acabarão bem. Não é a esse tipo de otimismo que me refiro.

Otimismo é encarar desafios como oportunidades para progredir; é ter a confiança de que existem coisas que podemos realizar para fazer a diferença. Nós podemos forjar o futuro, e podemos construir um grande futuro se quisermos. O economista Paul Romer separa "otimismo complacente" de "otimismo condicional" com primorosa clareza:[8]

> Otimismo complacente é o sentimento de uma criança que espera receber presentes. Otimismo condicional é o sentimento de uma criança que pensa em construir uma casa na árvore. "Se eu tenho madeira e pregos e convenço outras crianças a ajudarem no trabalho, nós podemos conseguir uma coisa bem legal."

Eu já ouvi falar de várias outras expressões para esse otimismo "condicional" ou eficaz: "Otimismo urgente", "otimismo pragmático", "otimismo realista", "otimismo impaciente". Todas essas expressões se baseiam em inspiração e em ação.

Os pessimistas muitas vezes *parecem* inteligentes porque eles podem evitar o "erro" mudando de lugar as traves do gol. Quando um arauto do apocalipse profetiza que o mundo acabará em cinco anos e o mundo não acaba, ele simplesmente transfere a data. O biólogo norte-americano Paul R. Ehrlich* — autor do livro

---

* Paul R. Ehrlich é um biólogo norte-americano. Ele não deve ser confundido com Paul Ehrlich, o médico alemão que ganhou o prêmio Nobel por suas contribuições à imunologia. Esse médico alemão descobriu a cura para a sífilis no início do século XX, salvando assim muitas vidas. O mesmo não pode ser dito de Paul R. Ehrlich.

The Population Bomb [A bomba populacional], de 1968 — vem fazendo isso há décadas.[9] Em 1970, ele disse que "em algum momento nos próximos quinze anos o fim chegará. Esse 'fim' se dará pelo total colapso da capacidade do planeta de sustentar a humanidade". Ele errou feio, é claro. Mas tentou de novo: afirmou que "A Inglaterra não existirá no ano 2000". Errado de novo. Ehrlich continuará estendendo esse prazo final. Nada como a segurança de uma postura pessimista.

Não confunda avaliação crítica com pessimismo. A crítica é *essencial* para um otimista eficiente. Nós precisamos nos debruçar sobre ideias a fim de descobrir as mais promissoras. Os inovadores que mudaram o mundo foram em sua maioria otimistas, mesmo que não se considerassem otimistas. Mas eles foram também ferozmente críticos: ninguém fez críticas mais duras às ideias de Thomas Edison, Alexander Fleming, Marie Curie ou Norman Borlaug do que as críticas que eles próprios fizeram a si mesmos.

Se quisermos levar a sério o objetivo de dar cabo dos problemas ambientais do mundo, precisamos ser mais otimistas. Precisamos acreditar que *é possível* superar esses problemas. Como veremos nos capítulos que se seguirão, isso não é apenas esperança vã: as coisas *estão* mudando, e nós deveríamos estar ansiosos para mudá-las mais rápido.

PODEMOS SER A PRIMEIRA GERAÇÃO A CONSEGUIR UM MUNDO SUSTENTÁVEL

A Last Generation [Última Geração] é um grupo ativista da Alemanha cujo nome já supõe que a nossa falta de sustentabilidade nos arrastará para a extinção. Para forçar o seu governo a agir, alguns membros do grupo recentemente realizaram uma greve de fome de um mês de duração. E eles não estavam brincando: vários deles foram parar no hospital. Eles não são os únicos a se sentirem assim. O grupo ambiental global Extinction Rebellion também se baseia no princípio da insustentabilidade. E os resultados da pesquisa mencionada no início desta introdução mostram que a ideia de que somos a "última geração" não está tão distante da mente de muitos jovens.

Mas prefiro tomar a direção oposta. Não acredito que nós seremos a última geração. As evidências indicam o contrário. Acho que nós poderíamos ser a *primeira* geração. Temos a oportunidade de ser a primeira geração que deixou o meio ambiente numa situação melhor do que aquela em que estava quando o encontramos. A primeira geração na história da humanidade a conseguir sustentabilidade. (Sim, parece difícil de acreditar. Mas continue comigo e eu explicarei por quê.)

INTRODUÇÃO

Uso aqui a palavra "geração" livremente. Sou de uma geração que será definida por nossos problemas ambientais. Eu era uma criança quando as mudanças climáticas começaram a se tornar notícia. Passarei a maior parte da minha vida adulta no meio de uma importante transição energética. Verei países deixarem de ser quase totalmente dependentes de combustíveis fósseis para se tornarem livres desses combustíveis. Eu terei 57 anos quando os governos chegarem ao "prazo-limite de 2050" para atingirem zero emissão de carbono que tantos prometeram. Quando escrevi este livro, me senti como se representasse uma geração de jovens que querem ver o mundo mudar.

Mas evidentemente haverá várias gerações envolvidas nesse projeto. Há duas antes de mim — meus pais e meus avós — e duas depois de mim, meus futuros filhos (e talvez netos). As gerações são muitas vezes colocadas umas contra as outras: gerações mais velhas são acusadas de arruinarem o planeta; gerações mais jovens são tachadas de histéricas e revoltadas. Na realidade, porém, a maioria de nós quer construir um mundo melhor, onde nossos filhos e netos possam se desenvolver. E precisamos trabalhar juntos para conquistar isso. Essa transformação envolverá todos nós.

Em *Not the End of the World* eu explicarei por que acredito que nós podemos ser os primeiros a alcançar a sustentabilidade. Explorarei todos os problemas ambientais, um a um, levando em consideração a história de cada um, onde estamos hoje e como poderemos traçar um caminho para um futuro melhor. A maioria dos capítulos abrirá com um título espalhafatoso — e negativo — que talvez você já tenha visto antes. Explicarei por que cada um deles está errado. Somos bombardeados com informações sobre o que não deveríamos fazer quando se trata da saúde do nosso planeta. Vou pinçar os pontos importantes, que realmente fazem a diferença e nos quais todos nós devemos nos concentrar, e apontarei coisas que deveriam nos preocupar menos.

Começaremos pelo alto, na atmosfera, e então desceremos e encontraremos as sete maiores crises ambientais que teremos de solucionar se quisermos ter sustentabilidade. Examinaremos primeiro a poluição do ar, e em seguida as mudanças climáticas. Depois passaremos para o nível do solo, abordando o desmatamento, os alimentos e a vida das outras espécies na terra. E então mergulharemos nas águas, veremos a questão dos plásticos no oceano, e por fim mergulharemos ainda mais fundo a fim de explorar a situação das populações de peixes do nosso planeta.

Os problemas ambientais estão todos associados uns aos outros. O que comemos tem impacto sobre as mudanças climáticas, o desmatamento e a saúde de outras espécies em nosso planeta. Quando consumimos mais alimentos da terra, produzidos nas fazendas, colocamos menos pressão sobre os peixes nos oceanos.

19

A queima de combustíveis fósseis não apenas acelera as mudanças climáticas como também polui o ar e prejudica a nossa saúde. Nenhum problema ambiental está isolado. Quando você tiver terminado de ler este livro, espero que compreenda mais claramente essa interconexão, e compreenda que algumas das soluções mais importantes à nossa disposição ajudam a enfrentar vários problemas de uma só vez — e entenda o quanto isso é valioso para o nosso futuro.

SEIS PONTOS QUE DEVEMOS TER EM MENTE

As questões que investigaremos são complexas. E perturbadoras. Além disso, infelizmente, alguns dos argumentos ou dados que apresento podem ser mal-empregados se nas mãos erradas. Eis aqui seis pontos para você ter em mente enquanto lê:

[1] Nós encaramos desafios ambientais grandes e significativos

Surpreendentemente, em muitas questões ambientais algumas tendências seguem na direção certa. Em mãos irresponsáveis, tendências positivas muitas vezes se confundem com atitudes negligentes, do tipo "Ei, relaxe... Isso não é nenhum problema".

Essa não é a minha atitude. Os desafios ambientais que temos diante de nós são enormes. Se não os enfrentarmos, as consequências serão devastadoras e cruelmente desiguais. Precisamos agir. E em larga escala. E muito mais rápido do que antes.

[2] As questões ambientais podem não ser o maior perigo para a existência da humanidade, mas isso não significa que não devemos tratar delas

Não acredito que as mudanças climáticas — nem nenhum outro problema ambiental — acabarão por aniquilar a nossa espécie. Riscos como uma guerra nuclear, uma pandemia global ou inteligência artificial têm probabilidade bem maior de serem uma ameaça à nossa existência. Alguns usam isso como argumento para que se diminua o foco sobre as mudanças climáticas: "Por que as pessoas se debruçam sobre esse assunto quando deveriam se preocupar com patógenos perigosos ou com as ameaças de guerra nuclear?".

Essa é uma maneira canhestra de se pensar. Existem 8 bilhões de nós — somos capazes de lidar com mais de um ou dois problemas ao mesmo tempo. Até poderíamos argumentar que as mudanças climáticas aumentam o risco de algumas dessas ameaças à nossa existência. Reduzir os danos causados pelas mudanças climáticas reduz outros riscos também.

Além do mais, desde quando um problema tem de atingir toda a existência humana para que seja grave a ponto de merecer que providências sejam tomadas? Os danos ambientais trazem riscos sérios: são vastos o suficiente para atingir bilhões de pessoas. E para grande parte da população humana esses danos *de fato* põem em risco a vida.

[3] *Você precisará lidar com vários pontos de vista ao mesmo tempo*

Isso é essencial para quem busca enxergar o mundo com clareza e desenvolver soluções que realmente façam a diferença. Ver as coisas melhorarem não significa que o nosso trabalho tenha terminado.

Eis um exemplo disso: desde 1990 o número de crianças que morrem todos os anos caiu para mais da metade. Essa é uma tremenda conquista. Mas compartilhe esse fato importante na internet e você muitas vezes receberá a seguinte resposta: "Ah, então tudo bem para você que 5 milhões de crianças morrem todo ano?". *Mas é claro que não.* Essa é uma das piores coisas que acontecem no mundo. Mas um fato não anula o outro. Fizemos progressos impressionantes, mas ainda temos um longo caminho a percorrer. Como diz o meu colega Max Roser: "O mundo está muito melhor; o mundo ainda está horrível; o mundo pode ser muito melhor".[10] Todas as três afirmações são verdadeiras.

Mas quando negamos a primeira — que nós *realmente* fizemos progresso — nos privamos de lições importantes a respeito de como continuar seguindo em frente. Negar esse fato também rouba de nós a ideia inspiradora de que a mudança *é* possível.

Se para cada evolução positiva eu tiver de fazer um comentário do tipo "mas eu não estou dizendo que tudo está perfeito", este livro acabará se tornando uma leitura exaustiva e repetitiva. Simplesmente considere sempre essa condição. Quando afirmo que as coisas estão melhorando, não quero dizer que estão ótimas do jeito que estão.

Todas as três afirmações são verdadeiras ao mesmo tempo.

[4] Nada disso é inevitável, mas é possível

Juntamente com a história e o relato sobre onde estamos hoje, proporei um caminho a ser seguido. Minhas sugestões jamais serão previsões, elas são possibilidades.

Essa é uma distinção importante. Não sei o que acontecerá no futuro. Isso dependerá da rapidez com que agiremos e das boas decisões que tomaremos. Tudo o que posso fazer é esquematizar as opções que acredito serem as melhores que temos. Felizmente, este livro será de alguma ajuda no sentido de nos inspirar a adotar essas opções.

[5] Não podemos nos dar ao luxo de sermos complacentes

Sempre corremos o risco de cair na armadilha da complacência. É fácil tirarmos o pé do acelerador ou nos desviarmos do nosso curso quando surgem problemas novos e conjunturais. Não podemos deixar que isso aconteça.

Quando a Rússia invadiu a Ucrânia em 2022, muitos países viraram as costas para os suprimentos de energia da Rússia, o preço da energia subiu vertiginosamente e a economia global foi abalada. Países se empenharam para encontrar outras fontes de energia, e alguns recorreram ao carvão, reativando suas antigas usinas.

Esse foi um retrocesso decepcionante em termos de ação climática. Pelo visto, porém, foi algo temporário. Alguns meses depois que se verificaram emissões mais elevadas de CO_2, o consumo de carvão na Europa voltou a declinar, e a transição para energias renováveis está mais rápida do que nunca. A invasão da Ucrânia pela Rússia deu aos governos ainda mais motivos para se livrarem de combustíveis fósseis e investirem em energia com baixas emissões de carbono que eles podem controlar.

INTRODUÇÃO

Há duas lições importantes aqui. A primeira é que em nossa jornada rumo a um mundo sustentável haverá abalos no meio do caminho — eventos que nos obrigarão a paralisar o trabalho de solucionar os nossos problemas ambientais, ou até mesmo a regredir nesse trabalho. Devemos esperar que ocorram esses abalos e não entrar em pânico quando acontecerem. O lugar onde conseguiremos chegar será determinado pelo que fizermos nas próximas décadas, não nos próximos três meses.

A segunda lição é que precisamos desenvolver sistemas que sejam resistentes a circunstâncias do mundo que possam nos surpreender e desnortear. Quando as nossas economias dependem de combustíveis fósseis para funcionar, ficamos à mercê daqueles que produzem esses combustíveis.

[6] Você não está sozinho nisso

Eu queria poder voltar no tempo, encontrar a versão mais jovem de mim mesma e me dar um abraço. Durante muito tempo me senti sozinha tentando combater esses problemas, nadando contra a corrente. E a corrente contrária ficava cada vez mais forte.

Se você atualmente se sente dessa maneira, pense neste livro como a minha mão estendida na sua direção. Posso afirmar que você não está sozinho nessa jornada: há *muitas* pessoas trabalhando na construção de um futuro melhor. Algumas delas ganham destaque, estão em evidência e por isso você as conhece. Mas a maioria delas você não vê: elas estão lutando em salas de reuniões para mudar estratégias de companhias; estão em governos tentando moldar políticas; estão projetando painéis, turbinas e baterias solares em laboratórios; ou estão no campo criando maneiras sustentáveis de cultivar alimentos.

Olhe à sua volta e você encontrará gente de todo tipo — de indivíduos em sua comunidade local a líderes mundiais tomando decisões importantes — nadando contra a corrente. Muitos estão apreensivos, mas eles são determinados: estão confiantes de que o trabalho que realizam hoje fará a diferença amanhã.

Quando eu comecei a escrever estas páginas, imprimi uma foto minha e a pendurei perto do meu computador. Este é o livro de que eu precisava uma década atrás. É uma síntese de quase uma década de pesquisa e dados que me permitiram enxergar com mais clareza nossos problemas ambientais, e me deram a perspectiva que me ajudou a me desenterrar de um buraco muito escuro. Se hoje você se encontra nesse buraco, eu espero que esta obra lhe proporcione um meio de escapar também.

1. SUSTENTABILIDADE

Uma história com duas partes

O MUNDO JAMAIS FOI SUSTENTÁVEL

Antes de começar a nossa excursão pelos problemas ambientais, preciso informar a você uma verdade indigesta: o mundo jamais foi sustentável. O que nós buscamos alcançar nunca foi feito antes. Para entender por quê, temos de saber o que significa sustentabilidade.

A definição clássica de "sustentabilidade" surgiu de um importante relatório da Organização das Nações Unidas. Em 1987, a ONU definiu desenvolvimento sustentável como "o desenvolvimento capaz de satisfazer as necessidades do presente sem comprometer a capacidade das futuras gerações de suprir as suas próprias necessidades". Essa definição é composta de duas partes. A primeira é assegurar que todos no mundo presente — as gerações atuais — possam ter uma vida boa e saudável. A segunda é assegurar que nós vivamos de uma maneira que não degrade o ambiente para as gerações futuras. Não devemos causar danos ambientais que privem nossos bisnetos e tataranetos da oportunidade de terem uma vida boa e saudável.

Essa perspectiva tem sua parcela de controvérsia. Algumas definições de "sustentabilidade" focam *apenas* no componente ambiental. O *Oxford English Dictionary* define o termo como "a propriedade de ser ambientalmente sustentável; o grau em que um processo ou empreendimento pode ser mantido ou se perpetuar ao mesmo tempo que evita o esgotamento dos recursos naturais a longo prazo". Essa é uma maneira elegante de dizer "certifique-se de que o que você está fazendo hoje não vai deteriorar o meio ambiente amanhã". Em algumas definições não há a condição de que os seres humanos satisfaçam as suas próprias necessidades ao mesmo tempo. Como ambientalista, também dou mais relevo à segunda parte: limitar os danos causados ao nosso planeta. Por uma questão moral, porém, não posso ignorar a primeira parte da equação. Um mundo repleto de sofrimento humano evitável não satisfaz a nossa definição de sustentabilidade.

Grande parte da controvérsia a respeito dessas definições surgiu porque presumimos que existe um inevitável dilema entre a primeira e a segunda parte. Ou seja, trata-se de bem-estar humano *ou* de proteção ambiental. Isso significa que uma parte deve ser priorizada em detrimento da outra, e pela "sustentabilidade" quem ganha é o meio ambiente. Esse dilema existiu no passado. Mas o argumento central presente neste livro é que esse conflito não precisa existir em nosso futuro. Há maneiras de satisfazer *as duas partes* ao mesmo tempo, e isso significa que os conflitos entre as definições deverão diminuir cada vez mais. Assim, se você ainda deseja adotar uma definição que contemple apenas o meio ambiente, então pense na prosperidade humana como um belo complemento.

O mundo nunca foi sustentável porque nós nunca nos concentramos nas duas partes simultaneamente. Se focarmos apenas na segunda metade, poderá parecer que o mundo era insustentável apenas no passado muito recente, quando as emissões de carbono, o uso de energia e a pesca predatória se intensificaram. Achamos que o mundo *costumava* ser sustentável, mas o estrago ambiental que causamos desequilibrou as coisas. Essa conclusão é equivocada. Durante milhares de anos — mais ainda desde a revolução agrícola, mas antes disso também — os seres humanos não foram ambientalmente sustentáveis. Nossos ancestrais caçaram os maiores animais até levá-los à extinção, poluíram o ar com a queima da madeira, de restos agrícolas e de carvão, e derrubaram enormes quantidades de floresta para uso em suas terras de cultivo e para obter energia.[1, 2, 3]

É verdade que houve períodos ou comunidades que conseguiram um equilíbrio harmonioso com outras espécies e com o ambiente ao redor. Muitos povos indígenas fizeram isso e também protegeram a biodiversidade e os ecossistemas.[4, 5] O respeito à Terra está no cerne dos princípios indígenas. Como diz o provérbio do nativo americano: "Pegue apenas o que você precisa e deixe a terra do jeito que a encontrou". E também um antigo provérbio queniano: "Trate bem a Terra: ela não foi dada a você por seus pais, foi emprestada a você por seus filhos". A nossa compreensão de sustentabilidade começa aí. As definições modernas são versões acadêmicas e rígidas desses belos provérbios.

Mas as comunidades que obtiveram sustentabilidade ambiental eram sempre pequenas, e isso porque os índices de mortalidade infantil eram altos: a perda de crianças impedia que a população crescesse.

Um mundo no qual a metade de todas as crianças morre não satisfaz "as necessidades das gerações presentes", e, portanto, não é um mundo sustentável.

Esse é o desafio que enfrentamos. Precisamos assegurar que todos no mundo possam viver uma vida boa, *e* precisamos reduzir os impactos ambientais gerados por nós para que as futuras gerações possam prosperar também. Isso nos situa num território desconhecido. Nenhuma geração anterior à nossa contou com conhecimento, tecnologia, sistemas políticos ou cooperação internacional para solucionar as duas partes desse desafio ao mesmo tempo. Nós temos a oportunidade de ser a primeira geração a alcançar a sustentabilidade. E podemos fazer isso.

NÃO HÁ MELHOR MOMENTO PARA SE ESTAR VIVO DO QUE A ÉPOCA ATUAL

Depois de acreditar que eu vivia o período mais trágico da humanidade, agora acredito que estou vivendo no melhor período da humanidade. Jamais houve um tempo melhor para se estar vivo. Se alguém tivesse me dito isso oito anos atrás, eu teria reagido com zombaria. Na verdade, quando ouvi Hans Rosling dizer isso pela primeira vez numa tela quase parei de assistir à sua apresentação. Em que planeta ele vivia?

Mas essa é a verdade. E espero que a verificação dos dados e do progresso de sete indicadores essenciais de bem-estar ajude você a mudar de ideia:

[1] Mortalidade infantil

Impedir que crianças morram foi a maior conquista da humanidade. A maioria de nós acredita que a morte segue uma ordem natural: são os velhos que morrem, não os jovens. Mas essa sequência é um avanço muito recente. A perspectiva de que uma criança cresça e viva mais que seus pais não é de modo algum uma ocorrência "natural": tivemos de lutar muito para alcançar essa realidade.

Durante a maior parte da história humana, as chances que uma pessoa tinha de chegar até a idade adulta eram de 50%. Aproximadamente um quarto das crianças morriam antes de chegarem ao seu primeiro aniversário, e mais um quarto delas morriam antes de alcançarem a puberdade.[6] Não havia exceção para isso. A morte de crianças era algo rotineiro, independentemente do continente ou do século.[7] Nem mesmo a elite podia garantir para seus filhos uma via segura para que chegassem à idade adulta. O imperador romano Marco Aurélio teve catorze filhos. Nove deles morreram antes que ele próprio morresse. Charles Darwin perdeu três dos seus filhos. Essa porcentagem de mortes também foi encontrada em sociedades de caçadores-coletores. Pesquisadores que examinaram índices de mortalidade de vinte estudos diferentes sobre caçadores-coletores modernos e registros arqueológicos descobriram que pelo menos um quarto morreu na infância, e metade morreu antes de atingir a puberdade.[8]

Até poucos séculos atrás, não tínhamos praticamente nenhum meio de evitar que crianças morressem. Foi apenas com o surgimento da água potável, de condições sanitárias adequadas, de vacinas, de nutrição adequada e de outros avanços em cuidados de saúde que os índices de mortalidade infantil começaram a despencar.

IMPEDIR A MORTE DE CRIANÇAS É UMA CONQUISTA MUITO RECENTE
O índice de mortalidade infantil global, que é a porcentagem de crianças que morrem antes de completarem seu quinto aniversário.

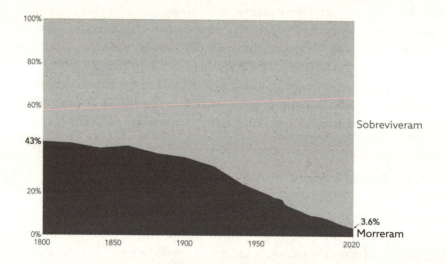

Ainda recentemente, em 1800, cerca de 43% das crianças do mundo morriam antes de chegarem ao seu quinto ano de vida.[9] Hoje esse número é de 4% — ainda tristemente alto, porém mais de dez vezes menor.

Seria errado pensar que essa redução da mortalidade ocorreu apenas nos países ricos. *Todos* os países tiveram um avanço enorme nesse sentido nos últimos cinquenta anos. Em Mali, nos idos de 1950, 43% das crianças pequenas morriam antes de completarem cinco anos. Atualmente, esse índice despencou para 10%. Índia e Bangladesh reduziram a mortalidade infantil de uma morte em cada três crianças para menos de uma morte em trinta.

De fato, os números da mortalidade infantil caíram vertiginosamente. No ano em que eu nasci — 1993 —, quase 12 milhões de crianças de menos de cinco anos de idade morreram. Desde então, esse número foi para menos da metade. Ainda temos muito trabalho a fazer — 5 milhões de crianças morrendo todos os anos é algo trágico —, mas conseguimos tornar realidade o inconcebível: nossos ancestrais jamais teriam imaginado um mundo em que a morte de uma criança fosse um acontecimento tão raro.

[2] A morte de mães

Quando a minha mãe teve de enfrentar complicações no parto do meu irmão, a minha bisavó disse a ela: "Se fosse na minha época, querida, você simplesmente teria morrido". Em algumas poucas gerações, tornamos a gravidez dezenas de vezes mais segura — em alguns países, centenas de vezes mais segura.[10]

As chances que minha mãe tinha de morrer em um parto eram de 1 em 10 mil aproximadamente.* As chances da minha avó eram mais de duas vezes maiores. As chances da minha bisavó eram inacreditáveis trinta vezes maiores. Nos dias de hoje, é muito baixa a probabilidade de que uma mulher morra por causas relacionadas à gravidez.

MORTE DE MÃES: OS ÍNDICES DE MORTALIDADE MATERNOS DESPENCARAM NOS ÚLTIMOS SÉCULOS
Número de mulheres que morreram de causas relacionadas à gravidez para cada 100 mil nascidos vivos.

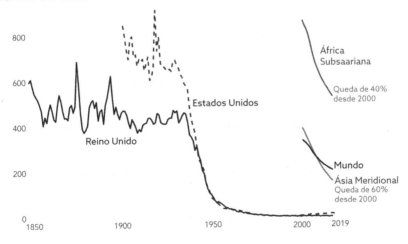

---

* Os dados que estou usando aqui são do Reino Unido. Essas médias nacionais não refletem diretamente o risco pessoal para a minha mãe e para as mulheres que vieram antes dela, mas nos proporciona um substituto satisfatório para as chances que tinham.

[3] Expectativa de vida

Até o século XIX, a expectativa média de vida no Reino Unido situava-se entre 30 e 40 anos de idade.[11] Mesmo na virada do século XX, essa expectativa era de 50 anos apenas. Passou a ser de 70 anos por volta da metade do século. Em 2019, a expectativa média de vida era de mais de 80 anos. A expectativa de vida duplicou em um intervalo de duzentos anos.* E essa melhora não se deve "apenas" ao fato de termos conseguido diminuir a mortalidade infantil. Essa melhora se verificou em todas as idades.

Mais uma vez, esse progresso ocorreu no mundo todo. Globalmente, a expectativa média de vida aumentou de cerca de 30 anos para mais de 70 desde o início do século XX. Nos países mais pobres, a expectativa de vida também aumentou substancialmente. É de 67 anos no Quênia, na Etiópia e no Gabão. A média na África subsaariana como um todo é de 63 anos.

AS PESSOAS ESTÃO VIVENDO MAIS EM TODAS AS REGIÕES DO MUNDO
Expectativa de vida no nascimento é o número médio de anos que um recém-nascido viveria se os índices de mortalidade específicos por idade continuassem no seu nível atual.

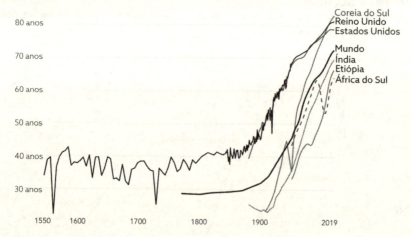

[4] Fome e desnutrição

---

* Convém esclarecer aqui o que significa "expectativa de vida". Trata-se do número de anos que uma pessoa pode esperar viver. Existem duas maneiras usuais de medir a expectativa de vida. A expectativa de vida de coorte é a longevidade média de uma coorte — um grupo de indivíduos nascidos em determinado ano. Quando podemos rastrear um grupo de pessoas nascidas num ano específico e rastrear a data exata em que cada uma dessas pessoas morreu, então é possível calcular a expectativa de vida dessa coorte: é a média das

1. SUSTENTABILIDADE

Na maior parte da história da humanidade, nossos ancestrais tinham de lutar todos os dias para alimentar a família. As colheitas rendiam pouco, e os suprimentos eram escassos. Bastava uma temporada ruim — uma seca, uma inundação ou uma invasão de pragas — para que todos corressem risco de passar fome.

Insegurança alimentar e fome eram comuns. É possível que antes da transição agrícola muitos povos e comunidades tivessem alimentação suficiente. Nós simplesmente não sabemos. O que sabemos é que depois do advento da agricultura, e quando pequenos grupos cresceram e se transformaram em aldeias, o abastecimento de alimentos era imprevisível. Havia mais bocas para alimentar, menos áreas para percorrer em busca de suprimentos, e com frequência a produção dos campos ficava à mercê do clima sazonal. Parecia que nada podia ser feito para se evitar a fome. Tudo isso mudou nas últimas décadas do século xx. Apesar de várias ocorrências de fome devastadoras, avanços tecnológicos na agricultura tornaram-na muito mais produtiva e permitiram que as pessoas se libertassem de um estilo de vida de subsistência.

Nos anos 1970, cerca de 35% das pessoas de países em desenvolvimento não tinham calorias em quantidade suficiente para consumo. Por volta de 2015 esse valor havia caído quase dois terços, para 13%. Muitas pessoas ainda enfrentam problemas sérios. Em 2021, cerca de 770 milhões de pessoas no mundo — quase uma em dez — não têm comida suficiente.[12] Porém as coisas não precisam ser assim. O mundo agora produz bem mais, muito mais alimento do que precisa. Muitos países chegaram perto de erradicar a fome. Precisamos assegurar que todos os países consigam fazer o mesmo.

[5] Acesso a recursos básicos: água potável, energia, saneamento

Durante a maior parte da história humana, retiramos água de riachos, de rios ou de lagos, e era questão de sorte essa água estar ou não limpa. Doenças eram muito comuns. Crianças morriam de diarreia e de infecção — muitas ainda morrem

---

idades de todos os membros quando eles morreram. Fazer isso é bastante difícil: é necessário seguir um grupo inteiro de indivíduos até o final da vida deles. Um meio de medição mais comum é a expectativa de vida por período. Ele estima a longevidade média para uma coorte de pessoas se elas foram expostas, do nascimento à morte, às taxas de mortalidade em um dado ano. A expectativa de vida por período não leva em conta mudanças futuras na expectativa de vida.

em países pobres. Ter acesso a fontes de água potável, saneamento e higiene salvou anualmente dezenas de milhões de vidas, se não mais.

Em 2020, 75% do mundo tinha acesso a fontes de água potável e segura — no ano 2000, 60% do mundo contava com esse recurso[13] — e 90% tinha acesso à eletricidade.[14] Alguns talvez tenham considerado a eletricidade um luxo — um escoadouro desnecessário de recursos naturais —, mas ela se tornou essencial para uma vida produtiva e saudável. Precisamos dela para manter refrigerados vacinas e medicamentos; para manter funcionando as máquinas dos hospitais; para cozinhar e lavar roupa sem ter de passar o dia inteiro realizando essas tarefas; para manter a comida refrigerada e livre de contaminação; para que as luzes se acendam, permitindo que as crianças estudem à noite; e para manter seguras as ruas.

O progresso é mais lento quando se trata de saneamento e acesso a combustíveis limpos para cozinhar: apenas 54% têm vaso sanitário exclusivo, e apenas 60% têm combustíveis limpos. Devemos assegurar o acesso a esses recursos, mas sejam quais forem os indicadores que analisemos, a tendência é sistematicamente ascendente. Todos os dias, 300 mil pessoas obtêm acesso à eletricidade e um número similar obtém acesso à água potável pela primeira vez. Isso tem acontecido *diariamente* há uma década.

[6] Educação

Sei que sou uma pessoa de sorte por ter tido a chance de terminar a escola. Principalmente por ser mulher. No mundo ocidental, a maioria de nós deve se considerar afortunada por estar nessa posição. O mundo que estamos construindo, com um sistema de saúde melhor, tecnologia, conectividade e descobertas inovadoras, depende do poder da educação e do aprendizado.

Em 1820, somente 10% dos adultos no mundo tinham habilidades básicas de leitura.[15] Isso mudou rapidamente ao longo do século XX. Por volta de 1950, o número de adultos no mundo capazes de ler era maior que o número de adultos que não podia ler. Hoje estamos alcançando a marca de 90% de pessoas capazes de ler.

Em sua palestra TED de 2014, Hans Rosling deixou a sua plateia estupefata com uma pergunta: "Em todos os países de baixa renda do mundo atualmente, quantas garotas terminaram a escola primária?". A maioria das pessoas imaginou que a resposta fosse 20%. Mas a resposta correta era 60%. Em 2020, esse número aumentou para 64%. A proporção de garotos em países de baixa renda que

1. SUSTENTABILIDADE

completaram a escola primária foi maior, de cerca de 69%. Na maioria dos países — até em muitos dos países mais pobres —, é mais provável que uma menina termine a escola primária e receba o ensino básico do que o contrário.*

[7] Pobreza extrema

Todos que nos dias de hoje vivem em pobreza extrema querem escapar dela.

A ONU define "pobreza extrema" usando a linha internacional da pobreza de 2,15 dólares por dia. Ajustado por diferenças de preço no mundo todo, esse valor corresponde ao que 2,15 dólares comprariam para você nos Estados Unidos. Essa é de fato uma linha de pobreza extremamente baixa, usada para identificar pessoas que vivem nas condições mais miseráveis. Durante a maior parte da história da humanidade, quase todos viveram em condições miseráveis. Em 1820, mais de três quartos da população mundial vivia abaixo do equivalente à referida linha de pobreza.[16] Atualmente, menos de 10% das pessoas no mundo se encontram nessa situação.**

Ouvi pessoas argumentarem que enquanto a *porcentagem* está caindo, o número *total* de pessoas que vivem em pobreza extrema vem aumentando. Isso não é verdade. Em 1990, 2 bilhões de pessoas viviam com menos de 2,15 dólares por dia. Em 2019 esse número havia caído para menos da metade, para 648 milhões de pessoas. A fim de contextualizar esse avanço, todos os dias durante os últimos

---

* Evidentemente, esse não é o único indicador em educação no qual estamos interessados. Não é apenas o *tempo* na escola que importa, mas a qualidade do ensino e do aprendizado. Nesse caso, os dados são mais preocupantes. Vemos que muitas — ou mesmo a maioria — das crianças dos países mais pobres no mundo deixam a escola sem serem capazes de ler e escrever (veja mais em <https://ourworldindata.org/better-learning>).

Elas podem estar na escola, mas isso não significa que estejam aprendendo muito. Esse não é um problema exclusivo de meninas: trata-se de uma situação generalizada. Desse modo, ter acesso à educação básica é somente um ponto de partida. Primeiro as crianças precisam estar na escola. Daí então temos de encontrar um meio de garantir que elas recebam a educação de alta qualidade que merecem.

** A título de esclarecimento: nos baseamos aqui na linha de pobreza internacional — a linha de pobreza associada aos países mais pobres do mundo. Não há uma definição única de pobreza. A nossa compreensão da extensão da pobreza e do quanto ela mudou depende da definição que temos em mente. Obviamente, países mais ricos e países mais pobres fixaram linhas de pobreza bem diferentes a fim de mensurar a pobreza de um modo que fosse informativo e relevante para o patamar de renda de seus cidadãos. Por exemplo: nos Estados Unidos, uma pessoa é considerada pobre se vive com menos de 22,50 dólares por dia, ao passo que na Etiópia a linha de pobreza situa-se mais de dez vezes abaixo desse valor — em 1,75 dólar por dia.

25 anos um jornal poderia ter estampado como manchete os dizeres "Desde ontem, 128 mil pessoas saíram da linha da pobreza extrema".*

Devemos fixar os nossos propósitos para muito além dessa linha de pobreza de 2,15 dólares. Aqui as notícias também são boas: cada vez mais pessoas estão ultrapassando linhas de pobreza mais altas — de 3,65, 6,85 ou 24 dólares por dia. No passado não havia alternativa para a pobreza. Podemos construir um futuro no qual ela seja exceção.

PORCENTAGEM DA POPULAÇÃO MUNDIAL QUE VIVE NA POBREZA
Os dados são ajustados de acordo com a mudança de preços ao longo do tempo (inflação) e com as diferenças de preço dos países.

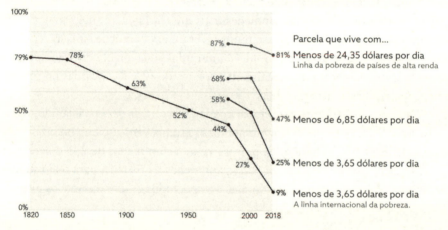

AGORA ENTRA EM CENA A SEGUNDA PARTE DA EQUAÇÃO

Acabamos de ver sete avanços que transformaram as vidas de bilhões de pessoas. Mas esse progresso teve um custo ambiental gigantesco. A primeira parte da equação da sustentabilidade melhorou barbaramente, mas a segunda parte piorou, sem dúvida. Isso nos remete aos sete grandes problemas ambientais que abordaremos neste livro. Para entender como podemos equilibrar o lado ambiental da equação também, precisamos entender o que já fizemos de fato, e como o conseguimos fazer. Isso nos mostra o que ainda precisa ser feito para que o nosso sonho de um

---

* Se você acha que esse desenvolvimento global diz respeito somente à redução da pobreza na China, então se enganou. Mesmo retirando a China do cenário, veremos que os índices de pobreza extrema caíram enormemente.

mundo sustentável se torne realidade. Vamos apresentar aqui um panorama geral para levar em consideração o maior cenário enquanto examinamos os pormenores de cada problema.

[1] Poluição atmosférica

A poluição do ar é uma das maiores assassinas do mundo. Pesquisadores estimam que ela mata pelo menos 9 milhões de pessoas todo ano. Isso representa 450 vezes mais do que o número de mortes em desastres naturais em muitos anos. Mas a poluição do ar não é um problema moderno: ela remonta à descoberta do fogo pelo homem. Quando queimamos coisas, o ar fica poluído. Essa é a verdade, não importa se queimamos madeira, carvão ou combustível nos carros. Os investimentos para solucionar a poluição do ar são elevados. Mas sabemos que é possível fazê-lo: em muitos países ricos o ar é o mais limpo que já existiu durante séculos ou mais. Se pudéssemos replicar esses esforços em todos os lugares, milhões de vidas seriam salvas todos os anos.

[2] Mudanças climáticas

As temperaturas globais estão aumentando. O nível do mar está subindo, as camadas de gelo estão derretendo e outras espécies estão lutando para se adaptarem às mudanças climáticas. Os seres humanos enfrentam uma avalanche de problemas, de inundações e secas até incêndios florestais e ondas de calor fatais. Agricultores correm o risco de quebras de safra. Cidades correm o risco de submergirem. E a principal causa disso são as emissões humanas de gases causadores do efeito estufa. Queimamos combustíveis fósseis, derrubamos florestas e criamos gado para alimentação e energia — todas atividades importantes para o progresso humano, sem dúvida. Mas pagamos agora o preço das severas mudanças climáticas. Basta olharmos para um gráfico de emissões de CO_2 ao longo do tempo para percebermos que não fizemos absolutamente nenhum progresso. Mas, nos últimos anos, fizemos progressos, e rapidamente. Existe a esperança de que em breve não haverá necessidade de escolher entre ter plena energia e baixa pegada de carbono: conseguiremos viver uma vida próspera sem mudar o clima que nos cerca.

[3] Desmatamento

Nos últimos 10 mil anos derrubamos um terço das florestas do mundo, na maioria das vezes para cultivar alimentos na expansão da agricultura. Metade dessa destruição ocorreu no último século. Quando derrubamos árvores, liberamos o carbono que estava estocado nelas por centenas ou milhares de anos. Mas o desmatamento não é um problema relacionado somente às mudanças climáticas. As florestas abrigam alguns dos ecossistemas mais diversos do planeta: redes complexas interligadas de animais, plantas e bactérias formadas durante milênios. Colocá-las abaixo é destruir esses habitats maravilhosos. Embora pareça que o desmatamento alcançou o seu ponto máximo, na verdade não alcançou, mas avançamos bastante no sentido de solucionar esse problema nas últimas décadas, e temos uma chance real de ser a geração que verá o seu fim.

[4] Alimento

O desmatamento se deve principalmente à necessidade de alimento, que é o nosso próximo grande problema. Testemunhamos um rápido declínio da fome nos últimos cinquenta anos. Mas cultivar mais comida agravou quase todos os problemas ambientais que enfrentamos. A produção de alimento é responsável por um quarto das emissões dos gases causadores do efeito estufa, utiliza metade da terra habitável do mundo, 70% da captação de água do mundo, e é a principal causa da perda de biodiversidade. Cultivar alimento *suficiente* não é o problema — trata-se de cultivar e usar esse alimento de maneira inteligente. Se tomarmos decisões melhores, poderemos alimentar 9 ou 10 bilhões de pessoas sem fritar o planeta ao mesmo tempo.

[5] Perda da biodiversidade

Não são apenas os animais de criação que devem nos causar preocupação. A vida selvagem também enfrenta sérios problemas. A perda da biodiversidade é impulsionada por muitos dos problemas que abordamos neste livro: espécies que são afetadas pela mudança climática, desmatamento, perda de habitat, ampliação de lotes de terra, caça para alimentação, poluição por plástico e pesca predatória. O nosso conflito com outros animais não é nenhuma novidade — há milênios travamos embate com eles. Durante o último século as taxas de extinção se aceleraram, levando-nos a perguntar se atualmente vivemos a Sexta Extinção em Massa. Na maior parte da história da humanidade fomos nós contra a vida selvagem. Porém há um caminho que ambos podem seguir e no qual ambos podem se desenvolver.

[6] Plástico nos oceanos

O plástico é o problema mais "moderno" com que nos depararemos neste livro. Considerado um milagre material, é também um desastre ambiental. De fato, provavelmente *por ser* tão mágico ele é um desastre ambiental. É barato, leve, versátil, e nos proporciona muitos benefícios, desde transportar vacinas que salvam vidas até impedir o desperdício de comida. Mas 1 milhão de toneladas de plástico lançado no oceano a partir dos rios, todos os anos, deixa uma marca ambiental por décadas ou séculos à frente. Muitas pessoas acreditam que a poluição por plástico pode ser contida se pararmos de usar plástico completamente. Mas essa é uma solução improvável — e indesejável. Felizmente, temos os recursos necessários para resolver isso. Muitos países já os colocaram em prática.

[7] Pesca predatória

Por fim, vamos mergulhar fundo no mar para examinar o problema da pesca predatória. Em jornais e documentários não faltam manchetes assustadoras sobre a situação dos oceanos. A alegação mais difundida é que eles estarão vazios por volta da metade do século. Isso não é verdade, mas não significa que não temos um problema nas mãos: muitos dos estoques de peixe no mundo estão se esgotando rapidamente. As populações de baleias são hoje uma fração do que eram no passado. E os corais do mundo — um dos ecossistemas mais diversos — estão sendo branqueados até a morte. Mas esses são problemas com os quais podemos lidar: com efeito, algumas das espécies de peixe e de baleia mais emblemáticas e ameaçadas de extinção reapareceram de maneira impressionante ao longo das últimas décadas.

DUAS IDEIAS QUE *NÃO VÃO* RESOLVER OS NOSSOS PROBLEMAS

Antes de alçarmos voo e fazer a primeira parada em nossa jornada, terei de examinar alguns argumentos que permeiam todos esses desafios. O nosso impacto ambiental coletivo é muito simples quando o analisamos: é o número de pessoas multiplicado pelo impacto individual de cada um. Quando consideramos a questão por esse ângulo, duas grandes soluções surgem: reduzir o número de pessoas no planeta ou reduzir os impactos individuais refreando a economia intencionalmente.

Esses argumentos — conhecidos como despovoamento e decrescimento — são representados por defensores muito barulhentos em debates sobre o meio ambiente. Mas nenhuma dessas duas alternativas é viável. Não alcançaremos a sustentabilidade diminuindo a população ou cerceando a economia. Nos capítulos que se seguirão um pouco mais adiante eu explicarei, de maneira muito mais detalhada, por que essas alternativas não são viáveis. Primeiro, porém, eis o que você precisa saber antes de começarmos.

[1] Despovoamento

Muitas pessoas se preocupam com o fato de que a população global continue a crescer rapidamente. Temem que estejamos diante de um crescimento populacional exponencial e fora de controle. Isso não é verdade. A taxa de crescimento populacional global — a mudança de um ano para o próximo ano — chegou ao ponto máximo muito tempo atrás. Nos anos 1960 ela crescia mais de 2% ao ano.[17] Desde então essa taxa caiu para menos da metade, para 0,8%, em 2022. E continuará caindo nas décadas que virão. Para que o crescimento populacional fosse "exponencial", a taxa de crescimento teria de permanecer em 2% ao ano.

Essa queda está acontecendo porque as mulheres geram menos filhos que no passado. Durante a maior parte da história da humanidade, ter cinco filhos ou mais não era incomum. Mas isso não ocasionou um crescimento rápido da população, pois muitas crianças morriam jovens. Nos anos 1950 e 1960, a média global ainda era similar — as mulheres davam à luz cinco filhos.[18] Felizmente muito mais crianças sobrevivem atualmente, motivo pelo qual a população aumentou com rapidez. Desde então, porém, a taxa de fertilidade global caiu para menos da metade e agora é de pouco mais que dois filhos por mulher.

1. SUSTENTABILIDADE

O NÚMERO DE FILHOS POR MULHER ESTÁ CAINDO RAPIDAMENTE NO MUNDO
Mede-se a taxa de fertilidade pelo número médio de filhos por mulher, presumindo-se que ela vivesse até o final dos seus anos de vida fértil.

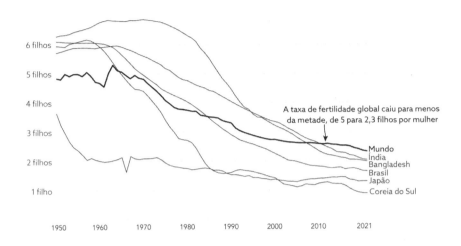

Em consequência disso, o mundo já passou pelo "pico de filhos". De acordo com estatísticas compiladas pela ONU, o número de crianças no mundo atingiu o ápice em 2017* e agora está caindo. Pense por um instante no significado disso. Talvez jamais haja no mundo mais crianças do que havia em 2017. O crescimento global da população atingirá o pico quando todas essas crianças chegarem à velhice. A ONU projeta que isso acontecerá nos anos 2080, com 10 a 11 bilhões de pessoas.[19] A partir desse ponto, espera-se que a população mundial comece a declinar.

Assim, o crescimento rápido da população ficou para trás, e o mundo não está enfrentando uma "explosão populacional" descontrolada. Mas isso não é o bastante para algumas pessoas. Elas argumentam que nós deveríamos *diminuir* ativamente o número de pessoas no mundo. Em *The Population Bomb* [A bomba populacional], Paul R. Ehrlich argumentou que a população global ideal seria de cerca de 1 bilhão de pessoas. Ainda hoje ele defende essa linha de pensamento. Eis a questão: se por um momento aceitássemos que esse fosse um número mais adequado de pessoas (algo que eu não aceito), não é possível reduzir a população rápido o bastante para ajudar no enfrentamento dos problemas ambientais. Quem

---

* Nos referimos aqui a crianças com menos de 5 anos de idade. Mas o mundo já passou pelo pico mesmo se considerássemos a população de crianças com menos de 15 anos. Segundo as projeções médias das Nações Unidas, a população global de indivíduos de menos de 15 anos atingiu o pico em 2021.

NÃO É O FIM DO MUNDO

sustenta a opinião de que isso é possível não entende como funciona a evolução demográfica.

Ainda que alguns países implantassem a política do filho único e as taxas de nascimento se tornassem muito mais baixas — cerca de 1,5 como média global —, poderíamos ter de lidar com uma população de 7 ou 8 bilhões de pessoas em 2100, um patamar semelhante ao nosso atual. Somente se conseguiria chegar a um número próximo de 1, 2 ou 3 bilhões de pessoas *matando* bilhões ou impedindo totalmente as pessoas de terem filhos. Se você acredita que o controle populacional seja uma solução viável e moral, então não sei o que te dizer. Tentar "controlar" a população usando algum meio humano (se é que tal coisa existe) pode reduzi-la um pouco, porém não muito. Nossas soluções para a sustentabilidade precisam ser adaptáveis para muitos bilhões de pessoas. Se pudermos torná-las adaptáveis para 8 bilhões de pessoas, poderemos fazer isso por 10 bilhões.

O objetivo final que almejamos é reduzir a zero os impactos por pessoa — ou pelo menos a algo bem próximo de zero. Se queremos construir um mundo sustentável para o futuro, então todos nós teremos de caminhar com passos muito leves. É esse o real objetivo deste livro: avaliar se e como isso poderá ser feito. Em um mundo onde os impactos por pessoa forem zero (ou talvez até *negativos*, o que significaria que os prejuízos ambientais históricos seriam recuperados), não fará diferença se a população no planeta for de 1 bilhão, 7 bilhões ou 10 bilhões de pessoas. Nosso impacto total continuará sendo zero. Metade da equação de sustentabilidade estaria completa.

[2] Decrescimento

Em lugar do despovoamento, que tal o "decrescimento" — o encolhimento da economia? Esse argumento baseia-se no fato de que historicamente o crescimento econômico está associado a estilos de vida que consomem recursos em excesso. Quando enriquecemos, utilizamos mais energia de combustíveis fósseis, temos uma pegada maior de carbono, usamos mais terra e comemos mais carne. E é verdade que num mundo sem mudança tecnológica estaríamos presos à energia de combustíveis fósseis, a carros movidos a gasolina e a casas ineficientes. Porém, como mostraremos nos capítulos que se seguirão, novas tecnologias nos têm permitido diferenciar uma vida boa e confortável de uma vida ambientalmente destrutiva. Isso é o que torna possível sermos a primeira geração. Nos países ricos, as emissões de carbono, o uso de energia, o desmatamento, o uso de fertilizantes, a caça predatória, a poluição por plástico, a poluição do ar e a poluição da água

1. SUSTENTABILIDADE

estão todos diminuindo, *e mesmo assim esses países continuam ricos.** A ideia de que esses países eram mais sustentáveis quando eram mais pobres simplesmente não corresponde à verdade.

Essa é mais uma importante evidência de que o decrescimento não trará um futuro sustentável. Os defensores do decrescimento argumentam que poderemos redistribuir a riqueza mundial do rico para o pobre, dando a todos um padrão de vida bom e elevado com os recursos que já temos à nossa disposição. Mas as contas não fecham.[20] O mundo é pobre demais para proporcionar a todos um alto padrão de vida hoje apenas por meio de redistribuição.

Podemos entender isso com um rápido exercício de pensamento. Vamos imaginar que todos os países no mundo acabaram como a Dinamarca. Quase toda a sua população vive acima da linha da pobreza de 30 dólares adotada pela maioria dos países ricos, e é um dos países mais equitativos do mundo.[21] Isso é o que eu quero: que todos no mundo vivam uma vida confortável e livre da pobreza, e em uma sociedade com baixos níveis de desigualdade.

Nesse cenário, faremos uma redistribuição global: todos os países mais ricos que a Dinamarca serão reduzidos ao seu nível médio de renda, e todos os países mais pobres — que representam 85% da população global — serão elevados a esse nível. Não há desigualdades entre países, e as desigualdades dentro de países também diminuem bastante. Seria possível conseguir isso apenas com a justa redistribuição do dinheiro do mundo?

Não: a economia global teria de ser pelo menos cinco vezes maior do que é hoje. Isso mesmo: para tirar todos da pobreza, com um nível de igualdade semelhante ao da Dinamarca, a economia global teria de crescer cinco vezes. Se todos no mundo vivessem com 30 dólares por dia, com desigualdade *zero* (isto é, os mais ricos e os mais pobres recebendo 30 dólares), a economia global teria de ser mais que o dobro maior.

Um mundo sem crescimento econômico seria um mundo muito pobre. Sou cética quanto ao crescimento nos países ricos, mas os dados mostram claramente que precisamos de um crescimento econômico vigoroso *globalmente* para acabar com a pobreza, mesmo com muita redistribuição.

Historicamente, os países enriqueceram com combustíveis fósseis e outros recursos. Isso significa que muitas pessoas agora presumem que crescimento seja algo

---

* Se a sua reação imediata a isso for "Sim, mas eles apenas contornaram esse problema transferindo todo o seu dano ambiental para o estrangeiro, para países mais pobres", então você não está sozinho. De fato, alguns países exportaram alguns dos seus impactos ambientais para outros lugares, mas mesmo levando esse fato em conta, ainda assim a pegada ambiental dos países ricos continua em declínio.

"ruim". Mas não há motivo para que as coisas continuem assim. Se um país, ou um indivíduo que seja, puder servir de guia e liderar o caminho para o fornecimento de uma fonte de energia barata e com baixas emissões de carbono que supra as necessidades do mundo, eu ficaria muito contente se ele enriquecesse com isso. Há um enorme "vácuo de soluções" para os problemas ambientais. Os pioneiros nessa área de atuação podem construir uma economia próspera enquanto criam ao mesmo tempo soluções para os nossos problemas. Países podem "crescer" abrindo caminho para "boas" tecnologias, não apenas explorando as que poluem.

Isso nos leva a outro argumento, qual seja: o dinheiro nos traz mais opções. As soluções e tecnologias de que precisamos para resolver nossos problemas ambientais tornaram-se viáveis apenas nas últimas décadas. Algumas delas, como a energia solar e os veículos elétricos, tornaram-se viáveis apenas nos últimos anos. Antes disso, essas tecnologias não existiam ou eram caras demais. Elas se tornaram competitivas ao longo de anos de investimento e desenvolvimento — e para isso foi necessário dinheiro extra de governos e de empresários.

Durante centenas de milhares de anos, a queima de madeira foi a única fonte de calor e de luz "controlável" de que os nossos ancestrais dispunham. Então, alguns séculos atrás, os nossos ancestrais encontraram mais duas opções, também destrutivas: óleo de baleia e carvão. Mas só tivemos escolha de fato nos últimos cinco anos.

O crescimento econômico não é incompatível com a redução do nosso impacto ambiental. Mostrarei neste livro que podemos reduzir o impacto ambiental e reverter os danos que causamos no passado ao mesmo tempo que melhoramos nossa situação. A questão mais importante aqui é se conseguiremos eliminar esses impactos com suficiente rapidez. A resposta a isso depende das medidas que tomaremos hoje.

Vimos que as coisas melhoraram acentuadamente para a humanidade no que toca à primeira parte da equação da sustentabilidade. E vimos que nem o despovoamento nem o decrescimento — apesar dos seus muitos defensores — são a solução para a segunda parte. Na verdade, essas alternativas piorariam a primeira *e também* a segunda metade da equação. Mas o que fazer em vez disso? É chegado o momento de explorar um por um os nossos sete problemas ambientais e descobrir o que precisaremos fazer para solucioná-los.

2. POLUIÇÃO ATMOSFÉRICA

Respirando ar puro

> *Dentro do ar-pocalipse de Pequim — uma cidade que a poluição tornou "quase inabitável".*
>
> The Guardian, 2014[1]

Durante anos, Pequim figurou quase no topo da lista de "cidade mais poluída do mundo". A cidade havia se tornado garota-propaganda da poluição global do ar, especialmente na mídia ocidental. A poluição era tão grave que foi apelidada de "ar-pocalipse".

A qualidade do ar da cidade tornou-se o centro das atenções quando Pequim sediou os Jogos Olímpicos de Verão em 2008. Nos dias que antecederam o evento, o governo tomou providências e os níveis de poluição na cidade caíram de maneira significativa.[2, 3] Metade dos carros da cidade foram retirados de circulação, instalações industriais foram temporariamente fechadas e atividades ligadas à construção foram suspensas. Apesar dessas medidas, a cidade recebeu um dos Jogos Olímpicos mais poluídos da história. A mídia lamentou os impactos disso sobre a saúde dos atletas e dos espectadores. Mas a mídia não percebeu o ponto essencial: o ar poluído ao qual os participantes dos Jogos foram expostos por um breve tempo estava muito mais limpo do que o ar que os moradores de Pequim respiravam diariamente.

Em 2022, Pequim sediou os Jogos Olímpicos de Inverno, que não lembraram em nada os Jogos Olímpicos realizados lá catorze anos atrás. A qualidade do ar da cidade havia melhorado rapidamente na última década. A cidade que um dia havia sido apontada como "quase inabitável" agora ganhava destaque por seu céu azul e seu ar livre de poluição.[4] Já não fazia mais parte da lista das duzentas cidades mais poluídas do mundo.[5] Dessa vez, a sua melhora era diferente: não se tratava de uma manobra temporária para os seus visitantes internacionais. Era uma mudança permanente exigida e obtida pela própria população da cidade. Mas como?

Depois que o mundo fez as malas e voltou para casa em 2008, a qualidade do ar de Pequim continuou a piorar. Em 2013, a raiva do público transbordou. Os cidadãos exigiram monitoramento e dados corretos sobre a qualidade do ar. Até a mídia estatal chinesa noticiava a poluição terrível que cobria não apenas Pequim, mas cidades de todo o país.[6] O governo chinês reagiu, e em 2014 declarou uma "guerra contra a poluição". Agindo com rapidez, pôs em prática duras regulações sobre instalações industriais, tirou de circulação carros antigos, encerrou as atividades de usinas de carvão que se localizavam perto da cidade e substituiu caldeiras a carvão por caldeiras a gás, que produzem muito menos poluição.*

Entre 2013 e 2020, os níveis de poluição de Pequim caíram em torno de 55%.[5] Em toda a China, eles caíram por volta de 40%. Os benefícios à saúde provenientes dessas mudanças são enormes: estima-se que a expectativa de vida do cidadão médio em Pequim tenha aumentado em 4,6 anos.

Nos Jogos Olímpicos de 2022, a imagem ambiental da China havia se transformado. A mídia não fixava mais a sua atenção na poluição. Em vez disso, ela se concentrou em uma siderúrgica abandonada, uma das baixas da "guerra contra a poluição" — uma lembrança do novo olhar da China para a qualidade do ar, e do seu afastamento das indústrias poluidoras que tiraram anos da vida dos seus cidadãos.

O ar da China ainda não é perfeito. Seu nível de poluição ainda está bem acima dos parâmetros da Organização Mundial da Saúde, e é várias vezes mais alto do que o das cidades dos Estados Unidos ou da Europa. Seu trabalho ainda não terminou. Mas o seu exemplo nos oferece uma lição importante sobre a rapidez com que podemos agir quando contamos com os devidos recursos: cidadãos exigentes, dinheiro e vontade política.

COMO CHEGAMOS ATÉ AQUI

Associamos poluição do ar com modernidade e industrialização. Mas esse não é um problema moderno. Na verdade, em muitas partes do mundo o ar que respiramos agora é mais limpo do que já foi durante milhares de anos.

O filósofo romano Sêneca (4 a.C. - 65 d.C.) foi estoico com relação a muitas coisas, mas o ar da antiga Roma** era poluído e Sêneca sabia que prejudicava a sua

---

* É importante observar que essa não foi uma transição justa ou perfeita. No primeiro inverno, muitas famílias ficaram sem suas caldeiras a carvão, que foram tiradas delas sem que nada lhes fosse oferecido em substituição. Muitas famílias foram deixadas sem aquecimento durante o ano.

** Sêneca, conhecido também como Sêneca, o Jovem, nasceu na Hispânia, parte da Espanha dos dias atuais. Mas ele passou a maior parte da sua vida em Roma.

2. POLUIÇÃO ATMOSFÉRICA

saúde. Certa vez ele fez a seguinte observação a respeito de deixar a cidade:[7, 8] "Assim que escapei da atmosfera opressiva da cidade, e daquele horrível odor que exala de cozinhas deploráveis as quais, quando em uso, expelem uma mistura desastrosa de vapor e fuligem, eu imediatamente percebi minha saúde melhorar".

Mais atrás ainda no tempo, em 400 a.C., Hipócrates documentou os males causados pela poluição em seu tratado *Ares, águas e lugares*.[9] O geógrafo árabe Al-Masudi (896-956) escreveu sobre o assunto durante suas viagens pela Rota da Seda na Ásia Central.[10] Vários escritores da Dinastia Song (960-1279) documentaram suas preocupações quanto à queima de carvão.

A nossa compreensão a respeito do impacto da poluição do ar não se desenvolveu muito até o século XIX, mas agora estamos na singular posição de podermos usar soluções modernas para garantir que esse problema, que foi dos antigos, em breve não seja mais nosso.

A poluição do ar é causada por um princípio muito simples: a queima de coisas. Quando queimamos algo — madeira, safras, carvão ou óleo —, ao mesmo tempo geramos pequenas partículas indesejáveis. Essa é a raiz do problema, e a chave para resolvê-lo.

Queima da madeira

Quando eu era criança, uma das coisas de que mais gostava era acampar com a minha família. O clima na Escócia limitava muito as oportunidades; não havia muitas. Quando fazia tempo bom, porém, meus pais, primos e tios pegavam as nossas coisas e iam acampar num bosque remoto. Colhíamos madeira e fazíamos uma fogueira. Eu ficava ali sentada por horas, em paz com o calor intenso e pensativa diante do brilho das chamas. Ainda adoro fogueiras.

A atividade que um dia considerei um prazer foi uma das maiores assassinas silenciosas da humanidade. E ainda é. Os seres humanos começaram a queimar madeira para obter fogo há pelo menos 1 milhão e meio de anos.[11] Isso nos proporcionou calor, combustível para cozinhar e proteção em meio à escuridão. Mas também causou danos à nossa saúde em razão da poluição que produziu.

As pequenas partículas produzidas quando queimamos madeira podem penetrar em nossos pulmões profundamente, levando a uma série de problemas respiratórios e cardiovasculares, entre os quais doença cardíaca e câncer. Sabemos que os primeiros humanos foram expostos a esses poluentes porque os encontramos em seus restos de centenas de milhares de anos atrás. Quando pesquisadores examinaram os dentes de caçadores-coletores da caverna de Qesem, em Israel, de

NÃO É O FIM DO MUNDO

400 mil anos atrás, encontraram neles poluentes de carvão.[12] Para os pesquisadores, esses poluentes provinham de fogueiras feitas para assar carne.

Pesquisadores também descobriram evidências de poluição do ar no tecido de pulmões preservados de múmias egípcias. Quando o cientista Roger Montgomerie examinou os pulmões de quinze múmias — de membros da nobreza a sacerdotes — encontrou fragmentos de partículas finas e cicatrizes, resultado da exposição à poluição e a condições como a pneumonia, por exemplo.[13] Apesar de todos os combustíveis fósseis, dos carros e da poluição que produzimos nos dias de hoje, Montgomerie acreditava que os níveis de poluição de milhares de anos atrás não eram muito diferentes.

As noites ocasionais que passei perto de uma fogueira de acampamento ao ar livre provavelmente não me causaram maiores danos, mas sabemos que uma longa exposição às partículas expelidas na queima da madeira e na queima de outras biomassas é terrível para a saúde humana. É especialmente nociva em espaços fechados, onde pessoas se amontoam em torno de um forno para cozinhar ou se aquecer.

Contudo, essa era a única alternativa de energia para os nossos antepassados num intervalo de tempo que pode ter sido de 1 milhão de anos.* Conscientes ou não dos impactos sobre a saúde causados pelos resíduos que eles respiravam, abrir mão da queima da madeira traria como consequência sacrifícios enormes. Eles precisavam dessa queima para cozinhar, aquecerem-se, terem iluminação e segurança. Talvez a morte precoce em razão de infecções respiratórias, doença cardiovascular ou câncer de pulmão fosse um preço pequeno a pagar por uma vida melhor. Como veremos mais adiante, esse é um dilema que bilhões de pessoas ainda enfrentam hoje em dia. No final das contas, ter uma fonte de energia quase sempre é a alternativa vencedora.

Queima de carvão

O carvão é o mais sujo dos combustíveis fósseis. Além de gerar mais poluição quando queimado, é o causador mais contundente das mudanças climáticas. Mas mudar da madeira para o carvão foi um grande passo. Por quilograma, o carvão nos fornece cerca de duas vezes mais energia que a madeira. E não é necessário colocar abaixo florestas inteiras para fornecê-lo.

---

* Não sabemos exatamente quando os primeiros seres humanos descobriram o fogo. Existem evidências arqueológicas do uso generalizado do fogo centenas de milhares de anos atrás. Entretanto, existem também mais evidências localizadas de que a descoberta do fogo pode datar de 1,5 milhão a 2 milhões de anos atrás.

2. POLUIÇÃO ATMOSFÉRICA

Nos séculos XV e XVI, muitos países ricos estavam perdendo rapidamente suas florestas. Três quartos das florestas britânicas e francesas haviam sido derrubadas.[14] Proteger o que restava tornou-se prioridade. Muitos países começaram a queimar carvão nas residências para a preparação de alimentos e aquecimento. As cidades cresceram. As casas de família se enchiam da fumaça dos fogões a carvão. As ruas também se enchiam de fumaça, que escapava pelas portas e janelas. Dentro de casa ou fora, nas ruas, a fumaça pairava no ar. Uma assassina silenciosa, que parecia ser, porém, um preço inevitável a se pagar pelo progresso.

O ar de Londres era pior do que o das cidades mais poluídas do mundo nos dias atuais

Passei boa parte da minha vida em duas cidades conhecidas por ter o ar poluído. Alguns séculos atrás, Nor' Loch, um dos pontos mais importantes de Edimburgo, era a área de drenagem dos dejetos da cidade, e também o local de recolha para cadáveres. Um fedor nauseante enchia o ar. Esse forte cheiro era intensificado pela fumaça tóxica que saía das chaminés e do fogo de carvão por toda a cidade. A cidade foi envolvida por uma névoa densa, e o apelido "Velha Fumaça" nasceu.

Se Edimburgo era a "Velha Fumaça", Londres era a "Grande Fumaça". É difícil avaliar a gravidade da poluição de Londres nos séculos XVIII e XIX. A cidade foi tomada por uma neblina densa durante mais de um ano e se tornou campo fértil para o crime — a queima do carvão fornecia aos ladrões um manto de invisibilidade. Muitas vezes a situação se tornava tão grave que as pessoas não podiam trafegar.

Os enormes custos da poluição do ar se tornaram evidentes. O simples ato de respirar se tornou uma sentença de morte. Num espaço de cinquenta anos — de 1840 a 1890 —, as taxas de morte por bronquite aumentaram doze vezes, o que significava que 1 entre 350 pessoas morria de bronquite.[15] Se ainda fosse assim hoje em dia, 26 mil londrinos morreriam todo ano devido à poluição do ar.

Isso não foi nada em comparação com a trágica névoa que encapsulou a cidade de Londres em dezembro de 1952. Os níveis de poluição do ar estavam melhorando na ocasião, mas uma infeliz combinação de frio e da mais completa ausência de vento permitiu que o material particulado pairasse no ar por mais tempo que o habitual. A cidade parou. Os londrinos não podiam enxergar praticamente nada: para caminhar nas ruas eles precisavam arrastar os pés de um lado para o outro, procurando o meio-fio e obstáculos pelo caminho. A poluição também penetrava lugares fechados, o que levou ao cancelamento de concertos e peças. A Grande Névoa de Londres durou somente quatro dias, mas estima-se que tenha matado cerca de 10 mil pessoas e que tenha levado 100 mil pessoas a ficarem seriamente doentes por problemas respiratórios.

Entre as cidades mais poluídas da atualidade, Déli costuma figurar no topo dos rankings de poluição global; mas se a Londres do século XVIII ou XIX entrasse nessa competição, ganharia sem dúvida o título de cidade mais poluída, com base em seus níveis de material particulado suspenso.

Isso não atenua as sérias questões relacionadas à poluição atmosférica que enfrentamos hoje. Longe disso. O ar poluído continua sendo um dos maiores causadores de mortes do mundo. Sinto um aperto no peito quando vejo imagens de Déli ou de Pequim sob uma névoa densa. O que estou querendo dizer é que esses níveis atuais de poluição podem parecer sem precedentes, mas não são. O fato de ficarmos surpresos com a poluição de antigamente das cidades é uma boa notícia. Significa que encontramos uma solução. Conseguimos realizar a limpeza.

O AR DE LONDRES ERA MAIS POLUÍDO QUE O AR DA DÉLI DOS DIAS DE HOJE
Concentrações médias de material particulado suspenso, medidas em microgramas por metro cúbico.

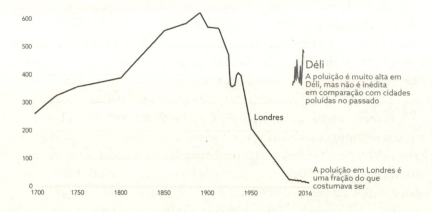

Como os países lidaram com a chuva ácida

A expressiva diminuição da poluição do ar em Londres é um exemplo de sucesso municipal. Mas há outras duas grandes histórias de sucesso que vale a pena mencionar: a da chuva ácida, que exigiu colaboração dos países em nível regional, e a da camada de ozônio, que exigiu que o mundo trabalhasse em conjunto para encontrar uma solução.

2. POLUIÇÃO ATMOSFÉRICA

No final do século xx, estátuas e monumentos estavam se dissolvendo. Os rostos de rainhas e de reis tornaram-se manchas sem traços definidos. Rios e lagos tornaram-se ácidos, dizimando os peixes. Insetos de água doce estavam desaparecendo. Muitas florestas estavam morrendo, privadas de sua vegetação.

A causa disso era a chuva ácida, que é provocada por emissões de óxidos de enxofre e de nitrogênio. Na atmosfera, esses componentes reagem com a água para formar ácido sulfúrico e ácido nítrico. A chuva, e tudo no que ela se infiltra — árvores, solos, rios e lagos — tornam-se mais ácidos. As principais fontes de óxido de enxofre e de nitrogênio são combustíveis fósseis, a indústria e algumas formas de agricultura. O carvão, por exemplo, contém muito enxofre. Quando queimado, ele emite dióxido de enxofre (SO_2), uma molécula que se dissolve na água da chuva e a torna mais ácida.

Nos anos 1980, a chuva ácida se tornou o problema ambiental de maior destaque. Ficou claro que os países não poderiam enfrentar o problema isoladamente e por conta própria. Era uma questão que ultrapassava fronteiras: emissões de dióxido de enxofre do Reino Unido passavam pela Escandinávia e arruinavam florestas norueguesas, e emissões nos Estados Unidos chegavam ao Canadá, onde poluíam lagos de água doce. Após muita resistência, os Estados Unidos e grande parte da Europa introduziram regulamentações rígidas. Os resultados disso foram quase imediatos. As emissões de SO_2 nos Estados Unidos foram reduzidas cerca de 95% desde o seu ponto mais alto nos anos 1970.[16] Na Europa, as emissões caíram 84%, e 98% no Reino Unido. A solução era bastante simples: colocar um reagente na chaminé de uma usina a carvão. Desse modo o SO_2 pode ser eliminado para que não seja lançado na atmosfera.

A chuva ácida quase desapareceu na América do Norte e na Europa. Muitos outros países também estão fazendo rápido progresso. Prova disso é a China. Em pouco mais de uma década suas emissões de SO_2 caíram dois terços, e isso aconteceu mesmo tendo mais que dobrado o uso de carvão no país.

A chuva ácida é um problema que sabemos como resolver. A solução tecnológica para isso é simples. E quando os países querem lidar com a questão, com a devida vontade política e investimento, eles podem fazer isso de maneira inacreditavelmente rápida.

Como o mundo restaurou a camada de ozônio

O efeito da poluição sobre a camada de ozônio foi a mudança climática da época em que os danos eram o problema ambiental que dominava o noticiário. Um problema que nenhum país conseguiria enfrentar sozinho. Agora ele quase nem é mencionado.

EMISSÕES DE DIÓXIDO DE ENXOFRE (SO_2) CAÍRAM VERTIGINOSAMENTE EM MUITOS PAÍSES.
Medidas em toneladas por ano.

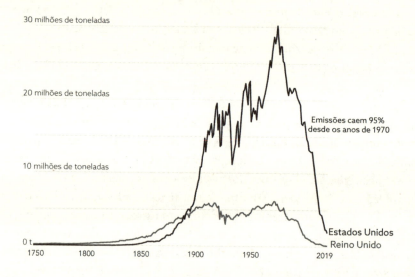

Nos anos 1960, os cientistas começavam a compreender as reações que determinavam a fotoquímica da parte superior da atmosfera. O ozônio (O_3) é um gás presente na atmosfera da Terra em várias altitudes. Ele pode ser encontrado no nível do solo, onde figura como um poluente atmosférico que causa problemas respiratórios para quem o inala. Mas o ozônio no qual estamos interessados encontra-se num ponto muito alto na atmosfera, cerca de 15 a 35 quilômetros acima da superfície, na estratosfera.

Esse ozônio é chamado de "bom ozônio". Ele desempenha um papel crucial na absorção de radiação ultravioleta perigosa (UV-B) do sol. Essa camada protetora de ozônio protege os seres humanos contra câncer de pele, queimadura de sol e cegueira, e protege também outras formas de vida. Até podemos querer nos livrar do ozônio no nível do solo, mas de modo nenhum queremos fazê-lo desaparecer da estratosfera.

Um trio de cientistas que acabaria mais tarde ganhando o prêmio Nobel — Paul Crutzen, Frank Rowland e Mario Molina — propôs que as emissões

2. POLUIÇÃO ATMOSFÉRICA

humanas de substâncias formadas pelo cloro podem estar fazendo exatamente isto: destruindo o ozônio na estratosfera.[17] Eles ainda não podiam detectar buracos de ozônio se desenvolvendo nem medir esse colapso diretamente, mas podiam conjeturar, com base em seu entendimento da química, que isso poderia estar acontecendo. As substâncias mencionadas — sendo as mais conhecidas delas os clorofluorcarbonos (CFCs) — eram usadas em geladeiras, freezers, aparelhos de ar-condicionado, pulverizadores de aerossol e na indústria. Medindo as concentrações de moléculas de cloro na baixa atmosfera, os cientistas perceberam que esses gases não se decompunham. Em vez disso, eles subiam para a estratosfera superior.[18] Lá, a radiação UV libertava os átomos de cloro, permitindo que reagissem com o ozônio e o destruíssem.

Um consenso científico a respeito do declínio da camada de ozônio surgiu com relativa rapidez depois que essa hipótese foi comunicada em 1974, e em 1985 um importante relatório estabeleceu as evidências para isso.[19] Contudo, o maior divisor de águas científico foi a descoberta do buraco de ozônio sobre a Antártida. Quando emitimos CFCs, eles tendem a se espalhar uniformemente pela atmosfera superior — inclusive para pontos no mundo sem emissões diretas. Os CFCs são transportados pela Antártida, e temperaturas frias são um catalisador fundamental para essas reações; por isso a dissolução do ozônio é particularmente ruim nos polos.

Até esse ponto, Crutzen, Rowland e Molina haviam enfrentado forte resistência e negação por parte da indústria e de atores políticos.[20] O presidente da DuPont — a maior produtora global de CFCs — afirmou que a teoria era "pura ficção científica... um monte de besteiras... um completo absurdo". Os principais produtores formaram a Alliance for Responsible CFC a fim de coordenar os seus esforços e lançaram intensas campanhas publicitárias desacreditando a teoria da depleção do ozônio. Anne Gorsuch, a primeira mulher a chefiar a Agência de Proteção Ambiental dos Estados Unidos, descartou a depleção do ozônio como comoção ambiental.[21] Mas as imagens visuais de um buraco cada vez maior na camada de ozônio eram difíceis de ignorar: por fim, isso pressionou o governo e os líderes da indústria a tomarem providências.

Quarenta e três países assinaram o Protocolo de Montreal em 1987, concordando em eliminar progressivamente as substâncias que destroem a camada de ozônio de 1989 em diante. Os primeiros países a tomarem medidas foram em sua maioria os mais ricos, que eram os principais produtores industriais — Estados Unidos, Canadá, Japão, a maior parte da Europa e Nova Zelândia. O seu objetivo era reduzir pela metade a produção global até 1999, e posteriormente tratar da sua eliminação completa.[22, 23]

As regulamentações se tornaram mais severas quando surgiram mais evidências a respeito do problema. Foi antecipado o prazo final para a eliminação da produção de gases que destroem a camada de ozônio. Na virada do milênio, 174 membros (compostos de países, em sua maioria, e de alguns estados independentes) haviam assinado o protocolo. Em 2009, tornou-se a primeira convenção internacional — e com diferentes finalidades, não apenas ambiental — a obter ratificação universal de todos os países do mundo.

O sucesso desse esforço internacional foi espantoso. A eliminação que se seguiu ao primeiro protocolo em 1989 foi rápida. Em um ano, o uso de substâncias que destroem o ozônio caiu 25% abaixo dos seus níveis de 1986. No intervalo de uma década, os níveis haviam caído para quase 80%. Esse resultado estava muito além da meta inicial de redução de 50%. Até hoje, a redução foi de 99,7%.

AÇÃO INTERNACIONAL PARA DETER A DESTRUIÇÃO DO OZÔNIO REDUZIU EMISSÕES EM MAIS DE 99%
O mundo adotou o Protocolo de Montreal em 1987 para reduzir as substâncias que destroem o ozônio.
O gráfico mostra a redução nas emissões globais em comparação com 1989.

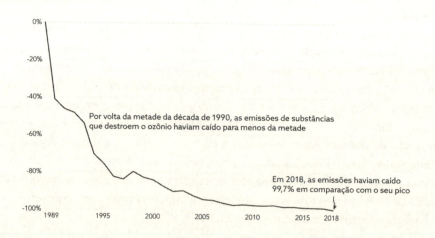

As concentrações de ozônio na estratosfera caíram para menos da metade ao longo dos anos 1980, e esses níveis se estabilizaram na década de 1990. Ainda demorará um longo tempo até que a camada de ozônio se recupere, e até a metade do século XXI as concentrações globais de ozônio provavelmente não retornarão aos seus níveis de 1960.[24] É possível que os níveis de ozônio na Antártida não voltem ao seu estado pleno antes do final do século. Porém, enquanto mantivermos a determinação de eliminar progressivamente as substâncias destruidoras do ozônio, o buraco continuará diminuindo. Tomamos providências, e agora tudo o que temos de fazer é esperar.

Abordar as mudanças climáticas e alguns dos outros problemas neste livro será mais difícil, mas há ainda importantes lições a aprender com as histórias de sucesso da chuva ácida e da camada de ozônio. O ser humano pode solucionar problemas globais reais. Todos os países têm a oportunidade de se envolver. E podemos tomar medidas rapidamente quando enfrentamos o problema. Isso nos ajuda a lembrar que somos capazes de cooperação em problemas globais desse tipo.

Enquanto percorre os capítulos seguintes, você também deve manter essas lições em mente. Talvez você esteja cético. Eu, sem dúvida, estava. Mas o que pode parecer à primeira vista uma barreira intransponível não está destinado a permanecer assim para sempre. Existem muitos outros Crutzens, Rowlands e Molinas trabalhando sem descanso nas sombras.

ONDE ESTAMOS HOJE

Muitos de nós estão respirando o ar mais puro que já houve em séculos

O ar que eu respirava quando era criança era muito mais limpo do que o que meus pais jamais experimentaram na juventude deles, e muito mais limpo ainda do que o ar que os meus avós respiravam. O ar que respiramos hoje é o mais limpo que já tivemos em séculos. Mas essa é uma história de sucesso que raramente contamos.

As emissões de SO_2 não foram as únicas que declinaram no Reino Unido. As emissões de poluentes do ar locais são hoje apenas uma fração do que eram. Óxidos nitrosos caíram 76% em relação ao seu pico. Carbono preto diminuiu 94%, componentes orgânicos voláteis caíram 73% e monóxido de carbono caiu 90%.

O Reino Unido não está sozinho nisso. Ocorre o mesmo na maioria dos países ricos do mundo. Reduções nos Estados Unidos, no Canadá, na França e na Alemanha também foram impressionantes. Em grande medida esse sucesso se deve à regulamentação ambiental bem-sucedida. O Reino Unido implementou a sua primeira Lei do Ar Limpo em 1956, depois da Grande Neblina de Londres. Década após década, essas regulamentações se tornaram mais rígidas. Em resposta, as indústrias tiveram de desenvolver tecnologias de baixa poluição.

A ASCENSÃO E A QUEDA DE POLUENTES ATMOSFÉRICOS NO REINO UNIDO

Esse padrão — o crescimento, o pico e depois a rápida queda de emissões — é constante nos países mais ricos. As emissões são medidas em toneladas por ano.

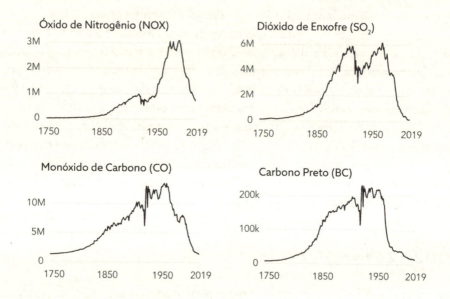

Aprendemos a remover o enxofre da queima de carvão. Banimos a gasolina com chumbo. Aprendemos a produzir carros e caminhões que emitem somente uma fração da poluição que emitiam no passado. Os Estados Unidos implementaram a sua Lei do Ar Limpo em 1970, com resultados também impressionantes.[25]

A ação ambiental muitas vezes é vista como um empecilho à economia. Ação climática ou crescimento econômico — ou um ou outro. Poluição *versus* mercado. Esse é um grande equívoco. Os países reduziram a poluição atmosférica e ao mesmo tempo fizeram a sua economia crescer. Poluição mais baixa, saúde melhor *e também* uma economia mais vigorosa? Isso me parece papo de vendedor.

Muitas vezes as coisas pioram antes de melhorarem: a poluição do ar também está diminuindo em muitas economias em desenvolvimento

Os países seguem um caminho previsível. Primeiro a poluição cresce quando um país começa a sair da pobreza. Nessa etapa, o acesso à energia é a prioridade. O país queima carvão, óleo, gás sem maiores restrições para que se realize um

2. POLUIÇÃO ATMOSFÉRICA

processo limpo. Não existe exigência de uma usina de última geração com controle antipoluição, nem novos motores de carro com filtragem de partículas. Os níveis de poluição continuam a crescer enquanto mais pessoas têm eletricidade, carros e podem se dar ao luxo de aquecerem ou resfriarem suas casas. O país entra em um boom industrial. As pessoas têm mais dinheiro, e a vida se torna melhor. A poluição não é agradável, mas parece ser um preço que vale a pena pagar.

Com o tempo, porém, o país chega a um ponto crítico em seu caminho rumo à prosperidade. Depois que a vida se torna confortável, as nossas preocupações se voltam para o meio ambiente que nos cerca. As nossas prioridades mudam, e deixamos de tolerar o ar poluído. Os governos são obrigados a mudar também: são forçados a tomar providências para que os níveis de poluição atmosférica sejam reduzidos. A curva da poluição atmosférica atinge o seu ápice e começa a declinar.[26]

Essa trajetória é chamada de Curva Ambiental de Kuznets:* trace um indicador ambiental em relação à renda e o resultado será uma curva em forma de "U" invertido (ela é pequena quando somos pobres; cresce e atinge o pico em rendas médias; e cai novamente à medida que enriquecemos). Para muitos indicadores métricos, a Curva de Kuznets não é válida. Porém ela funciona para a poluição atmosférica, e isso significa que podemos identificar em qual estágio de desenvolvimento econômico um país está apenas traçando uma curva do grau de poluição do seu ar. A Índia, por exemplo, está se aproximando do seu ponto crítico. Está à beira do pico de poluição. Como já vimos, a China se encontra mais à frente e já ultrapassou o pico.

Países como o Reino Unido e os Estados Unidos levaram dois séculos para levar a cabo a ascensão e a queda da poluição atmosférica. Com novas tecnologias, os países estão passando por essa transição quatro vezes mais rápido. Melhor ainda: é possível que alguns dos países mais pobres consigam pular a curva completamente.

Milhões de pessoas morrem devido à poluição atmosférica todos os anos

A poluição do ar pode estar caindo em muitos países, mas continua causando um grande número de mortes pelo mundo. Ela aumenta o risco de doenças respiratórias, derrame cerebral, doenças cardiovasculares e câncer de pulmão.

---

* Estamos trabalhando aqui com a Curva de Kuznets para problemas *ambientais*, mas a teoria de que as coisas pioram antes de melhorar não é aplicável somente ao meio ambiente. Na verdade, a Curva de Kuznets original dizia respeito à desigualdade de renda: Simon Kuznets teorizou que a desigualdade se acentua à medida que um país se industrializa, mas volta a cair quando ele enriquece mais.

A CHINA JÁ ULTRAPASSOU O "PICO DE POLUIÇÃO DO AR"
A poluição do ar está caindo rapidamente em muitos países de renda média-alta.
As emissões são medidas em toneladas por ano.

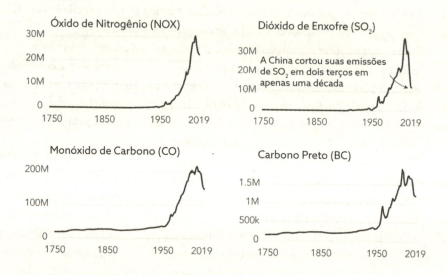

As pequenas partículas que nós mal podemos enxergar são particularmente nocivas à saúde. Os cientistas costumam referir-se a elas como MP$_{2,5}$ — matéria particulada menor que 2,5 micrômetros de diâmetro. Quase invisível. O problema é que essas pequenas partículas penetram fundo em nossos pulmões e em nosso sistema respiratório. Depois de andar pela praia durante dias você encontrará em seus sapatos irritantes grãos de areia. Você não encontrará nenhuma pedra neles, mas os menores grãos entram nas menores fendas. As partículas no ar não são diferentes.

Em 2020, a garota de nove anos de idade Ella Adoo-Kissi-Debrah tornou-se a primeira pessoa no mundo a ter "poluição atmosférica" em sua certidão de óbito. Ela morreu de asma, e um Tribunal de Investigação de Londres concluiu que a poluição do ar teve peso significativo nessa morte. Esse resultado é algo raro. A poluição do ar mata muitas pessoas, mas não é citada como causa da morte. Em vez disso, pesquisadores estimam mortes prematuras a partir de medições de poluentes no ar, e do modo como esses poluentes aumentam o risco de doenças mortais, segundo o nosso entendimento. Os pesquisadores não concordam com o número exato. Mas concordam que é tragicamente alto — da ordem de milhões. A Organização Mundial da Saúde (OMS) estima que a poluição do ar mata 7 milhões de pessoas todos os anos: 4,2 milhões de poluição do ar *externa*, e 3,8 milhões de

2. POLUIÇÃO ATMOSFÉRICA

poluição do ar *interna* em virtude da queima de madeira e carvão. Outro grande instituto de pesquisa global em saúde, o Institute for Health Metrics and Evaluation [Instituto de Métricas e Avaliação em Saúde], fornece um número similar: 6,7 milhões. Alguns cientistas acham que esse número pode ser ainda maior: alguns dos estudos mais recentes e largamente citados estimam que pelo menos 9 milhões de pessoas morrem anualmente devido ao ar que respiram.[27, 28]

Para contextualizar esses números, isso é semelhante à taxa de mortalidade de fumantes: cerca de 8 milhões de pessoas.[29] É seis ou sete vezes maior que o número de pessoas que morre em acidentes de trânsito: 1,3 milhão. Centenas de vezes maior do que o número de pessoas que morre em decorrência de terrorismo ou de guerras anualmente. A poluição do ar é a assassina silenciosa que não teve manchetes suficientes. Não consegue nos chocar como nos chocam imagens de uma inundação ou de um furacão, mas mata cerca de quinhentas vezes mais pessoas em um ano do que todos os desastres "naturais" somados mataram em muitos anos.*

Mas as taxas de mortalidade por poluição atmosférica estão caindo

Esse é um quadro preocupante. Porém, como acontece com muitos exemplos mostrados neste livro, não é o cenário completo. Embora o número de mortes decorrentes da poluição do ar seja ainda terrivelmente alto, os dados trazem esperança. Podemos estar no ponto máximo da tragédia humana que é a poluição do ar. É possível — na verdade, é provável — que estejamos nos aproximando do "pico de mortes por poluição". Isso parece sinistro, mas também significa que o pior já foi deixado para trás.

Por que acredito que estamos nos aproximando do pico? O número total de mortes por poluição do ar no mundo todo foi o mesmo durante décadas. O número de mortos não mudou muito, embora haja muito mais pessoas no mundo. Principalmente pessoas mais velhas, que correm risco bem maior de morrer devido a um derrame, doenças cardiovasculares e câncer. Isso significa que a *taxa* de mortalidade por poluição atmosférica — ou o risco para uma pessoa comum — vem diminuindo, e expressivamente: as *taxas* de mortalidade caíram pela metade desde 1990, segundo algumas estimativas.[30]

---

* No mundo todo, cerca de 15 mil pessoas morrem devido a catástrofes todos os anos. Essa quantidade pode variar de ano para ano, geralmente depende do surgimento de grandes terremotos, que são os desastres mais mortais dos dias de hoje. Eles são difíceis de prognosticar, e, portanto, também é difícil se preparar antes que aconteçam.

Se a população global crescer lentamente e a poluição do ar continuar melhorando, o mundo logo passará pelo pico de mortes por poluição do ar. A inclinação descendente pode ser bem mais inclinada do que a ascendente. O surgimento de tecnologias limpas poderá levar as mortes por poluição atmosférica a despencar em questão de décadas.

AS TAXAS DE MORTALIDADE POR POLUIÇÃO DO AR ESTÃO CAINDO, ATÉ MESMO NOS PAÍSES MAIS POLUÍDOS
Taxas de mortalidade por poluição atmosférica interna e externa, medidas como o número de mortes prematuras por 100 mil pessoas.

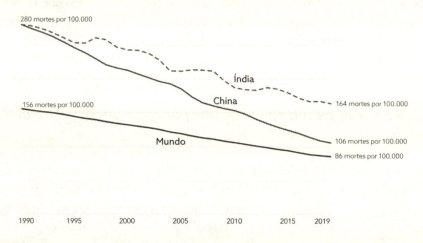

COMO CONSEGUIR AR PURO?

Para entendermos o que é preciso fazer para deter a poluição do ar, antes temos de entender de onde vem a poluição.

Em Déli, a concentração média de materiais particulados minúsculos — aquelas partículas menores que 2,5 micrômetros — é vinte vezes maior do que estabelecem as diretrizes da OMS. No inverno, as coisas ficam ainda piores. Os ventos diminuem, a poluição se fixa na cidade, e não é incomum que os níveis superem em mais de cem vezes os limites estabelecidos pela ONU.

Em janeiro de 2016, o governo de Déli precisou de uma solução rápida, uma medida urgente; decidiu então retirar de circulação metade dos carros de Déli, colocando em prática o "rodízio ímpar-par": se o número da sua placa tivesse final ímpar, então você só poderia dirigir seu carro em dias ímpares, e o oposto se o número da sua placa fosse par. Se não fosse o "seu" dia de dirigir, você teria de usar

2. POLUIÇÃO ATMOSFÉRICA

transporte público ou pegar carona com alguém que tivesse o número de placa requerido. Ignorar a regra resultava em multa.

Você poderia pensar que essa medida teve um sucesso expressivo, mas pesquisadores estimam que o rodízio ímpar-par realizado em 2016 reduziu a poluição em Déli em 5% apenas. O rodízio foi novamente aplicado em novembro de 2019, e o efeito foi um pouco melhor: houve uma redução de cerca de 13% na poluição.

Mas como uma medida tão drástica pôde fazer tão pouca diferença? A resposta se torna óbvia quando paramos para verificar *de onde vem* a poluição de Déli. Essa poluição não vem dos carros. Na verdade, apenas cerca de 23% da poluição $MP_{2,5}$ no inverno de Déli vinha do transporte, e, desse montante, somente 4% vinha dos *carros*; a maior parte restante vinha de caminhões.[31] Mas os caminhões, ônibus e motocicletas não foram incluídos no esquema de rodízio. A bem da verdade, nem mesmo foram incluídos todos os carros. As mulheres foram dispensadas da obrigação. Também ficaram fora do rodízio os carros que rodavam com combustíveis mais limpos, os táxis e os carros que transportavam pessoas importantes, tais como autoridades do governo, juízes e membros da embaixada. Em outras palavras, as regras valiam para cidadãos comuns que dirigiam carros particulares movidos a gasolina ou a diesel.

O plano trouxe benefícios. O trânsito ficou consideravelmente menos congestionado para começar. Mas teria ficado claro para qualquer pessoa que tivesse examinado os números que o rodízio de veículos não seria suficiente para colocar sob controle a poluição de Déli. Para alcançar esse objetivo, teria sido melhor começar pelas fontes de poluição que superam os carros. Essas fontes são as queimadas de inverno, ocasião em que fazendeiros preparam os campos para a nova temporada de cultivo do trigo queimando o restolho de palha da sua colheita de arroz; a fumaça industrial na cidade; a poeira das áreas circundantes; os geradores a diesel para a obtenção de energia; e a queima de carvão e madeira nas casas.[32]

Globalmente, as nossas emissões vêm de um punhado de fontes. A primeira delas é a queima de madeira ou de carvão para a obtenção de energia, ou queimadas de plantações no campo. Essa é uma das maiores fontes de rendimentos baixos, e uma grande colaboradora da poluição interna *e também* da externa. E também temos as emissões da agricultura, com o gás de amônia e o gás nitrogênio provenientes do adubo e de fertilizantes. Em seguida temos a queima de combustíveis fósseis para a obtenção de eletricidade. E há também as emissões da indústria — os vapores que se desprendem de instalações químicas, da produção de metal e das fábricas têxteis. Por fim, temos os meios de transporte — os carros que dirigimos, mas também os caminhões, os navios e os aviões que transportam mercadorias pelo mundo todo.

Para que a poluição do ar se aproxime de zero em todos os lugares, precisamos eliminar essas fontes uma a uma.

COMO CONSEGUIR QUE A POLUIÇÃO ATMOSFÉRICA SEJA PRÓXIMA DE ZERO EM TODOS OS LUGARES

A solução para a poluição do ar — como vimos anteriormente — segue um princípio básico apenas: dar fim à combustão de coisas. Precisamos encontrar um meio de produzir energia sem queimar coisas. Ou então, se queimarmos, precisamos aprisionar as partículas de maneira segura e garantir que não escapem e cheguem à atmosfera. Muitos países não estão muito longe de dar esse passo. Os países mais pobres do mundo ficaram para trás na conquista desse objetivo, mas eles já teriam muito a ganhar queimando coisas *diferentes* para a obtenção de energia.

[1] Dar às pessoas acesso a combustíveis limpos para cozinhar

Nem tudo o que queimamos gera a mesma quantidade de poluição. Madeira é pior que carvão; carvão é pior que querosene; querosene é pior que gás.

O processo de mudar de uma forma de energia para outra é conhecido como "subir a escada de energia". Os países mais pobres do mundo ainda recorrem à madeira como a sua principal (e provavelmente única) fonte de energia. Isso coloca esses países na base da escada. Quando eles enriquecem um pouco, podem começar a queimar carvão vegetal, e um pouco mais tarde, carvão. Esses combustíveis sólidos ainda são terrivelmente poluidores e tóxicos para aqueles que inalam as emissões todos os dias. O mais surpreendente é que essa é a realidade vivida por cerca de 40% da população mundial — mais de 3 bilhões de pessoas.

Ninguém no mundo deveria estar nesse degrau da escada de energia. Todos deveriam ter acesso a combustíveis limpos para cozinhar e se aquecer. O fato de que bilhões de pessoas não podem contar com esse tipo de recurso deveria torná-lo a principal prioridade do movimento ambiental. O nosso primeiro passo para alcançar a meta de ter ar limpo já foi testado e aprovado: é o de reduzir a pobreza e garantir que ninguém use combustíveis antigos, tradicionais.

A "ESCADA DA ENERGIA"
A fonte de energia dominante para cozinhar e para aquecimento por nível de renda.

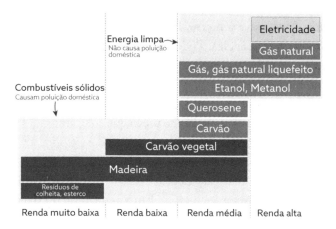

[2] Dar fim às queimadas de inverno

Na Índia, a queima sazonal de restos de cultura contribui para poluir o ar.[33, 34] Outubro e novembro são meses de mudança para os fazendeiros; nessa época eles colhem arroz e se preparam para plantar o trigo. A janela de plantio é breve — as primeiras duas semanas de novembro —, o que significa que eles precisam se livrar rapidamente da palha do arroz colhido que foi deixada no campo. A maneira fácil de fazer isso é a queimada. É fácil para o fazendeiro, mas custoso para o país. Todos os fazendeiros realizam essa queimada ao mesmo tempo, e as cidades no entorno são invadidas por poluição.

Existem algumas soluções possíveis. A matéria residual pode ser recolhida e utilizada para a alimentação animal ou para outros fins. Ou então os fazendeiros poderiam ser encorajados a plantar uma rotação de culturas diferentes. Há também algumas soluções tecnológicas. Uma máquina chamada Happy Seeder pode cortar e erguer a palha do arroz, plantar por baixo dela o trigo e depois recolocar a palha por cima como adubo orgânico. O governo da Índia tentou estimular o uso do Happy Seeder oferecendo subsídios aos fazendeiros para a compra dessas máquinas. Além disso, estudos mostraram que esse tipo de tecnologia pode ser lucrativo para o fazendeiro.[35] O problema é o alto investimento inicial necessário para a compra do equipamento, e o custo de manutenção contínuo em troca de um maquinário que só é usado quinze dias por ano.

Para alcançar a escala necessária para dar fim às queimas de restolhos, o governo indiano teria de conceder subsídios expressivos. Porém, isso traria benefícios enormes do ponto de vista econômico e ambiental. Quando avaliamos o preço de tomar medidas, tendemos a compará-lo com a alternativa de não investir absolutamente nada. Mas isso é um erro. Esquecemos de levar em conta os custos sociais de não tomar providências. Podemos pensar que gastar centenas de milhões de dólares é caro. Mas isso porque ignoramos a alternativa: o preço de não dar solução ao problema.

Não é possível avaliar de maneira objetiva quanto custa a poluição atmosférica em termos monetários; isso depende do preço que colocamos na saúde de baixa qualidade e na morte precoce. Mas a maior parte dos estudos apresenta uma ordem de grandeza semelhante: trilhões de dólares são perdidos no mundo inteiro todos os anos por motivo de doença, licenças médicas, perda de produtividade, perda de safras e outros impactos "ocultos".[36] Em um relatório do Banco Mundial de 2022, esse montante era de 8,1 trilhões de dólares, o equivalente a 6% do PIB mundial.[37] Na Índia, o custo da poluição do ar em 2019 foi estimado em 350 bilhões de dólares: isso é 10% do PIB do país. Podemos olhar para o outro lado e fingir que esses custos sociais não existem, mas essa conta continuará a aumentar até que a saldemos.

[3] Remover o enxofre dos combustíveis fósseis

O carvão acabará se tornando um combustível do passado, mas ainda levará algum tempo para que o mundo o abandone completamente. Até que isso aconteça as pessoas continuarão morrendo em decorrência da poluição que ele gera; devemos fazer o que pudermos para limitar os seus danos.

O vapor sulfúrico que paira sobre Déli e Mumbai não precisa estar lá. Já existe uma solução para isso: reter o dióxido de enxofre que sai das usinas a carvão. Uma usina tem de acrescentar um "purificador" à sua chaminé. Por exemplo, acrescentando calcário, o dióxido de enxofre no gás reagirá para formar um sólido que se pode capturar.

Purificadores podem remover pelo menos 90% do dióxido de enxofre, por isso a queda expressiva da poluição em muitos países nos últimos cinquenta anos. Uma usina com essas tecnologias é mais cara do que uma usina sem elas. Por esse motivo é que todos os países ricos contam com essas tecnologias e os países pobres não. Como vimos acontecer com a China, porém, cada país acabará chegando ao seu ponto crítico. Quando isso acontecer, as soluções estarão prontas e à espera. Podemos simplesmente remover o enxofre.

[4] Qual é o carro com energia mais limpa para se dirigir?

Quando a maioria de nós pensa na poluição do ar nas cidades, vem à nossa mente a cena de carros engarrafados no trânsito. As notícias sobre a poluição do ar quase sempre trazem imagens de fumaça saindo dos escapamentos dos carros. Sendo assim, a maioria de nós sabe que a poluição gerada pelos carros é ruim para a nossa saúde.

No Reino Unido, a consciência desse fato se ampliou em 2015, quando o "Dieselgate" (ou o escândalo da emissão de poluentes da Volkswagen) ganhou as manchetes. Muitos países estabeleceram regras rígidas em relação à quantidade de poluição que os veículos podem emitir, portanto os carros precisam satisfazer determinados padrões de qualidade do ar para serem vendidos. Em 2015, foi revelado que uma das maiores fabricantes de automóveis do mundo, a Volkswagen, havia trapaceado. A montadora havia programado um dispositivo de controle de poluição em muitos dos seus carros para que funcionasse apenas quando estivessem sendo testados. Durante o teste, esse dispositivo baixava as emissões de poluentes e os carros eram aprovados. Quando iam para a estrada em situação normal de rodagem, o dispositivo parava de funcionar. Suas emissões ficavam muito além do limite legal. Esse escândalo não somente fez um estrago temporário na reputação da Volkswagen como também deu enorme destaque aos poluentes que os carros lançam.

Alguns governos tentaram estimular consumidores a terem carros a diesel. A justificativa era que os carros a diesel emitiam menos CO_2 por quilômetro do que os carros a gasolina. Mudar da gasolina para o diesel seria bom para o clima. Porém as coisas não saíram conforme o planejado, e muitos dos governos acabaram voltando atrás. Isso ocorreu em parte devido ao escândalo do Dieselgate, mas também porque se revelou que os carros a diesel emitiam muito mais poluentes que acabam se alojando em nossos pulmões do que os carros a gasolina. O dilema era decidir o que tem mais importância: a mudança climática ou a poluição atmosférica local que prejudica a nossa saúde. Então se descobriu que os carros a diesel na verdade não emitem muito menos CO_2 que os carros a gasolina. Os carros a diesel têm de ser equipados com tecnologias que reduzam as suas emissões de poluentes locais, e isso ocasiona um custo de energia. Esse custo adicional elimina muitos dos benefícios climáticos. Alguns estudos sugerem que os carros a diesel são piores tanto para o clima quanto para a poluição atmosférica local.[38]

Carros a diesel são escassos nos Estados Unidos, portanto os consumidores norte-americanos escaparam do dilema gasolina *versus* diesel. Mas qual é a decisão certa para consumidores de outras partes do mundo? Quando se faz comparação entre o diesel e a gasolina, a diferença não costuma ser muito grande. Nesse caso, o que importa mais é a idade do carro. Os carros modernos movidos a gasolina e a diesel são muito mais limpos do que os seus primos mais antigos. Os padrões de emissões tornaram-se mais rigorosos, e as tecnologias de filtragem muito melhores. Contudo, como veremos no capítulo seguinte, o dilema gasolina *versus* diesel está se tornando obsoleto rapidamente. Carros movidos a combustíveis fósseis estão saindo de cena. Carros elétricos e a vida sem carro são escolhas que vêm avançando. O melhor seria descartar logo as antigas tecnologias e fazer essas trocas o mais rápido possível. Isso salvaria milhares de vidas todos os anos.

[5] Dirigir menos. Andar de bicicleta, caminhar e usar transporte público

Podemos discutir qual tipo de carro causa menos poluição, mas assim nos afastamos da solução que supera todos eles: não dirigir. Se for viável para você, abrir mão do carro para se deslocar de bicicleta ou caminhando são excelentes alternativas individuais para reduzir a poluição do ar (e as mudanças climáticas). Os benefícios em relação ao congestionamento e à poluição da cidade tornam-se bastante claros sempre que vemos um grupo de ciclistas passando por uma fila de carros parados, lançando fumaça pelos escapamentos.

Essa é uma responsabilidade tanto individual como social. Muitos de nós têm a opção de deixar o carro em casa quando podemos chegar ao nosso destino de bicicleta ou a pé. Existem rotas seguras para serem usadas. Somos saudáveis o suficiente para fazer isso. O que nos impede é uma escolha pessoal. Depois das alternativas de caminhar e de andar de bicicleta, a melhor escolha é utilizar o transporte público.

Mas algumas pessoas não têm essa opção. O local de trabalho fica longe demais de casa. Não há ciclovias, e algumas vezes não há nem mesmo calçadas para se caminhar. Os sistemas de transporte público são antigos. Ônibus e trens atrasam, não são confiáveis e levam horas para passar (quando passam). A falta de infraestrutura obriga as pessoas a usarem carro.

2. POLUIÇÃO ATMOSFÉRICA

Como imaginamos que serão as cidades, os centros urbanos e sistemas de transporte em 2040 ou 2050? Nós devíamos ser mais ambiciosos quando consideramos esses cenários. Eles poderiam ser construídos para pedestres e ciclistas, não para carros. No mundo dos meus sonhos, não seria necessário *ter* um carro, sobretudo se ele ficasse parado 23 horas por dia. Podemos criar redes de Ubers que atenderiam a cidade, sem motorista e com baixas emissões de carbono. Quando você precisasse de uma corrida, bastaria acionar um aplicativo, e um veículo autônomo limpo iria buscá-lo. Se os governos e os planejadores pensarem com cuidado nessa possibilidade, ela até poderia ser uma modalidade de transporte público. Os benefícios em termos econômicos e de saúde seriam enormes.

[6] Abandonar os combustíveis fósseis em favor das energias renováveis e da energia nuclear

Limpar as usinas a carvão e instalar tecnologias de filtragem nos carros já nos levou muito longe. Essas medidas podem nos ajudar a alcançar níveis de poluição que sejam somente uma fração do que eram no passado.

Mas essas medidas não são o bastante. Mesmo nos países mais ricos, a maioria de nós continua respirando um ar que abrevia a nossa vida. Os nossos filhos estão respirando um ar que pode afetar a sua concentração e o seu potencial de aprendizagem. Não temos de aceitar essa situação apenas porque as coisas já não são tão ruins como eram no passado. Merecemos mais que isso. Se quisermos acabar completamente com a poluição atmosférica, precisamos deter a queima de combustíveis fósseis.

A boa notícia é que temos que fazer isso de qualquer maneira se quisermos enfrentar as mudanças climáticas. Isso significa que podemos resolver dois grandes problemas ao mesmo tempo. A manifestação das pessoas exigindo ar puro dos seus governos pode ser um modo eficaz de acelerar a ação climática. Quando um manto de neblina cai sobre Pequim ou Déli e as encobre, as pessoas não podem ignorar isso.

Depois que abandonarmos os combustíveis fósseis, que fontes de energia utilizaremos em seu lugar? Com relação a isso, estou mais indecisa do que a maioria. Na comunidade ambiental há uma intensa rivalidade entre dois lados: o pró-energia nuclear e o pró-energias renováveis. As disputas entre essas duas tribos são surpreendentemente encarniçadas. Para mim, essa rivalidade é frustrante e contraproducente.

A energia nuclear e as fontes renováveis de energia, como a solar, a hidrelétrica e a eólica, são todas de baixas emissões de carbono. A sua emissão de CO_2 só

65

NÃO É O FIM DO MUNDO

não é *zero* porque nós ainda precisamos de energia e de materiais para construir os painéis e as turbinas. Em comparação com os combustíveis fósseis, porém, elas emitem muito pouco. Usar qualquer uma dessas energias no lugar dos combustíveis fósseis é uma clara vitória para o clima. E mudar para a energia nuclear ou para as renováveis colocaria um fim nas mortes por poluição do ar — portanto tal troca representaria também uma grande vitória para a saúde no mundo todo.

É bastante equivocada a crença de que a energia nuclear é perigosa. Na verdade, ela é uma das fontes mais seguras de energia. Nos últimos sessenta anos houve apenas dois grandes acidentes nucleares: Chernobyl, na Ucrânia, em 1986, e Fukushima, no Japão, em 2011. Quando pensamos em energia nuclear, esses dois terríveis incidentes vêm à nossa mente. Quando fiz uma sondagem com meus amigos para saber quantas pessoas eles acreditavam que haviam perdido a vida nesses acidentes, o palpite mais comum foi centenas de milhares. Os números são na verdade muito menores.[39]

Quando combinamos as mortes diretamente causadas pela explosão da usina de Chernobyl e as mortes potenciais nos casos de câncer causado pela radiação, o acidente causou provavelmente cerca de quatrocentas mortes.[40], [41] Cada uma dessas mortes é trágica, mas esse número é muito menor do que a maioria imagina, sobretudo se levarmos em conta que esse foi o pior desastre nuclear da história e é improvável que se repita. Os reatores de Chernobyl eram um modelo antigo e que não oferecia segurança, e o silêncio da União Soviética na época tornou lenta a reação ao desastre.

Em 2011, a usina nuclear de Fukushima no Japão foi atingida por um tsunâmi depois do maior terremoto já registrado no país. Por incrível que pareça, o acidente não causou a morte de ninguém diretamente. Muitos anos depois, o governo anunciou que um homem havia morrido de um câncer do pulmão que poderia estar associado ao desastre. No cômputo geral, foi um evento bastante espantoso: uma usina nuclear foi atingida por um tsunâmi e houve apenas uma possível morte. Contudo, o governo atribuiu cerca de 2700 mortes prematuras ao estresse e ao abalo decorrentes da evacuação de Fukushima nos anos que se seguiram.

Quando as mortes de Chernobyl e Fukushima são somadas, estima-se que alguns milhares de pessoas tenham morrido devido à energia nuclear ao longo da sua história.

Isso torna a energia nuclear mais segura ou mais perigosa do que outras fontes de energia? As taxas de mortalidade — quantas pessoas morreram por unidade de produção de eletricidade — das energias nuclear, solar e eólica são todas muito baixas.[42] E não há muita diferença entre elas. A energia hidrelétrica também é bastante segura, embora o seu único grande incidente — o desastre da

66

2. POLUIÇÃO ATMOSFÉRICA

represa de Banqiao, na China, que matou 171 mil pessoas — faça aumentar bastante a sua taxa de mortalidade.

Confira o gráfico que se segue e entenda como as alternativas se comparam aos combustíveis fósseis. A poluição do ar ocasionada pelo carvão mata milhares de vezes mais pessoas por unidade de produção de eletricidade. O petróleo mata milhares de vezes mais do que a energia nuclear e as energias renováveis.

AS ENERGIAS RENOVÁVEIS E A ENERGIA NUCLEAR SÃO MUITO MAIS SEGURAS E MELHORES PARA O CLIMA DO QUE OS COMBUSTÍVEIS FÓSSEIS
Os combustíveis fósseis matam milhões de pessoas todos os anos por meio da poluição do ar, além de emitirem muito mais gases do efeito estufa por unidade de eletricidade.

NÃO É O FIM DO MUNDO

Estão totalmente equivocadas as pessoas que discutem se as taxas de mortalidade associadas à energia nuclear são um pouco mais altas ou mais baixas que as associadas à energia solar, ou se a energia solar é mais mortal que a eólica. Fazer esse tipo de comparação é apegar-se a detalhes irrelevantes. O ponto mais importante é que todas elas matam muitíssimo menos do que qualquer combustível fóssil. Todos os anos, milhões de pessoas morrem devido aos combustíveis fósseis; as estimativas variam de 3,6 milhões a 8,7 milhões — de 1 milhão a 2,5 milhões associadas à geração de eletricidade, e a maior parte delas ao carvão.[43] A energia nuclear e as energias renováveis são centenas de vezes mais seguras, se não milhares de vezes. E um aspecto muito importante é que elas todas emitem muito pouco CO_2, motivo pelo qual são também muito mais seguras para o clima.

Quando o objetivo é salvar vidas, não importa para qual fonte de energia de baixa emissão de carbono mudaremos. Temos de nos livrar dos combustíveis fósseis da maneira que pudermos. Precisamos manter em funcionamento as usinas nucleares atuais. E construir mais algumas em países nos quais haja recursos financeiros e conhecimento tecnológico para tanto. Instalar painéis solares nos telhados. Instalar painéis solares e turbinas eólicas em terras desertas.

Se quisermos remover essas últimas fontes de poluição atmosférica, precisaremos mudar para a energia com baixas emissões de carbono e substituir os carros comuns por carros elétricos. Até recentemente essa mudança parecia impossível porque as baterias, os painéis solares e os carros elétricos eram caros demais. Isso está mudando, e rapidamente.

COISAS QUE DEVERIAM NOS PREOCUPAR MENOS

Todos os dias eu me deparo com pessoas motivadas e ponderadas tentando fazer o seu melhor em prol do meio ambiente. Elas levam em conta o impacto ambiental de quase todas as decisões que tomam. Ou se concentram em algumas coisas que elas *acreditam* que farão uma enorme diferença. É de entristecer, porém, saber que essa energia e esse estresse são muitas vezes um desperdício: porque essas ações praticamente não fazem diferença, e como veremos mais adiante, podem até piorar as coisas.

Eu disse que seria clara a respeito das questões que deveriam nos preocupar menos. Neste capítulo, porém, não listarei as coisas com as quais você deve se preocupar menos. Porque há dois problemas com os quais acredito que as pessoas deviam se preocupar um pouco *mais*. A poluição do ar é um deles (e o outro é a perda da biodiversidade). Nos preocupamos muito com as mudanças climáticas, e com a

68

2. POLUIÇÃO ATMOSFÉRICA

possibilidade de que elas causem a morte de muitas pessoas no futuro. Mas a poluição do ar *já está* matando milhões todos os anos, e isso já vem acontecendo há muito tempo. Eliminar os combustíveis fósseis agora traria um impacto imediato. Isso salvaria vidas, e pessoas que vivem em cidades altamente poluídas como Déli, Lahore ou Dhaka perceberiam instantaneamente a diferença. Elas poderiam respirar novamente. Reduzir a poluição do ar é uma das mais impactantes maneiras de evitar que as pessoas morram. É uma questão na qual deveríamos pensar *muito* mais.

Além de caminhar e usar bicicleta, transporte público e carros elétricos, o que mais os indivíduos deveriam fazer? A primeira coisa óbvia é se manifestar, falar claramente. Exigir ar limpo para que os governos façam disso uma prioridade. No início do capítulo, vimos o poder do ato de falar claramente e sem medo em Pequim. O governo chinês não pôde ignorar tal manifestação e foi forçado a tomar providências. Nós já temos a maioria das ferramentas e do conhecimento de que necessitamos para reduzir a poluição atmosférica. O que falta é dinheiro em cima da mesa e vontade política para agir. São coisas que podemos fazer acontecer.

A segunda coisa a se fazer é garantir que resistiremos à tentação de voltar aos comportamentos que *parecem* favoráveis ao meio ambiente, mas não o são. Enquanto eu escrevo, o Reino Unido testemunha uma alta na popularidade de fogueiras e fogões a lenha. Essas parecem ser maneiras ecológicas de aquecermos nossas casas — era o que costumávamos fazer antes de começarmos a queimar combustíveis fósseis — e nos sentirmos mais "naturais" e "primitivos". Mas queimar madeira é uma prática que muitas das pessoas mais pobres do mundo estão tentando abandonar. Ela gera grande quantidade de poluição dentro de casa, e também contribui para a poluição em ambientes abertos. É muito pior do que gás ou eletricidade. Queimar esses combustíveis sólidos já foi um enorme problema que nós resolvemos. Resistamos à tentação de reverter esse avanço: essa pode *parecer* uma atitude ecológica correta, mas os dados nos dizem que não é.

3. MUDANÇAS CLIMÁTICAS

Desligando o termostato

> *Cientistas afirmam que as temperaturas podem subir até 6°C até*
> *2100 e pedem providências antes da reunião da ONU em Paris.*
> The Independent, 2015[1]

Um mundo 6°C mais quente do que é hoje seria devastador. E não se esqueça de que 6°C é a média apenas. Algumas partes do mundo ficariam *muito* mais quentes, sobretudo os polos. As plantações não vingariam. Muitas pessoas acabariam desnutridas. Florestas seriam transformadas em savanas. Ilhas ficariam totalmente submersas. Muitas cidades desapareceriam devido ao aumento do nível do mar. Refugiados do clima se colocarão em fuga. Temperaturas "normais" em muitas partes do mundo se tornarão insuportáveis. Até as nações mais ricas e de clima temperado teriam inundações destruidoras durante a maior parte dos invernos, bem como verões escaldantes. Correríamos um risco muito grande de desencadear ciclos de realimentação de aquecimento — o gelo derretido refletiria menos luz solar, a camada de terra congelada derretida poderia liberar metano do fundo do mar, e florestas moribundas não seriam capazes de florescer novamente para removerem o carbono da atmosfera. Um mundo 6°C mais quente provavelmente não duraria muito — essa temperatura poderia rapidamente passar para 8°C, 10°C ou mais. E teríamos um desastre humanitário gigantesco.

Apenas alguns anos atrás eu acreditava que esse era o caminho que estávamos trilhando. Esqueça o aumento de 1,5°C ou 2°C — estávamos destinados a um aumento de 4,5°C ou 6°C e não havia nada que pudéssemos fazer a respeito. A maioria das pessoas ainda acha que esse é o caminho que estamos seguindo. Não é, felizmente.

Em 2015, fui a Paris para a grande e famosa conferência sobre o clima COP21. Representantes e políticos de todos os países se reuniram para discutir um novo acordo climático. A meta anterior do acordo internacional era manter o aumento

3. MUDANÇAS CLIMÁTICAS

da temperatura média global abaixo de 2°C até o final do século. Por isso não pude acreditar quando houve rumores de que uma meta de 1,5°C estava sendo discutida. Será que eles haviam enlouquecido? Àquela altura eu já havia desistido das projeções de 2°C. Isso estava tão completamente fora do nosso alcance. A ideia de que poderíamos manter o aumento abaixo de 1,5°C parecia delirante. Mesmo assim, chegou-se a um acordo final quanto à meta a ser perseguida. Talvez não fosse muito mais do que uma aspiração, mas, de qualquer modo, era uma referência. O mundo se comprometia a "limitar o aquecimento global a um patamar 'bem abaixo' de 2°C acima dos níveis pré-industriais e também, se possível, 'envidar' esforços para limitar o aquecimento a 1,5°C".

O meu ponto de vista sobre o objetivo de 1,5°C não mudou muito desde então. Sem uma expressiva e surpreendente guinada tecnológica, acabaremos ultrapassando esse patamar. Quase todos os cientistas climáticos que conheço concordam: eles obviamente querem manter o aquecimento em 1,5°C, mas muito poucos acreditam que isso acontecerá. Porém isso não os impede de lutar por esse objetivo; eles sabem que cada 0,1°C importa, e que vale a pena trabalhar nisso. Mas o meu ponto de vista sobre os 2°C *mudou*. Agora estou cautelosamente otimista de que vamos conseguir ficar perto disso. Acho que as chances de ultrapassarmos 2°C são maiores que as de não ultrapassarmos, mas talvez não ultrapassemos muito. E ainda existe uma chance razoável — se realmente encararmos o desafio — de ficarmos abaixo desses 2°C.

A minha opinião mudou rapidamente depois que deixei de lado as manchetes dos jornais e passei a estudar os dados. Não me concentrei no ponto em que estamos hoje, mas sim no *ritmo* em que as coisas progrediram nos últimos anos e no significado disso para o futuro. Uma organização — a Climate Action Tracker — segue as políticas climáticas de cada país, e seus compromissos e objetivos. Ela combina todos eles a fim de mapear o que acontecerá com o clima global. Na Our World in Data eu traço essas futuras trajetórias climáticas, e as atualizo anualmente. E elas sempre se aproximam cada vez mais dos caminhos que precisam ser seguidos para permanecermos abaixo de 2°C.

Se continuarmos alinhados com as políticas climáticas que estão em vigor nos países atualmente, caminharemos para um mundo com aquecimento de 2,5 a 2,9°C.[2] Sem sombra de dúvida, isso é terrível e tem de ser evitado. Mas os países se comprometeram a ir bem além. Comprometeram-se a tornar suas políticas muito mais ambiciosas. Se cada país cumprisse os seus acordos climáticos, ficaríamos em 2,1°C em 2100.

O que traz mais esperança é a mudança que esses caminhos sofreram ao longo do tempo. Em um mundo *sem* políticas climáticas, estaríamos rumando para

4 ou 5°C pelo menos. Esse é o caminho que a maioria das pessoas *ainda* acredita que estamos seguindo. Esse seria de fato um mundo apavorante. Felizmente, ao longo do tempo, os países aceleraram os seus compromissos. Como vimos no exemplo da camada de ozônio, o aumento progressivo da ambição pode fazer uma enorme diferença.

A outra grande mudança é que a transição para uma economia sustentável com baixas emissões de carbono não é mais vista como um sacrifício tão grande. Os combustíveis fósseis eram muito mais baratos que os renováveis. Veículos elétricos custam uma fortuna. Mas agora as tecnologias com baixa emissão de carbono estão se tornando competitivas em termos de custo. Agora faz sentido do ponto de vista financeiro seguir o rumo que traz benefícios climáticos. A forma como o cenário está mudando deixou os líderes mais otimistas. Ainda estamos um tanto distantes de um caminho que nos levaria aos 2°C. Precisamos intensificar os nossos esforços — e sem demora. Mas essa meta vem se tornando cada vez mais realista, e por isso tenho confiança de que continuaremos a nos aproximar dela.

ATÉ QUE PONTO O MUNDO FICARÁ MAIS QUENTE?
Aquecimento projetado até 2100 em relação a temperaturas pré-industriais com base em diferentes cenários de políticas ambientais.

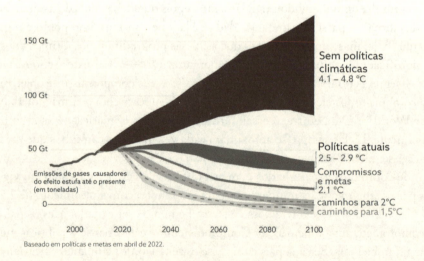

3. MUDANÇAS CLIMÁTICAS

Quando eu estava no início da adolescência, acreditava que a maioria de nós iria morrer em decorrência das mudanças climáticas. Também tentei convencer os meus colegas de classe de que isso aconteceria. No meu exame oral de inglês exibi um mapa de todas as cidades e faixas litorâneas que seriam tragadas pelas águas no final do século. Mostrei imagens de satélite projetadas dos incêndios florestais que assolariam o globo. Na tentativa de despertar a chama do interesse, simplesmente pus fogo nas minhas próprias ansiedades.

Na época em que entrei na universidade de Edimburgo, eu era soterrada diariamente por imagens. Algumas delas provinham das minhas aulas na universidade, o que era de esperar, já que eu havia escolhido licenciatura em ciências da Terra. O mais importante, porém, era que a minha obsessão por ciências ambientais estava crescendo paralelamente à frequência da divulgação de informações. Quanto mais aumentava a minha determinação por me manter informada, mais rápido as histórias chegavam até mim, frequentemente acompanhadas por uma montanha de vídeos gravados. Eu não precisava imaginar a dor das vítimas: também podia vê-la e ouvi-la. Como cidadã responsável, quis me manter informada. Eu precisava saber o que havia acontecido no desastre mais recente. Ficar alheia à situação parecia uma traição às vidas que foram perdidas.

Os relatos de catástrofes chegavam a mim cada vez mais rapidamente todos os dias, o que fazia parecer que as coisas estavam piorando. As mudanças climáticas causavam uma intensificação de desastres, e morriam mais pessoas do que jamais se vira antes.

Pelo menos era o que eu pensava. Isso porque eu confundia aumento da frequência de divulgação de reportagens com aumento da frequência de desastres. Eu confundia o aumento da intensidade do meu sofrimento indireto com o aumento da intensidade do sofrimento global. Na verdade, eu não tinha ideia do que estava acontecendo. Os desastres estavam piorando? Houve mais tragédias esse ano do que no ano passado? Morreram mais pessoas agora do que em épocas anteriores?

Depois que Hans Rosling me esclareceu que a pobreza extrema e a mortalidade infantil estavam declinando e a expectativa de vida estava aumentando, me perguntei em que outros domínios as minhas pressuposições estavam equivocadas. Comecei pelos dados sobre desastres "naturais". Eu poderia apostar um bom dinheiro que mais pessoas morriam em decorrência de desastres naturais nos dias atuais do que há um século. Eu estava completamente enganada. As taxas de mortalidade por desastres naturais na verdade *caíram* desde a primeira metade do século xx. E não diminuíram só um pouco. Elas caíram aproximadamente dez vezes.[3, 4]

É preciso que uma coisa fique bem clara: nada do que foi mencionado anteriormente significa que as mudanças climáticas não estejam acontecendo. O

NÃO É O FIM DO MUNDO

declínio nas mortes por desastres naturais não mostra que os desastres se tornaram mais brandos ou menos comuns. Os negadores costumam empregar de maneira imprópria essa informação para subestimar os riscos das mudanças climáticas e até mesmo para colocar em dúvida a existência delas. Mas isso não é, de modo algum, o que os dados nos mostram.

Antigamente, era comum que catástrofes ceifassem milhões de vidas anualmente. Os anos de 1920, 1930 e 1940 foram particularmente ruins. Houve terremotos que causaram muitas mortes: China, Japão, Paquistão, Turquia e Itália foram todos atingidos por uma série de terremotos que custaram dezenas de milhares de vidas. O mais letal — o terremoto de 1920 que assolou a província de Gansu, na China — matou 180 mil pessoas, segundo as estimativas. Os fenômenos mais mortais, contudo, foram a seca e as inundações. A China foi palco de várias grandes inundações e secas durante as décadas de 1920 e 1930, o que muitas vezes acarretava fome generalizada e matava milhões de pessoas de uma vez.

Atualmente, a taxa de mortalidade anual é muito menor, situando-se geralmente entre 10 mil e 20 mil. Mas há anos particularmente devastadores, com um número de mortos bem maior — como o de 2010, quando o número anual de mortes foi de mais de 300 mil; a maioria dessas mortes foi causada pelo terremoto no Haiti.

Quando examinei com atenção essas tendências, me senti estúpida. Também me senti enganada. Eu havia sido ludibriada por um sistema educacional que deveria supostamente me ensinar sobre o mundo. Fui uma estudante aplicada. Ganhei medalhas por ser a melhor em tudo, desde análise do solo até sedimentologia, desde ciência atmosférica até oceanografia. Eu poderia elaborar diagramas complexos de falhas sísmicas, poderia recitar de memória as fórmulas químicas de páginas de minerais; mas se você me pedisse para desenhar um gráfico representando as mortes por catástrofes, eu o teria desenhado ao contrário.

Eu não estava sozinha em minha ignorância. Em 2017, a organização Gapminder, que luta contra equívocos globais, fez ao público em catorze países doze perguntas fundamentais. Uma delas foi:

Nos últimos cem anos, que mudança houve no número de mortes por ano em decorrência de desastres naturais?
A: Mais que dobrou
B: Permaneceu mais ou menos o mesmo
C: Diminuiu para menos da metade

3. MUDANÇAS CLIMÁTICAS

MORREM MUITO MENOS PESSOAS DEVIDO A DESASTRES NATURAIS DO QUE MORRIAM NO PASSADO

Taxas de mortalidade em razão de desastres "naturais", medidas como número de mortes por década por 100 mil pessoas.

As mortes diminuíram — não porque os desastres tenham se tornado menos frequentes ou severos, mas porque a infraestrutura, o monitoramento e o sistema de resposta tornaram-se muito mais resistentes a esses desastres.

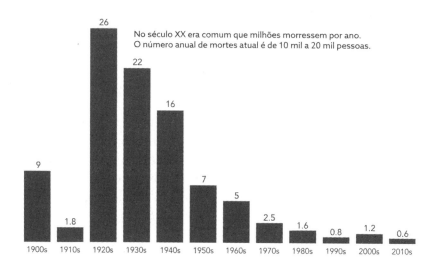

Apenas 10% escolheram a alternativa correta: C. A alternativa mais escolhida, com 48% dos votos, foi a A.

O meu receio é que essa desconexão tenha piorado ainda mais desde então. As mudanças climáticas recebem mais atenção, e é muito justo que seja assim. Mas as notícias se tornaram mais simpáticas, amenas. Alguns meios de comunicação veem na frequência das reportagens o seu principal indicador de desempenho. *"Com uma matéria de tema ambiental publicada a cada três horas, o* Guardian *é uma voz de liderança na luta para salvar o planeta"*, lê-se em um grande banner fixado no alto do site do jornal.[5] Em outras palavras, o *The Guardian* quer divulgar o maior número possível de matérias angustiantes, e o mais rápido que puder. Quanto mais rápido faz isso, mais parece comprometido em "salvar o planeta". Trata-se de um *feed* induzido pela ansiedade, que inevitavelmente leva o seu consumidor a concluir que as coisas só pioram cada vez mais.

NÃO É O FIM DO MUNDO

A queda nas taxas de mortalidade não diminui os riscos da mudança climática. Ela nos mostra, isso sim, que os seres humanos são capazes de solucionar problemas. Um século atrás, inundações e secas levavam a um cenário drástico de fome e matavam milhões.[6] A insegurança alimentar ainda é, sem dúvida, um grande problema — abordaremos esse assunto no capítulo 5 —, mas as situações de fome severa são praticamente algo do passado. A infraestrutura agora é construída para suportar terremotos. Podemos prever e rastrear furacões que se aproximam. Podemos realizar uma evacuação antes que seja tarde demais. Quando uma catástrofe acontece, temos condições de reagir rapidamente. Em casa, providenciamos abrigos de emergência e reconstruímos comunidades. No estrangeiro, promovemos redes de apoio internacional; enviamos os melhores especialistas do mundo e pacotes de itens essenciais.

Custa dinheiro forjar resistência contra catástrofes, prevê-las e reagir a elas. O nosso sucesso na redução desses impactos vem de um aumento do conhecimento científico. Os meteorologistas podem fazer maquetes de rotas de tornados. Engenheiros trabalham com sismólogos para projetar construções que suportem forças extremas. Inovações agrícolas permitem que as plantações resistam aos impactos e se recuperem deles. Mas ser muito rico também é caminho para o sucesso nesses trabalhos. Essas redes e infraestruturas sofisticadas exigem que se tenha dinheiro. Não faz sentido projetar prédios à prova de terremotos quando ninguém pode arcar com eles. Não faz sentido planejar rotas de fuga quando não há estradas nas quais dirigir, nem veículos para dirigir. Não faz sentido projetar novas técnicas de agricultura quando os fazendeiros não podem pagar pelas sementes e pelos fertilizantes. Atualmente, poucas pessoas morrem devido a desastres naturais porque o mundo está mais rico.

Mas nem todos estão mais ricos, e esse é o maior risco das mudanças climáticas. Além disso, não é garantido que as mortes por desastres naturais continuem declinando.

Vamos agora considerar o que podemos fazer para enfrentar as mudanças climáticas. Para que essa atitude faça sentido, temos de aceitar duas coisas: a mudança climática está acontecendo, e o que a causa são as emissões humanas de gases do efeito estufa. A existência da mudança climática é uma questão em defesa da qual não vou argumentar aqui — não tenho tempo nem espaço, e muitos outros já fizeram isso. Na verdade, *nós* não temos tempo para isso. Quando digo "nós", me refiro a todos nós, coletivamente. O tempo para debater se a mudança climática está ou não acontecendo já acabou. Precisamos deixar isso para trás e passar a pensar nas atitudes que tomaremos a respeito do problema.

3. MUDANÇAS CLIMÁTICAS

COMO CHEGAMOS ATÉ AQUI

Das florestas aos combustíveis fósseis

As emissões de carbono começaram a aumentar rapidamente após a Revolução Industrial. Mas os seres humanos brincaram com o equilíbrio dos gases na atmosfera durante dezenas de milhares de anos. As emissões de dióxido de carbono vêm de duas fontes principais: a queima de combustíveis fósseis e a mudança no uso da terra. Quando derrubamos árvores, liberamos carbono biológico na atmosfera. Como veremos no próximo capítulo, o desmatamento está longe de ser um fenômeno recente. O ser humano remodelou as paisagens do mundo ao longo de milhares de anos, liberando ao mesmo tempo carbono no ar.

Segundo estimativas, a quantidade de carbono que liberamos durante os últimos 10 mil anos por meio de desmatamento e da conversão de campos em fazendas corresponde a cerca de 1400 bilhões de toneladas de CO_2.[7] Desse modo, os nossos ancestrais ajustaram lentamente o termostato da Terra por milênios, antes mesmo de começarmos a extrair combustíveis fósseis do solo.

Até os anos de 1700, as pessoas só podiam obter energia de três fontes principais: de seus animais de fazenda, da madeira das florestas e da tração humana. Mas essas fontes não são muito disponíveis: não temos florestas ilimitadas, e existe um limite para o que um ser humano pode fazer. A falta de uma fonte expansível de energia estava emperrando o desenvolvimento humano. E então descobrimos o carvão.

No Reino Unido — berço da Revolução Industrial —, o consumo de carvão cresceu lentamente durante o século XVIII e até o início do século XIX.[8] Depois esse consumo realmente ganhou velocidade. Outros países da Europa e os Estados Unidos aderiram ao consumo do carvão. Em 1900, as emissões no Reino Unido já alcançavam 10 toneladas por pessoa.[9] Nos Estados Unidos, já se atingia a marca de 14 toneladas. Compare esses números com apenas 5 toneladas na China e cerca de 1 tonelada na Índia na atualidade. Não é difícil entender por que muitas economias em crescimento não gostaram nem um pouco quando o mundo rico lhes disse para pararem com a queima de carvão.

Em meados do século XX o mundo já havia descoberto o poder do petróleo, e depois do gás natural. Podíamos não apenas gerar eletricidade como também ampliar o transporte e a mudança para meios mais limpos de aquecer as casas.

77

AS EMISSÕES *PER CAPITA* DE CARVÃO SÃO UMA FRAÇÃO DAS EMISSÕES DOS PAÍSES RICOS NO PASSADO

As emissões *per capita* são medidas em toneladas de dióxido de carbono (CO_2) por pessoa.

China e Índia são vistos como grandes emissores nos dias atuais, mas suas emissões *per capita* são apenas uma fração das emissões que o Reino Unido e os Estados Unidos faziam no passado.

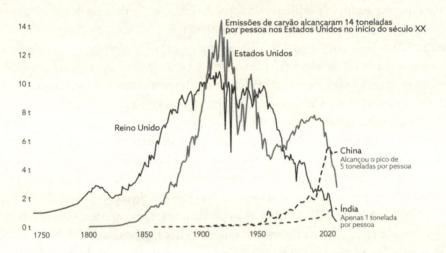

A população global crescia rapidamente, e as pessoas estavam enriquecendo. Os combustíveis fósseis eram sinônimo de progresso. Na década de 1950, as pessoas não pensavam "Vamos estragar a vida das gerações que virão depois de nós usando somente sistemas de energia baseados em carvão e petróleo". Os combustíveis fósseis eram o caminho para uma vida melhor.

Historicamente, quanto mais rico era um país, mais CO_2 ele emitia; e os países ricos foram os maiores responsáveis pelas emissões de carbono no mundo. Isso mudou na segunda metade do século XX, quando economias em expansão começaram a surgir. O crescimento da China, da Índia, da Malásia, da Indonésia, da Tailândia e da África do Sul foi um triunfo humano. Esse crescimento trouxe alívio a enormes quantidades de pessoas que viviam na pobreza e no sofrimento. Por outro lado, esse desenvolvimento foi impulsionado por combustíveis fósseis e lançou mais centenas de bilhões de toneladas de CO_2 na atmosfera. Ao mesmo tempo, muitos dos países mais ricos haviam começado a reduzir suas emissões, tornando-se durante esse processo ainda mais ricos. Com o consumo de países de baixa e média renda subindo, e o dos países ricos caindo, as emissões *per capita* de carbono globais começaram a convergir.

3. MUDANÇAS CLIMÁTICAS

ONDE ESTAMOS HOJE

As emissões totais ainda estão crescendo, mas as emissões por pessoa atingiram o pico

O mundo já passou pelo pico de emissões *per capita*. Isso ocorreu uma década atrás. A maioria das pessoas ignora esse fato.

Em 2012, o mundo alcançou 4,9 toneladas por pessoa.[10] Desde então, as emissões *per capita* vêm caindo lentamente. Não estão nem perto de cair o suficiente, mas ainda assim estão caindo. Esse é um sinal de que o pico das emissões totais (não *per capita*) de CO_2 se aproxima. Isso acontece com qualquer indicador em um mundo com população crescente. Os indicadores *per capita* atingirão o pico primeiro, e depois será uma disputa ferrenha para saber se os impactos por pessoa diminuirão mais rápido do que a população cresce.

Estamos muito perto disso. As emissões aumentaram rapidamente nos anos 1960 e 1970, e então novamente nos anos 1990 e no início dos anos 2000. Nos últimos anos, porém, esse crescimento desacelerou bastante. De 2018 a 2019, as emissões quase não aumentaram. E na verdade elas caíram em 2020, como resultado da pandemia de covid-19. Vejo com otimismo a possibilidade de alcançarmos o pico das emissões globais nos anos 2020.

Quem emite a maior quantidade de gases estufa?

Se quisermos constatar o pico das nossas emissões e depois reduzi-las, precisamos saber de onde elas vêm. Quem é o responsável por elas? Parece uma pergunta direta, mas não há uma resposta simples. Fazer as contas não é o problema — tenho comigo todos os números necessários. O problema é chegar a um acordo sobre o que de fato entendemos por "responsabilidade". Podemos usar muitos indicadores para comparar os países, e as pessoas nunca concordam a respeito de quais seriam os melhores parâmetros.

A questão é saber quanto cada país emite por ano ou *per capita*? E quanto à responsabilidade histórica de um país — devemos computar todas as suas emissões ao longo do tempo? Sem mencionar a espinhosa questão do comércio: se o Reino Unido compra algo que foi produzido na China, na conta de quem deveriam cair essas emissões — da China ou do Reino Unido? No final das contas não existe uma resposta "certa".

79

EMISSÕES GLOBAIS *PER CAPITA* DE CO_2 ATINGIRAM O PICO; AS EMISSÕES TOTAIS LOGO ATINGIRÃO O PICO TAMBÉM
As emissões de dióxido de carbono de combustíveis fósseis e da indústria. A mudança do uso do solo não está inclusa.

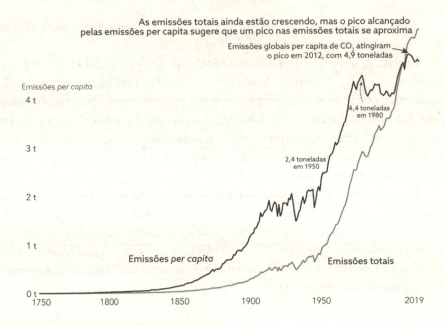

Convém colocar em perspectiva os números de que dispomos; vejamos então a quantidade de emissões que os diferentes países ou regiões acumulam.* A China encabeça a lista de emissões. Isso não causa surpresa, já que é o país que abriga a maior população. A China responde por cerca de 29% das emissões do mundo. Os Estados Unidos estão em segundo lugar, com 14%. A União Europeia (que tende a participar das negociações sobre o clima como um grupo) é a próxima, com 8%; seguida pela Índia, com 7%, e pela Rússia, com 5%.

Já podemos perceber as diferenças. A Índia é responsável por 7% das emissões, mas abriga 18% da população mundial. Os Estados Unidos respondem por 14% das emissões, mas abriga apenas 4% da população. É quase uma imagem espelhada do continente africano inteiro, que tem 17% da população mundial, mas

---

* Levamos em conta aqui os combustíveis fósseis e a indústria, que respondem por mais de 90% das emissões de CO_2. As emissões geradas pela mudança do uso do solo não estão inclusas, porque as mudanças de ano para ano podem ser bastante discrepantes.

emite apenas 4%. As disparidades aumentam ainda mais quando examinamos detidamente determinados países e comparamos as suas emissões por pessoa.

O cenário também é tortuoso quando consideramos a responsabilidade histórica de cada país. Para fazer isso, somamos todas as emissões de um país desde 1750. Os Estados Unidos lideram com folga nesse parâmetro, com 25% das emissões globais. A União Europeia vem em segundo lugar, com 17%. A China cai para o terceiro lugar nessa lista, com metade das emissões dos Estados Unidos. E a Índia se encontra mais abaixo ainda, tendo emitido somente 3%.

QUE PAÍSES CONTRIBUÍRAM MAIS PARA A MUDANÇA CLIMÁTICA?
Emissões de dióxido de carbono de combustíveis fósseis e da indústria.
A mudança no uso da terra não está inclusa.

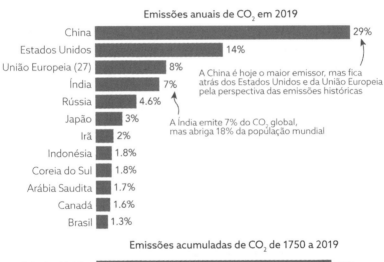

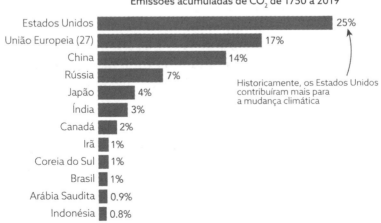

Essas perspectivas podem ser úteis. Mas não conseguimos chegar a conclusão alguma quando tornamos a mudança climática um jogo de acusações. As pessoas não estão realmente discutindo com base em números. Elas estão discutindo que números devem usar. Se elas não concordam nesse aspecto — que é o que muitas vezes acontece —, a discussão não traz nada de útil. Essa disputa marcou acordos internacionais sobre o clima durante décadas. Os Estados Unidos e a União Europeia culpam a China e a Índia, que então escolhem outro (muito razoável) indicador e contra-atacam.

A população mais rica emite mais, mas não precisa ser assim

Alguns países na África Subsaariana não têm quase nenhuma participação nas emissões globais. O cidadão médio no Chade emite apenas 0,06 toneladas de CO_2 por ano. Em um ano inteiro ele emite a mesma quantidade que um cidadão norte-americano médio emite em apenas um dia e meio. Quem não tem acesso a combustíveis fósseis, eletricidade, carro ou indústria tem uma pegada de carbono extremamente baixa.

Ganhamos acesso a esses itens quando enriquecemos, e as nossas emissões aumentam. Mas a história não termina aí. Vemos grandes diferenças nas emissões *entre* os países ricos. Cultura, infraestrutura de transporte e as nossas escolhas de fontes de energia fazem muita diferença. As condições de vida na Suécia são tão boas quanto nos Estados Unidos, se não forem até melhores. Ainda assim, o cidadão médio sueco emite apenas um quarto do que emite o cidadão médio norte-americano, e metade do que emite o cidadão médio alemão. E alguns países de renda média — como a China e a África do Sul — ultrapassaram agora em emissões *per capita* muitos países mais ricos da Europa. E isso não ocorre somente porque os países ricos exportaram suas emissões para outros lugares.

A Suécia e a França, abastecidas de energia nuclear e hidrelétrica, têm baixa taxa de emissão de carbono em sua geração elétrica. Elas não têm as enormes emissões provenientes de transporte dos Estados Unidos. É possível viver bem sem que isso traga um alto custo para o clima.

3. MUDANÇAS CLIMÁTICAS

HÁ GRANDES DIFERENÇAS NAS EMISSÕES DE CO_2 POR PESSOA, MESMO ENTRE OS PAÍSES RICOS

Emissões de dióxido de carbono de combustíveis fósseis e da indústria, medidas em toneladas por ano. A mudança do uso da terra não está inclusa.

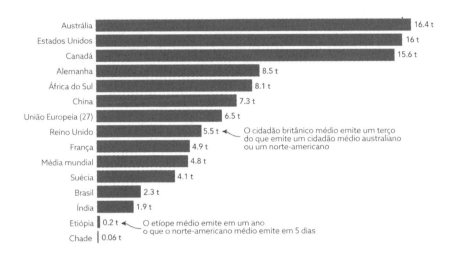

Mais sustentável que a minha avó: muitos países já reduziram as suas emissões

Uma das coisas simples que mais me trazem alegria na vida é receber um e-mail da minha avó. Vovó está na casa dos oitenta anos, e consegue lidar um pouco com um iPad. Por "lidar" eu quero dizer fazer coisas básicas, como olhar uma fotografia ou enviar um e-mail. Ela não tem iPhone, notebook nem smartwatch. Meu avô rejeita toda a tecnologia moderna, exceto a televisão. A vida deles é bem parecida com a vida que se levava algumas décadas atrás.

Isso produziu uma espécie de distanciamento entre as gerações no que diz respeito às mudanças climáticas. Muitos atribuem esse problema ao estilo de vida dos jovens. Passamos o dia inteiro usando aparelhos que consomem energia demais. Nos concentramos em cidades de concreto sem jardins nem espaço verde. Compramos coisas aos montes e não temos o cuidado de consertá-las. Jamais racionamos alimentos, e desperdiçamos muita comida.

Ainda assim, a minha pegada de carbono é menor que a metade da dos meus avós na época em que eles tinham a minha idade. Quando os meus avós estavam na casa dos vinte anos, o cidadão médio no Reino Unido emitia 11 toneladas de CO_2 por ano. Agora emitimos menos de 5 toneladas. A diferença entre mim e meus

83

pais é igualmente ampla. Da década de 1950 até a década de 1990, as emissões no Reino Unido se alteraram muito pouco. Somente depois disso — na minha época — que as emissões caíram bastante.

Parece difícil acreditar nisso. Como é possível que o meu estilo de vida nos dias atuais seja mais sustentável do que nos anos 1950? Não vou fingir que sou tão comedida quanto os meus avós. Eu sou mais esbanjadora. Não penso duas vezes para ligar o aquecedor. Passo muito mais tempo com aparelhos ligados na rede elétrica. Mesmo assim, uso muito menos energia e emito muito menos carbono.

A tecnologia tornou isso possível. Em 1900, quase toda a energia do Reino Unido provinha do carvão, e nos idos de 1950 o carvão ainda fornecia mais de 90% da energia. Agora o carvão fornece menos de 2% da nossa eletricidade, e o governo se comprometeu a eliminá-lo completamente até 2025. O carvão está agora a ponto de morrer no lugar em que nasceu, onde tudo começou. Foi substituído por outras fontes de energia: gás, depois energia nuclear, e agora a transição para a energia solar, a eólica e outras fontes renováveis.

Isso significa que emitimos muito menos CO_2 para cada unidade de energia que consumimos. Mas essa não é a única mudança. Também usamos muito menos energia de maneira geral. O uso *per capita* de energia caiu cerca de 25% desde a década de 1960. Ano após ano, surgiram aparelhos mais eficientes. Primeiro vieram os aperfeiçoamentos na classificação energética de eletrodomésticos, e depois a tendência de substituição de lâmpadas ineficientes. Seguiram-se então as janelas de vidro duplo e o isolamento residencial para impedir que o calor escapasse para a rua. Quando eu era criança, a televisão da nossa família — tínhamos "só" uma — era uma caixa enorme que parecia ter dois metros de profundidade. A tela era tão pequena que tínhamos de nos sentar bem perto dela para enxergar alguma coisa. O nosso carro era um bebedor de gasolina. Mas não um bebedor de gasolina como um utilitário esportivo dos dias de hoje. Era um carro de segunda mão, um calhambeque. Era ineficiente: você podia ouvir o motor rugir e senti-lo superaquecer. A quilometragem por litro era terrível.

Esse enorme avanço em tecnologia significa que usamos muito menos energia hoje do que usávamos no passado, apesar de *parecer* que o nosso estilo de vida é muito mais extravagante e exige intensa utilização de energia. É equivocada a ideia de que precisamos ser econômicos para ter uma vida com baixas emissões de carbono. No Reino Unido, emitimos atualmente quase a mesma quantidade que as pessoas na década de 1850 emitiam. Eu emito o mesmo que emitiam os meus tataravós. E tenho um padrão de vida muito, muito melhor.

Como aconteceu com o Reino Unido, as emissões estão caindo rapidamente nos países mais ricos. As emissões *per capita* nos Estados Unidos e na Alemanha caíram um terço desde os anos de 1970. Elas diminuíram mais da metade na França, e na Suécia caíram quase dois terços.

Ainda assim, são muito poucas as pessoas que sabem que as emissões estão caindo. Recentemente, um dos meus colegas climatologistas — Jonathan Foley — fez uma enquete com os seus seguidores no Twitter.[11] Ele perguntou o que havia acontecido com as emissões nos Estados Unidos nos últimos quinze anos. Elas tinham:

a) Aumentado mais de 20%
b) Aumentado 10%
c) Permanecido no mesmo patamar
d) Caído 20%

A MINHA PEGADA DE CARBONO É A METADE DA DOS MEUS AVÓS
Emissões *per capita* de CO_2 no Reino Unido medidas por toneladas por pessoa.

☐ **1938:** 9,3 toneladas por pessoa. Meus avós nasceram.
■ **1965:** 11,5 toneladas por pessoa. Meus pais nasceram. Meus avós tinham a minha idade.
● **1993:** 10 toneladas por pessoa. Eu nasci. Meus pais tinham a minha idade.
○ **2019:** 5,5 toneladas por pessoa. Voltamos aos níveis de 1859. As emissões são as mesmas dos meus tataravós.

Milhares de pessoas responderam. Dois terços delas escolheram as alternativas (a) ou (b). Apenas 19% escolheram a resposta correta: (d). Não é à toa que as pessoas acham que o mundo caminha para o seu fim.

NÃO É O FIM DO MUNDO

Muitos países tiveram crescimento econômico enquanto reduziam suas emissões — e não porque as enviaram para outros países

Quando menciono que nos países ricos as emissões estão diminuindo, um comentário comum que ouço a respeito é que esses países "não estão de fato reduzindo as suas emissões, eles estão apenas mandando-as para o exterior". Tendo em vista que as emissões de CO_2 costumam ser calculadas com base nos países nos quais elas são *produzidas*, talvez os países ricos estejam distorcendo algumas estimativas para melhorarem a sua imagem. Se esses países conseguirem que a China, a Índia, a Indonésia ou Bangladesh produzam o que eles consomem, então eles não terão de incluir essas emissões em seus relatórios. Isso traria uma boa imagem para os países ricos, mas na verdade não faria nenhuma diferença para o clima. Não importa para o clima se o CO_2 é emitido no Reino Unido ou na China. Só importa a quantidade total.

Essa "terceirização" de emissões é uma preocupação importante. Felizmente, porém, esse não é um caso sem solução. Pesquisadores podem usar dados relacionados ao comércio pelo mundo a fim de ajustar o carbono que é emitido na produção de mercadorias que são exportadas ou importadas.[12, 13] Quando contabilizamos todas essas mercadorias comercializadas, chegamos ao que chamamos de "emissões baseadas no consumo": para o Reino Unido, esse cálculo não considera apenas as emissões produzidas dentro das suas fronteiras, mas também as emissões associadas a todas as mercadorias que são importadas do estrangeiro.

No Reino Unido, o produto interno bruto *per capita* cresceu cerca de 50% desde 1990.* As emissões domésticas caíram pela metade. As emissões baseadas no consumo — as que sofrem ajuste por "terceirização" — diminuíram um terço. Não é verdade que o Reino Unido transfere todas as suas emissões para o exterior. As reduções nas emissões são reais — sejam elas computadas interna ou internacionalmente. O mesmo ocorre na maioria dos países ricos.

Na Alemanha, as emissões domésticas *e também* as emissões baseadas em consumo caíram um terço. O PIB *per capita* cresceu 50%. Na França, as emissões baseadas em consumo diminuíram um quarto, e o PIB *per capita* cresceu um terço. Nos Estados Unidos, desde 2005 as emissões caíram um quarto no cenário doméstico e também quando ajustamos com base na terceirização.

Esse é um relato que raramente chega às manchetes. Crescimento econômico e redução de emissões são muitas vezes considerados incompatíveis. Mas os

---

* Esse número é ajustado pela inflação.

países têm provado que podem ser compatíveis. Isso não significa que os países ricos estejam reduzindo as emissões com rapidez suficiente. Eles podem, e devem, fazer essas reduções muito mais rapidamente. Mas isso nos mostra que *é possível* reduzir as emissões. E sem que signifique o sacrifício da economia ao mesmo tempo.

MUITOS PAÍSES DESATRELARAM O CRESCIMENTO ECONÔMICO DAS EMISSÕES DE CO2

Os gráficos mostram a mudança no produto interno bruto (PIB) e nas emissões *per capita* de CO_2 entre 1990 e 2019.

As emissões de CO_2 estão indicadas como emissões domésticas baseadas na produção, e separadamente como emissões ajustadas com o comércio internacional e a terceirização.

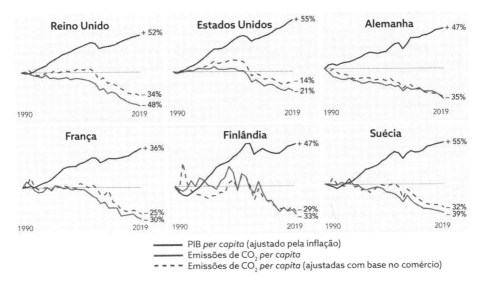

As tecnologias com baixas emissões de carbono estão ficando cada vez mais baratas

Tenho o costume de subestimar a velocidade com que as coisas podem mudar. A maioria de nós foi pessimista demais a respeito de energia renovável no passado, até mesmo os especialistas. Um dos motivos que me levavam a crer que 2°C estavam tão fora de alcance era que eu não podia ver como a energia com baixas emissões de carbono poderia ganhar terreno com rapidez suficiente. Historicamente, transições energéticas são bastante lentas. O cientista Vaclav Smil mostrou isso muitas vezes em seu trabalho.[14, 15, 16] Refazer sistemas de energia e mudar de uma

NÃO É O FIM DO MUNDO

fonte para outra, seja de madeira para carvão ou de carvão para petróleo, levaram muitas décadas para acontecer, ou até mais tempo ainda. Além disso, carvão, petróleo e gás eram muito mais baratos do que energia solar ou eólica, sobretudo com grandes subsídios aos combustíveis fósseis.

Voltemos a 2009. Você é o primeiro-ministro de um país com população de baixa renda, e você quer construir uma nova usina elétrica. Um quarto da população não tem acesso à eletricidade. E muitos dos que têm acesso só podem consumir quantidades muito pequenas. Centenas de milhões de pessoas vivem uma realidade de pobreza energética. Como líder, é seu trabalho melhorar a vida do povo do seu país.

Você precisa decidir que tipo de usina instalar. O custo é sem dúvida um importante fator a ser considerado. Vamos comparar fontes de eletricidade com base num conceito denominado Custo Nivelado de Energia. Você pode pensar no Custo Nivelado de Energia como a resposta para a seguinte pergunta: qual seria o preço mínimo que os meus clientes precisariam pagar para que a usina elétrica atingisse o ponto de equilíbrio durante a sua vida útil? Isso inclui o custo de construção da própria usina, bem como os custos operacionais de combustível e de funcionamento.

Eis aqui as suas opções, e quanto cada uma custará *por unidade* de eletricidade:[17, 18]

a. Solar fotovoltaica: 359 dólares
b. Solar térmica: 168 dólares
c. Eólica terrestre: 135 dólares
d. Nuclear: 123 dólares
e. Carvão: 111 dólares
f. Gás: 83 dólares

Qual dessas alternativas você escolherá? Se estiver preocupado com a mudança climática, você optará por uma usina solar, eólica ou nuclear. Mas a solar supera o custo da de carvão em mais de três vezes. Por um mesmo orçamento você forneceria três vezes menos eletricidade. Em um país onde um quarto da população não dispõe de energia elétrica e um grande número de pessoas têm acesso a pouquíssima eletricidade, você estaria negando às pessoas energia a um preço acessível. O público certamente não veria com bons olhos tal escolha. Essa é a decisão que a maioria dos países tem de tomar, e eles escolhem — como seria de esperar — carvão ou gás. Não surpreende, portanto, que seja tão difícil conseguir que os países tomem medidas a respeito da mudança climática.

3. MUDANÇAS CLIMÁTICAS

Em apenas dez anos, esse cenário mudou completamente. Estamos agora em 2019, e você tem de tomar a mesma decisão. Os preços agora são os seguintes:

a. Nuclear: 155 dólares
b. Solar térmica: 141 dólares
c. Carvão: 109 dólares
d. Gás: 56 dólares
e. Eólica terrestre: 41 dólares
f. Solar fotovoltaica: 40 dólares

Em uma década apenas, a energia solar fotovoltaica e a eólica deixaram de ser as mais caras para se tornarem as mais baratas. O preço da eletricidade gerada por uma usina solar diminuiu 89%, e o preço da eólica diminuiu 70%. Elas são agora mais baratas que o carvão. Os líderes não precisam mais fazer a difícil escolha entre a ação climática e o fornecimento de energia para a sua população. A escolha pela baixa emissão de carbono tornou-se repentinamente uma escolha econômica. Essa mudança aconteceu de maneira espantosamente rápida.

Por que o custo das energias solar e eólica caiu com tanta rapidez? O preço dos combustíveis fósseis e da energia nuclear depende do preço do combustível — carvão, petróleo, gás ou urânio — e do custo operacional da própria usina. No caso da energia renovável é diferente. A luz do sol e o vento são gratuitos. O custo dessas fontes vem das partes que constituem a própria tecnologia — os componentes eletrônicos e os painéis solares. Nos anos 1960, a energia solar jamais teria se popularizado. O meu colega Max Roser calculou que um painel solar em 1956 custaria pelo menos 596.800 dólares aos preços de hoje. Apesar de alucinadamente caro, o painel solar não foi abandonado, porque precisavam dele no espaço. Na década de 1950, ele era utilizado como fonte de eletricidade para os satélites. A tecnologia foi se desenvolvendo ano após ano. Na década de 1970, ela desceu do espaço e veio para a terra. Mesmo assim, porém, apenas em localizações dispendiosas, onde não havia acesso à rede elétrica: faróis, travessias remotas e refrigeração de vacinas.

Nas últimas décadas, o preço da energia solar (e da eólica) foi diminuindo à medida que fazíamos mais uso dela. Isso é o que chamamos de "curva de aprendizado". Conforme implantamos e expandimos tecnologias, aprendemos a torná-las mais eficazes. As tecnologias podem entrar em um círculo virtuoso: mais painéis solares são instalados, os preços caem, a demanda por eles aumenta, instalamos mais deles, e assim por diante. A "curva de aprendizado" para painéis solares foi de 20%: isso significa que sempre que a capacidade instalada de energia solar fotovoltaica

89

NÃO É O FIM DO MUNDO

dobra, os preços caem cerca de 20%.* A energia eólica terrestre e a energia eólica marinha seguiram um caminho semelhante ao da energia solar.

Isso não acontece somente com fontes de energia renovável. Para controlar a intermitência dos renováveis, e para viabilizar tecnologias como as dos veículos elétricos, precisamos de baterias. Baterias grandes e baratas. Vemos exatamente a mesma coisa acontecer aqui. Nas últimas três décadas, o preço das baterias de íons de lítio caiu mais de 98%.[19, 20] Apenas nos últimos anos elas se tornaram remotamente acessíveis para veículos elétricos. Mais adiante veremos mais sobre isso.

O que não tem seguido uma curva de aprendizado são os combustíveis fósseis, como o carvão. É difícil tornar usinas de carvão muito mais eficientes do que elas são. É difícil mudar a quantidade de energia que se retira de um pedaço de carvão, e a quantidade de energia térmica que é desperdiçada. E o preço da energia do carvão está atrelado ao custo do próprio combustível. Esse custo oscila para cima e para baixo, mas há um custo fixo para o trabalho de extraí-lo do solo. Em outras palavras, as novas tecnologias com baixas emissões de carbono ficarão cada vez mais baratas. Os combustíveis fósseis não.

Esses avanços recentes foram absolutamente fundamentais. Eles abriram novos caminhos acessíveis e de baixas emissões de carbono para serem trilhados pelos países. Isso significa que as nações mais pobres não terão de seguir pela trajetória insustentável e pesada dos combustíveis fósseis trilhada pelos países ricos. Elas podem pular a longa jornada de séculos que realizamos. E não precisam sacrificar o bem-estar ou o acesso à energia. Na verdade, adotando essas tecnologias, podem garantir que ainda mais pessoas tenham acesso à energia a preços viáveis.

COMO ENFRENTAMOS A MUDANÇA CLIMÁTICA?

No que diz respeito à ação climática, as coisas começam a caminhar na direção certa. Firmamos os alicerces para o que precisa ser mudado. Agora temos que começar a construir sobre essa base. E precisamos fazer isso rapidamente.

Até o momento, 127 países se comprometeram a cumprir a meta de zero emissão.** Trata-se de uma façanha e tanto. Isso nos obrigará a reestruturar e a reformular os sistemas de energia. A mudar a maneira como comemos, e o que

---

* A relação entre implantação de tecnologias e preços em queda é geralmente chamada de "Lei de Moore". Vemos isso ocorrer em muitas tecnologias.
** Você pode localizar os compromissos mais recentes, que estão sendo acompanhados e documentados por Net Zero Tracker: <https://zerotracker.net/>.

90

comemos. E como vivemos, como nos locomovemos, como produzimos. Mas essa mudança deve seguir em frente, avançar. Ela não pode sofrer retrocesso.

As soluções que envolvem restringir o uso de energia para níveis muito baixos não são boas. As pessoas necessitam de energia para terem uma vida boa e saudável. Necessitam de energia para cuidados de saúde, para educação, para usarem máquinas de lavar e eletrodomésticos de cozinha a fim de que tenham tempo para trabalhar, estudar e para o lazer. Elas também precisam de energia para se adaptarem à mudança climática.

O que devemos fazer para reduzir as nossas emissões? Como conseguimos zerar as emissões líquidas? Não há uma solução mágica, infelizmente. Para ter uma ideia do tamanho do desafio, precisamos considerar de onde vêm as emissões. Dividindo esse caso em duas categorias, veremos que o sistema energético e a indústria são responsáveis por cerca de três quartos das emissões de gases estufa. O nosso sistema alimentar é responsável por um quarto.[21, 22, 23]

Um exame mais atento a setores específicos revela que a energia para a produção de itens de consumo é responsável por cerca de um quarto das emissões.[24, 25] O nosso deslocamento — e o das nossas coisas — de um lugar para outro responde por um sexto.

DE ONDE VÊM AS EMISSÕES DE GASES ESTUFA?
Cerca de um quarto das emissões do mundo vem de sistemas alimentares.
Três quartos vêm da energia e da indústria.

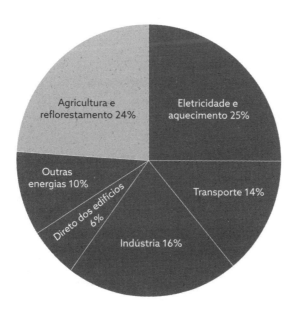

A energia em nossas casas e escritórios é a mesma. De mais a mais, algumas emissões da indústria são um problema realmente difícil de enfrentar: concreto e substâncias químicas que formam a base de muitas das coisas que nos cercam.

Não conseguiremos solucionar a mudança climática sem abordar cada uma das partes dessa questão. Como fazer isso?

Energia

Como já vimos, precisamos abandonar os combustíveis fósseis, e as fontes renováveis e a energia nuclear são excelentes alternativas. Elas emitem menos CO_2, poluem menos o ar e, além disso, são muito mais seguras. A batalha a ser travada é entre fontes com baixa emissão de carbono e combustíveis fósseis, não entre energia nuclear e fontes renováveis. O debate em torno da energia nuclear só nos leva a desperdiçar tempo e esforço.

Já falamos sobre a rapidez com que o carvão morre no Reino Unido. E está morrendo em outros países também. Trinta anos atrás, o Reino Unido obtinha quase dois terços da sua eletricidade do carvão. Agora essa quantidade é de menos de 2%. Os Estados Unidos obtinham 55%, hoje obtêm menos de 20%. A Dinamarca obtinha quase 90%, hoje obtêm 10%. Os sistemas energéticos no mundo inteiro se transformaram.

NO MUNDO TODO O CARVÃO ESTÁ MORRENDO
Parcela da produção de eletricidade proveniente do carvão.

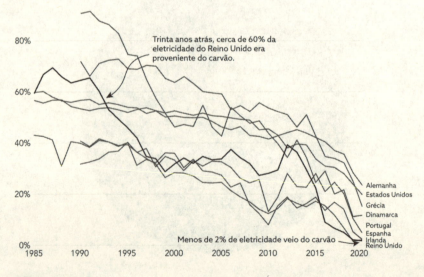

3. MUDANÇAS CLIMÁTICAS

Para assumir o seu lugar, a energia renovável cresceu num ritmo assombroso. E não apenas para os ricos. Alguns países insuspeitos estão mostrando ao mundo como se faz. Em 2014, o Uruguai captava apenas 5% da sua eletricidade do vento. Agora está perto de obter 50% de sua energia. Na mesma época, o Chile não contava com energia solar. Agora ela responde por 13% do total. Muitos outros países seguirão esses passos. Os custos em constante queda das tecnologias de energia renovável e de baterias logo tornarão essas escolhas o padrão.

Uma mudança para essas fontes, junto com baterias e armazenamento de energia, é como descarbonizamos os nossos sistemas de *eletricidade*. Mas também precisamos descarbonizar outros usos de energia, tais como transporte, aquecimento e indústria. Isso é mais difícil de fazer. Não existe combustível líquido sustentável que simplesmente possa substituir a gasolina ou o diesel. Sendo assim, a solução para ajustar essas fontes de energia é *tornar tudo elétrico*. Se podemos tornar elétricos os carros, indústria e aquecimento, então podemos produzir cada vez mais energia renovável e nuclear para alimentá-los.

Isso parece simples: produzir muita energia solar, eólica e outras renováveis. Mas será que estamos nos esquecendo de levar em conta outras coisas? Será que temos terras suficientes? E será que temos minerais suficientes para produzir essa energia toda?

Os céticos do clima adoram dizer por aí que os painéis solares tomarão conta da nossa paisagem. Eles fazem isso para "provar" que as chamadas tecnologias verdes são insustentáveis e devoradoras de terra. Quando fazemos as contas, porém, os resultados são surpreendentes: uma mudança para fontes renováveis (e especialmente para a energia nuclear) não significaria usar mais terras. Na verdade, é até possível que usemos menos.

Quando comparamos a terra usada pelas fontes de energia, temos de considerar mais do que apenas o espaço utilizado pela própria usina — a área que a usina de carvão ou o painel solar ocupa fisicamente. Também temos de incluir a terra usada para explorar os materiais, extrair os combustíveis, lidar com os resíduos no final. Um grande estudo realizado pela Comissão Econômica das Nações Unidas para a Europa estimou a quantidade de terra necessária para que cada fonte produza *uma unidade* de eletricidade, quando consideramos todos esses passos da cadeia de suprimento.[26]

A fonte de eletricidade mais eficiente quanto ao uso da terra foi a nuclear: por unidade de eletricidade, ela necessita de cinquenta vezes menos terra que o carvão, e 18 a 27 vezes menos do que a solar fotovoltaica no solo.[27] O gás foi a segunda mais eficiente quanto ao uso da terra.

93

A eficiência da energia solar quanto a terra depende dos minerais usados: quando os painéis são feitos de silício e instalados no solo e não em um telhado, é usada marginalmente mais terra do que a requerida para o carvão. Se o painel for de cádmio, porém, será usada menos terra que para o carvão. Claro que essa não é a nossa única opção com relação ao solar fotovoltaico, que também pode ser instalado em telhados. Assim, a única terra usada é para exploração. Nesse caso o solar fotovoltaico é quase tão bom quanto o gás e muito melhor que o carvão.

Também podemos integrar a energia solar e a eólica aos usos habituais da terra, tais como a agricultura. Há evidências de que os sistemas "agrovoltaicos" podem ser ótimos exemplos de compartilhamento de terra. Estudos recentes mostram que, em determinadas condições, o rendimento das plantações agrovoltaicas pode até ser maior em comparação ao das plantações convencionais, devido ao melhor equilíbrio hídrico, a evapotranspiração e também às temperaturas reduzidas. O mesmo acontece com a energia eólica: muitos fazendeiros já fazem dinheiro extra permitindo que turbinas sejam instaladas em suas fazendas. O impacto sobre a fazenda costuma ser mínimo.

A conclusão é que mudar para tecnologias de energia limpa não exigirá muito mais terra do que a que já é usada para combustíveis fósseis. Se utilizarmos energia nuclear, aproveitarmos telhados para instalar painéis solares e compartilharmos a terra que já usamos, então talvez precisemos até de menos terra.

Vimos as comparações entre diferentes fontes de energia quanto à eficiência no uso da terra. Mas vale a pena considerar se o uso da terra para a produção de energia precisa mesmo gerar preocupação. Estamos falando de 5%, 10%, talvez até 50% de terra? Estimo que atualmente sejam usados cerca de 0,2% da terra livre de gelo do mundo para a produção de eletricidade — a maior parte disso para a extração de combustíveis fósseis. (Isso é pouco, considerando que usamos 50% da terra livre de gelo do mundo para a agricultura.) Em um mundo com eletricidade de baixo teor de carbono, podemos reduzir essa proporção. Se o mundo passar a ser 100% suprido por energia nuclear, precisaremos apenas de 0,01% da terra do mundo. Se usarmos painéis solares em telhados, necessitaremos apenas de 0,02 a 0,06%.

O mundo em breve precisará de muito mais eletricidade: queremos que as pessoas de países de baixa renda possam usá-la mais, e precisaremos de mais para alimentar os carros elétricos e ter aquecimento nos lares. Ainda assim, não haverá nenhum grande problema no que diz respeito ao uso da terra: mesmo que dobremos ou tripliquemos os números que acabamos de mostrar, ainda assim eles serão pequenos. Muito menos que 1% da terra do mundo.

3. MUDANÇAS CLIMÁTICAS

Uma última preocupação é saber se teremos minerais suficientes para produzir os painéis solares, as turbinas eólicas e as baterias de que precisamos. Essas tecnologias exigem uma variedade de materiais diferentes — lítio, cobalto, cobre, prata, níquel —, e muitas vezes ouvimos dizer que a quantidade de mineração será imensa, ou que esses minerais desaparecerão.

Aqueles que dizem que a energia de baixas emissões de carbono usará matéria-prima demais deviam procurar saber quanta matéria-prima é extraída para obter combustíveis fósseis. O mundo extrai cerca de 15 *bilhões* de toneladas de carvão, petróleo e gás todos os anos. A Agência Internacional de Energia calcula que o mundo precisará de 28 a 40 *milhões* de toneladas de minerais para tecnologias de baixa emissão de carbono em 2040, no auge da transição energética.[28] Isso é de cem a mil vezes menos que a demanda por combustíveis fósseis. Evidentemente, as rochas não são feitas de minerais puros, os minerais frequentemente estão em concentrações muito menores, por isso a quantidade total de rochas que teremos de remover será maior. Mas isso já acontece na mineração do combustível fóssil: para obter os 15 bilhões de toneladas de combustível são escavadas muito mais matérias da terra. Em resumo: a mudança para tecnologias de baixa emissão de carbono significará menos escavação, não mais.

Estudos também mostram que haverá lítio, níquel e outros minerais em quantidades suficientes.[29] Não ficaremos sem esses minerais. Temos mais certeza disso quando consideramos o seu potencial de reciclagem: muitos dos minerais usados em painéis, turbinas e baterias podem ser transformados em novos produtos. Desse modo, podemos estabelecer uma economia circular na qual reutilizamos continuamente esses materiais sem alimentar a demanda por mais.

É preciso ter cuidado quanto ao *lugar de onde* retiramos esses minerais, e também com relação ao modo como são extraídos. Algumas jazidas estão sob áreas que precisam ser protegidas por motivos ecológicos, ou porque elas fazem parte de terras indígenas. Temos de nos certificar de que sejam utilizadas jazidas de outros lugares que não esses, e que os minerais sejam extraídos sob condições de trabalho justas e seguras. A era dos combustíveis fósseis marcou a exploração das pessoas e do planeta. Vamos assegurar que nada disso ocorra no mundo de baixas emissões de carbono que estamos buscando.

Transportes

Ter a possibilidade de cruzar o país em questão de horas é um luxo moderno. Ter a possibilidade de cruzar o *mundo* em questão de horas é um milagre moderno.

Um excitante mundo abrirá as suas portas para bilhões de pessoas nas próximas décadas. Muitas pessoas tiveram acesso apenas recentemente a serviços básicos de energia — eletricidade e combustíveis mais limpos com os quais cozinhar. A próxima parada nessa viagem energética é conseguir comprar uma motocicleta, talvez até um carro. Isso representará para essas pessoas um grande passo. Nos países ricos, nos desesperamos com os efeitos colaterais dos transportes: as emissões de carbono, a poluição do ar, o trânsito. Contudo, apesar desses problemas, os veículos têm o potencial de destravar a conectividade, as experiências e as perspectivas de bilhões. Esse é o equilíbrio que precisamos encontrar.

Cerca de um sexto das emissões de gases do efeito estufa do mundo são provenientes dos transportes. Quando as pessoas ao redor do mundo enriquecem, as emissões geradas pelos transportes aumentam. Sendo assim, de que maneira construiremos um futuro no qual possamos nos deslocar à vontade em nossos veículos ao mesmo tempo que reduzimos as emissões?

A maior parte das emissões dos transportes vem das estradas. Os veículos rodoviários são responsáveis por 74% das emissões por transportes do mundo.[30, 31]

CARROS, AVIÕES E TRENS: DE ONDE VÊM AS EMISSÕES DE CO_2 POR TRANSPORTES?
74,5% das emissões por transportes vêm de veículos rodoviários

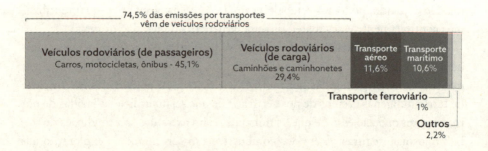

Um carro popular dos dias de hoje tem mais que o dobro de eficiência em termos de emissão de carbono do que um carro popular de 1975.[32] Esses melhoramentos são impressionantes e têm sido importantes para manter sob controle parte das nossas emissões. Mas as emissões por transportes ainda estão aumentando porque estamos viajando para mais longe, e carros movidos a combustíveis fósseis têm um limite de eficiência quanto às emissões. Não vamos conseguir descarbonizar os transportes usando gasolina e diesel.

Há quem sugira o uso de biocombustíveis no lugar da gasolina e do diesel. Essa também não é a solução, e não acabaria com as emissões. Estudos mostraram que biocombustíveis muitas vezes emitem *mais* CO_2 que a gasolina, sobretudo quando levamos em conta o uso em terra.[33,34] Como será mostrado nos capítulos seguintes, destinar para carros os cereais que as pessoas poderiam comer não é uma boa solução. Se queremos realmente reduzir as emissões por veículos rodoviários, não podemos abastecê-los com gasolina nem com comida. Precisamos abastecê-los com eletricidade.

MUDE PARA VEÍCULOS ELÉTRICOS — ELES REALMENTE SÃO MAIS FAVORÁVEIS AO CLIMA

O meu irmão — o membro da minha família menos ligado à causa ambientalista — foi o primeiro a comprar um carro elétrico. O que o convenceu a fazer essa compra não foi a baixa pegada de carbono, mas sim a beleza de dirigir um carro elétrico. Isto é importante: se quisermos que todos embarquem na mudança para uma vida com baixas emissões de carbono, temos que tornar atraente essa experiência. As pessoas precisam sentir que essa escolha vai melhorar a sua vida.

Mas essa decisão é *de fato* melhor para o meio ambiente? Ou será que os veículos elétricos não passam de uma fraude verde? Muitas pessoas acreditam que eles emitem as mesmas quantidades de CO_2 que os carros movidos a gasolina — se não mais — quando se considera a produção da bateria e a eletricidade que a alimenta. Vamos analisar os números e conferir.

O meu irmão se viu diante de duas alternativas: comprar um novo veículo elétrico ou um novo carro a gasolina. Quando ele comprou o seu primeiro carro elétrico, o veículo emitiu mais carbono porque é necessária mais energia para produzir a bateria do que para produzir um motor de combustão. Assim, a *produção* de um veículo elétrico emite realmente mais carbono do que a de um carro a gasolina. Mas quando começamos a dirigir um carro elétrico a situação se inverte rapidamente.

Dirigir um carro elétrico emite muito menos carbono do que dirigir um carro movido a gasolina ou a diesel. Quanta emissão a menos de carbono será feita dependerá de quão limpa é a eletricidade. No Reino Unido, mais da metade da eletricidade, que é completamente livre de carvão, provém de fontes de baixo teor de carbono (isso ainda seria verdade se uma nova mina de carvão fosse aberta em solo britânico, porque esse carvão não seria usado para a produção de eletricidade). Se você dirigir um carro elétrico na França, na Suécia ou no Brasil, os benefícios serão ainda maiores. Se dirigir um carro elétrico na China ou na Índia, países devoradores de carvão, os benefícios serão menores. Mesmo nesses países, porém, um carro elétrico ainda é melhor que um a gasolina.

Com suas baixas emissões, um carro elétrico rapidamente "quita" a sua dívida. No Reino Unido, o tempo para essa compensação é de menos de dois anos.[35] Assim, em dois anos o seu carro elétrico já é mais benéfico para o meio ambiente. E em dez anos o seu carro terá emitido apenas um terço do CO_2 que um carro a gasolina teria lançado no ar. Mas essa é na verdade uma previsão pessimista: as emissões de carbono dos carros elétricos poderão cair ainda mais. Esses veículos são uma tecnologia relativamente nova, por isso é necessário muito tempo ainda para que seja aperfeiçoada. Também sabemos que as redes de eletricidade — o combustível do carro elétrico — se tornarão cada vez mais limpas.

Mas a opção do meu irmão por um carro elétrico novo foi mais favorável ao clima do que a decisão dos meus pais de continuarem usando o seu carro movido a gasolina? Passados quatro anos, as emissões produzidas por um veículo a gasolina são maiores do que as produzidas por um veículo elétrico novo. Sendo assim, venceu o meu irmão.

VEÍCULOS ELÉTRICOS SÃO MELHORES PARA O CLIMA
Com base no funcionamento de um carro médio no Reino Unido, produzir um veículo elétrico emite mais gases do efeito estufa, mas isso é restaurado em 2 anos.

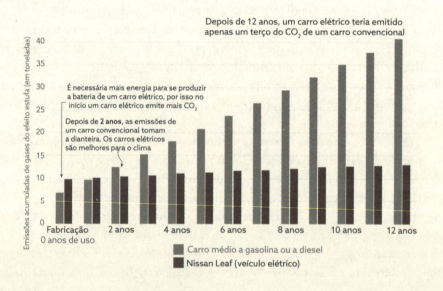

3. MUDANÇAS CLIMÁTICAS

Em 2022, 14% dos carros vendidos no mundo eram elétricos.[36] Talvez isso pareça pouco, mas a mudança ao longo do tempo é realmente descomunal. Dois anos antes foram apenas 4% dos carros vendidos. Em 2019, pouco mais de 2%. As vendas de veículos elétricos estão começando a decolar. Eles já dominam o mercado de automóveis em alguns países. Na Noruega, 88% dos carros vendidos em 2022 eram elétricos. Na Suécia, 54%. No Reino Unido, as vendas alcançaram 23%. Os Estados Unidos seguem mais atrás, somente 8% de novos automóveis são elétricos (embora o novo acordo climático de Joe Biden possa mudar isso rapidamente). Na China, em 2022, quase dois terços (29%) dos carros novos vendidos eram elétricos. Isso representou um enorme salto com relação a 2020, quando as vendas foram de apenas 6%.

O preço das baterias de íons de lítio caiu mais de 98% nas últimas três décadas. Essa queda no custo expandiu o mundo do transporte elétrico. A bateria que você encontrará num carro Tesla hoje custa cerca de 12 mil dólares. Uma bateria Nissan Leaf custa cerca de 6 mil dólares. Porém, se estivéssemos nos anos 1990 essas baterias custariam entre 500 mil e 1 milhão de dólares.[37] Não existia a possibilidade de um carro elétrico "a preços acessíveis".

Esse crescimento dos veículos elétricos no mercado significa que o mundo já passou pelo pico do carro a gasolina. As vendas dos carros novos a gasolina no mundo alcançaram o pico em 2017.[38] Considerando que as pessoas tendem a usar o carro por uma década aproximadamente, mais alguns anos se passarão antes que ultrapassemos o pico de carros a gasolina nas ruas — mas essa importante ocasião também está próxima.

Preços acessíveis serão a principal força impulsionadora da nossa revolução nos transportes. Mas o custo dessas tecnologias talvez não diminua com a rapidez necessária para que possamos alcançar as metas com relação ao clima. Precisamos aliar o custo acessível à ação política. Muitos países já estão fazendo isso ao proibir as vendas de carros novos a gasolina ou a diesel. No Reino Unido, a proibição acontecerá em 2030. Um número crescente de países estão se comprometendo a eliminá-los de maneira gradativa até 2030, ou no máximo até 2040. China e Estados Unidos têm ambos como data-limite o ano de 2035. Países de baixa renda também estão adotando uma posição firme: Gana e Quênia estabeleceram como prazo o ano de 2040. A combinação de preços em queda e ação política nos levará longe. O carro movido a gasolina desaparecerá muito mais rápido do que as pessoas poderiam imaginar.

Contudo, há algo que superará os carros elétricos em nossos esforços para reduzir as emissões provenientes dos transportes: não ter nenhum carro. Na cidade em que eu vivo, Londres, talvez não valha a pena o incômodo de ter um carro.

Posso pegar o metrô e atravessar a cidade muito mais rapidamente do que os carros enfileirados no trânsito e emitindo muito pouco carbono no processo.

A FATIA DO MERCADO DE CARROS NOVOS QUE SÃO ELÉTRICOS
As vendas de carros novos com motor de combustão interna atingiram o pico em 2017.

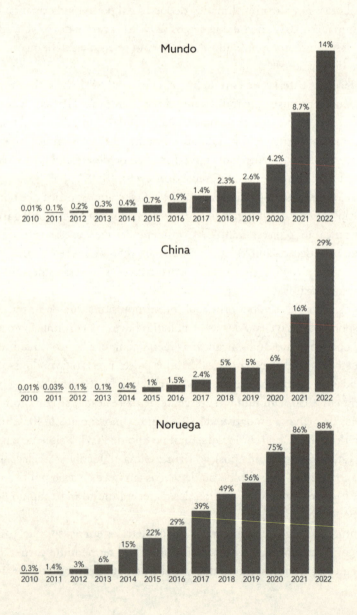

3. MUDANÇAS CLIMÁTICAS

O restante da minha família não pode fazer isso: eles moram em uma cidade pequena, onde o transporte público é limitado. E é ainda mais difícil para a parte da minha família que vive em uma pequena vila na zona rural, onde o armazém mais próximo fica a quilômetros de distância. As pessoas costumam imaginar que morar na área rural é viver de forma ecológica, que viver numa fazenda na região rural é o que de melhor se pode fazer pela natureza. E que viver numa cidade apinhada e que consome energia insaciavelmente é o que está arruinando o planeta. É o contrário, na verdade. Há claros benefícios ambientais para as cidades: podemos criar redes eficazes e conectadas para deslocamentos.[39] Quando examinamos as emissões provenientes de deslocamentos nas vilas e nas cidades, encontramos um padrão claro: as pessoas emitem menos em cidades mais populosas.[40]

Reduzir as emissões derivadas de meios de transporte envolverá repensar os espaços em que vivemos. Muitas cidades europeias estão realizando um bom progresso nesse sentido. Os carros não são mais o centro das atenções, os pedestres e ciclistas é que são. As cidades se tornaram mais tranquilas, lugares menos poluídos para se viver, e também funcionam com muito mais eficiência. Não existe nada menos eficiente do que ter ruas cheias de carros num trânsito congestionado. Uma combinação bem projetada de ciclovias, caminhos para pedestres e transporte público de alta velocidade podem transformar a atmosfera e a eficiência das cidades. Isso reduz expressivamente as nossas emissões e também nos dá um ar mais limpo.

O grande dilema das décadas de 2000 e 2010 foi escolher entre ter um carro movido a diesel ou um carro movido a gasolina. O grande dilema da década de 2020 em diante será escolher entre ter um carro elétrico ou não ter carro nenhum.

O TRANSPORTE DE LONGA DISTÂNCIA PRECISARÁ DE INOVAÇÃO

As coisas se complicam quando se trata de caminhões, caminhonetes e deslocamentos de grande distância. O problema com as baterias é que elas são pesadas. Quanto mais pesado o veículo, mais energia as baterias precisam acumular. Isso também as torna ainda mais pesadas. Um ajuste pode ser feito para que funcionem na proporção dos carros. Mas caminhões e aviões são simplesmente grandes demais.

Poderemos nos aproximar mais de uma solução à medida que o transporte elétrico e as tecnologias de bateria se aprimorarem. Já houve progresso no transporte de carga a curta distância.[41] Colocamos aviões elétricos no ar com sucesso. Mas esses aviões são pequenos — muito menores que os jatos jumbo que nos transportam pelo mundo. Se essas soluções atingirão as dimensões de que

NÃO É O FIM DO MUNDO

necessitamos — e se isso poderá ser feito com rapidez suficiente — são perguntas ainda sem resposta.

Enquanto isso, precisamos tentar outras opções. O voo movido a energia solar — em que a energia solar é captada durante o voo para depender menos do armazenamento de bateria — poderia ser uma alternativa viável. Outra tecnologia em desenvolvimento é a propulsão a hidrogênio. O combustível de hidrogênio é produzido pela quebra de moléculas de água (H_2O) em gás hidrogênio (H_2) e oxigênio.* O hidrogênio nessa forma é ideal: é energia armazenada em forma gasosa. O combustível retém essa energia até que a queimemos, como fazemos com a gasolina ou com o diesel. Com uma diferença: é muito melhor que esses dois últimos, porque pode armazenar e liberar três vezes mais energia por unidade.

O hidrogênio pode ser um fator de mudança decisivo. O grande problema que ele apresenta é que necessita de energia para quebrar as moléculas de água. Se essa energia for produzida na forma de eletricidade proveniente de fontes com baixa emissão de carbono, então poderá ser um combustível de baixo teor de carbono. Se recorrermos aos combustíveis fósseis, isso sem dúvida trará um custo climático. Para que o hidrogênio seja um combustível do futuro é necessário aumentar a sua eficiência, mas também teremos de reforçar a quantidade de eletricidade de baixa emissão de carbono que produzimos.

Talvez você esteja se perguntando por que eu não falei sobre parar de voar completamente. "Flygskam" ou "vergonha de voar", nasceu na Suécia em 2018 como um movimento ambiental. Mas as pessoas falam sobre voar menos há muito tempo, mais tempo do que consigo me lembrar. É uma posição bastante razoável a se tomar: a maioria das pessoas no mundo jamais voou. É um luxo reservado a poucos. Algumas pessoas costumam tomar um avião para participar de uma reunião de uma hora. Se a pandemia do coronavírus nos ensinou algo, é que a maioria dessas reuniões também pode ser on-line. É perfeitamente racional que as pessoas que voam diminuam os seus voos. Mas a aviação beneficiou demais o mundo para ser eliminada por completo. Ela ofereceu às pessoas a oportunidade de migrar de um país para outro. E também deu a essas pessoas a possibilidade de voltarem para casa a fim de visitarem suas famílias. Ela forneceu empregos. E deu impulso a inovações em novas tecnologias. Tornou as sociedades mais diversas e multiculturais, e nos permitiu desfrutar a beleza de outros países. Desejo que todos no mundo possam ter acesso a experiências desse tipo.

Não precisamos voar pelo mundo para nos conectar com outras pessoas. Podemos encontrar outros modos de viajar, e podemos ir muito longe apenas nos

---

* Para fazer essa equação, a fórmula química efetiva para essa reação seria: $2H_2O + energia = 2H_2 + O_2$.

conectando on-line. Mas tornar vergonhoso o ato de voar é um retrocesso. Se quisermos estimular as pessoas a voarem apenas ocasionalmente, então é preciso que elas apreciem a experiência. Não deve ser uma experiência da qual elas passem meses se arrependendo.

Comida

Qualquer pessoa que tenha assistido ao documentário *Cowspiracy* acreditaria que eliminar a carne deteria a crise climática. O filme alega que mais da metade das emissões de gases do mundo são provenientes do gado. Isso é absurdo. O número correto não chega nem a um quinto.[42]

Mudar o que comemos não resolverá a questão climática. Parar de queimar combustíveis fósseis é o caminho para solucionar a mudança climática. Porém, reparar os nossos sistemas de energia mas ignorar a questão da comida também não nos levará onde queremos. Pesquisadores investigaram a quantidade de gases do efeito estufa que os nossos sistemas de alimentação emitirão ao longo das próximas décadas se continuarmos comendo como comemos. As notícias a esse respeito não são boas. Nós ultrapassaríamos os nossos objetivos de 1,5°C e 2°C.

Entre 2020 e 2100, a produção de alimentos emitiria cerca de 1360 bilhões de toneladas de gases do efeito estufa.[43] Para termos uma boa chance de manter o aquecimento global abaixo de 1,5°C, poderemos emitir somente cerca de 500 bilhões de toneladas.[44] E esse limite não vale apenas para a comida, ele se aplica a tudo: comida, eletricidade, transporte, indústria, o pacote todo. Por si só, a alimentação emitiria quase três vezes o que permitiria o limite de 1,5°C. Isso engoliria todo o nosso plano para os 2°C. Os números são claros: se quisermos ter uma chance de deter a mudança climática, não poderemos ignorar a nossa alimentação.

A boa notícia é que *podemos* conseguir. Embora tenhamos um prato cheio de opções, a maioria delas se resume a algumas poucas mudanças cruciais no que comemos (e *não* comemos) e no modo como fazemos nossa comida. Nos dois capítulos seguintes, abordaremos mais detalhadamente os alimentos.

Por enquanto, vamos atentar para as coisas que temos de fazer para reduzir os impactos do nosso alimento sobre o clima. Todos os dias alguma comida vilã surge na mídia: não coma x; não coma y; se você comer z vai sentir culpa por ter feito isso. Se deixássemos de comer todos os alimentos que chegam às manchetes, então não nos sobraria nada para comer. Felizmente, a lista de coisas que realmente fazem a diferença é curta. Eis a seguir os cinco elementos cruciais nos quais precisamos nos concentrar.

(1) COMER MENOS CARNE E LATICÍNIOS, PRINCIPALMENTE CARNE BOVINA

Entre todos os alimentos, a carne bovina é o que faz a maior diferença. Evitá-la é um dos caminhos mais eficazes que você pode escolher para diminuir a sua pegada de carbono. Quando analisamos o impacto dos diferentes alimentos, uma hierarquia se revela. No topo dessa lista de alimentos — bem à frente de todos os demais — encontra-se a carne bovina. Produzir 100 gramas de proteína derivada da carne bovina emite cerca de 50 quilos de equivalentes de dióxido de carbono.[45] Em seguida temos a carne de carneiro, que emite cerca de 20 quilos. Depois os laticínios, e então a carne de porco, seguida pela carne de frango. Você perceberá aqui um claro ranking de alimentos de origem animal: desde o maior animal (o boi) até os menores (o frango e o peixe). No capítulo 5 veremos que existe um motivo para isso.

A maioria dos alimentos de origem vegetal — soja, ervilha, feijão, lentilha, cereais, frutas secas — estão na parte de baixo da lista. Eles têm uma pegada de carbono muito menor que os produtos de origem animal. A conclusão que se tira disso é simples: se quisermos reduzir a nossa pegada de carbono, devemos escolher uma dieta mais voltada para produtos à base de vegetais. Isso não significa que teremos de nos tornar veganos. E as pessoas no mundo que só podem comprar alguns poucos quilos de carne no intervalo de um ano inteiro também não precisam reduzir o seu consumo. Porém, as pessoas que consomem 50 quilos ou mais por ano dariam uma contribuição significativa se comessem menos. Até mesmo substituir a carne bovina pela de frango — escolhendo hambúrguer de frango em vez de hambúrguer de boi — já seria de grande ajuda.

Pesquisadores avaliam que se todos adotassem uma dieta mais baseada em alimentos de origem vegetal poderíamos reduzir pela metade as nossas emissões provenientes de produtos alimentares. Essa dieta rica em vegetais não teria de eliminar completamente carne e laticínios.[46] Ela inclui o equivalente a uma fatia de bacon, quatro filés finos de frango e um copo de leite por dia. Você pode também comer um ovo e um filé de peixe a cada dois ou três dias. Isso é bem menos do que a maioria das pessoas come em países ricos. Mas é mais do que muitas pessoas comem em países mais pobres.

3. MUDANÇAS CLIMÁTICAS

ALIMENTOS DE ORIGEM VEGETAL SÃO MELHORES PARA O CLIMA
Medidos em quilogramas de equivalentes de dióxido de carbono (co₂e) por 100 gramas de proteína.

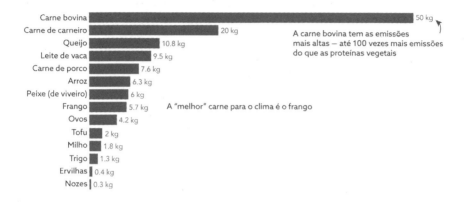

(2) ADOTAR AS MELHORES E MAIS EFICAZES PRÁTICAS AGRÍCOLAS QUE PUDERMOS

Os números do gráfico anterior são médias globais de estudos que abarcam milhares de fazendas em todo o mundo. Mas as práticas agrícolas variam bastante. A carne bovina de um produtor eficiente na Nova Zelândia ou nos Estados Unidos pode não ter a mesma pegada de carbono que a de um produtor no Brasil que derrubou alguma área da Floresta Amazônica.

Esse é um argumento que ouço muito quando digo que comer menos carne — sobretudo carne bovina — é a maneira mais eficiente que temos de diminuir a nossa pegada de carbono. Diante disso, as pessoas argumentarão que a carne bovina que elas consomem — das fazendas da sua região no Reino Unido — tem uma pegada de carbono *muito* menor do que a média global. Elas provavelmente emitem menos, mas ainda emitem quantidades muito maiores do que as alternativas de origem vegetal.

Se não nos concentrarmos apenas na média global e considerarmos a distribuição de pegadas de carbono para cada alimento — dos produtores mais sustentáveis aos menos sustentáveis —, a mensagem geral não muda. Os *piores* alimentos de origem vegetal ainda têm uma pegada de carbono menor do que a *melhor* carne bovina ou de carneiro. Consumir menos carne bovina ou de carneiro ainda é o modo mais eficaz de diminuirmos nossa pegada, mas essas diferenças dentro de determinado produto alimentar importam. As pessoas continuarão a comer carne bovina e de carneiro, laticínios e carne de porco, por isso devemos obter esses alimentos dos produtores mais eficientes e responsáveis quanto à emissão de carbono.

A CARNE QUE GERA A MENOR EMISSÃO DE CARBONO EMITE MAIS DO QUE A PROTEÍNA VEGETAL QUE GERA A MAIOR EMISSÃO DE CARBONO

Medidos em quilogramas de equivalentes de dióxido de carbono [co₂e] por 100 gramas de proteína. As emissões são medidas em quilogramas de equivalentes de dióxido de carbono por 100 gramas de proteína. Isso se baseia em dados de 39 mil fazendas comercialmente viáveis em 119 países.

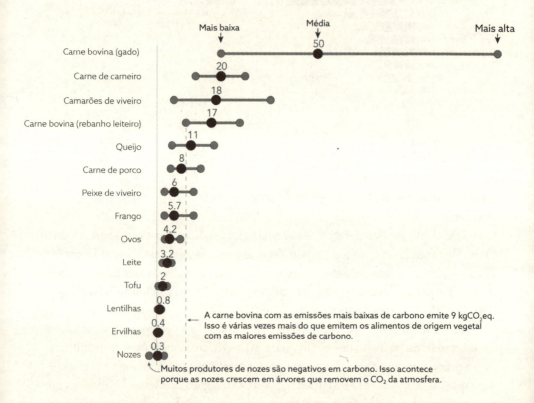

[3] REDUZIR O CONSUMO EXCESSIVO

O mundo produz comida suficiente para alimentar todas as pessoas duas vezes. Veja mais sobre esse assunto no capítulo 5. Infelizmente, porém, existem enormes desigualdades. Uma em cada dez pessoas não consome calorias em quantidade suficiente. Quatro em cada dez pessoas consomem calorias em excesso e acabam com sobrepeso. Essa geralmente é uma conversa que evitamos ter, mas deveria ser óbvio que, se pretendêssemos reduzir o consumo exagerado de alimentos, precisaríamos, antes de mais nada, produzir menos.

3. MUDANÇAS CLIMÁTICAS

(4) REDUZIR O DESPERDÍCIO DE ALIMENTOS

Precisamos impedir que os alimentos estraguem no caminho da fazenda para os mercados, e evitar ter de atirá-los no lixo quando chegam a nós. Provavelmente não conseguiremos acabar com isso completamente, mas é possível reduzir o desperdício de comida pelo menos pela metade.

(5) PREENCHER AS LACUNAS DE PRODUTIVIDADE EM TODO O MUNDO

No decorrer do século passado, o mundo realizou algo que parecia ser impossível: alcançou aumentos gigantescos no rendimento das colheitas. Em muitos países elas triplicaram, quadruplicaram, ou foram até mais longe. Isso significa que podemos cultivar uma quantidade muito maior de alimentos sem usar mais terra nem derrubar florestas. Alguns países, porém, ficaram para trás. Se pudéssemos preencher essas lacunas de produtividade ao redor do mundo, poderíamos poupar do desmatamento muitas áreas de florestas.

Se as cinco ações relacionadas aqui forem levadas a cabo, poderemos criar um sistema alimentar com baixa emissão de carbono. Podemos ver no gráfico o impacto de cada uma dessas ações separadamente. Elas nos levariam longe. Se conseguirmos colocar *todas* em prática, então reduziremos a zero nossas emissões líquidas provenientes de alimentos. Isso não significa que não emitiremos absolutamente nada — ainda teremos algumas emissões provenientes de fertilizantes e de pequenas quantidades de rebanhos —, mas, em compensação, uma grande extensão de terra seria poupada, uma vasta região de florestas voltaria a crescer e zonas de pasto selvagens seriam restauradas. Se conseguíssemos cumprir ao menos a metade da meta de cada ação (por exemplo, reduzindo o desperdício de comida em apenas um quarto em vez de metade, ou, no caso de consumo excessivo de comida, reduzindo esse consumo pelo menos à metade do que é hoje), poderíamos reduzir as emissões em dois terços. Isso nos abriria muito espaço em nossos planos de emissão de carbono e nos emprestaria tempo para reduzirmos a zero as emissões provenientes de energia e de outros setores.

Quando se trata de alimento, algumas intervenções têm muito menos importância do que imaginamos. Consumir alimentos produzidos localmente não faz uma grande diferença. Consumir alimentos orgânicos também não. A bem da verdade, essas duas escolhas podem *aumentar* as nossas emissões se os alimentos em questão forem mais afeitos ao cultivo em outros climas ou condições. A embalagem plástica da comida também não muda muita coisa em nossa pegada de carbono. Explicarei esses três equívocos no capítulo 5.

COMO REDUZIR AS EMISSÕES DE GASES DO EFEITO ESTUFA PROVENIENTES DOS ALIMENTOS?

Estimativas de emissões de nossos sistemas alimentares entre 2020 e 2100 baseadas em um cenário de normalidade, e cinco alternativas para reduzi-las.

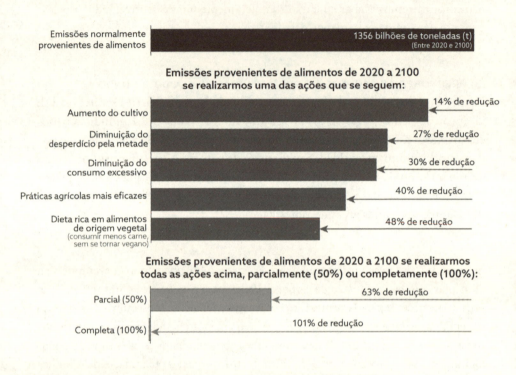

Material de construção

Quando eu era criança, meu pai viajava para a China a negócios. Isso foi no início dos anos 2000. Ele voltou para lá recentemente — depois de mais de uma década — e viu tudo tão mudado que nem pôde acreditar. Atrás de cada fileira de casas, outra fileira estava sendo construída.

O ritmo desse desenvolvimento era impressionante. Era uma transformação que exigia muito material de construção. Concreto, aço, ferro. Costuma-se dizer que a China usa mais cimento em três anos do que os Estados Unidos usaram em todo o século XX. Isso é verdade. Eu sei disso porque recalculei os números para conferir.

A China não é o único país a se desenvolver velozmente. As pessoas estão mudando rapidamente das zonas rurais para as cidades. Esse é um passo positivo para o desenvolvimento humano, mas traz consigo o desafio de formar cidades de maneira sustentável. Aproximadamente 5% das emissões de CO_2 de combustíveis

3. MUDANÇAS CLIMÁTICAS

fósseis e da indústria provêm da produção de cimento. Isso pode não parecer muito, porém nas próximas décadas bilhões de pessoas se transferirão para as cidades e essas emissões vão aumentar.

Com relação à energia, já contamos com várias das soluções de que necessitamos. Descarbonizar o processo pelo qual *fazemos o material* é que será difícil. Para produzir cimento é necessária energia, o que não chega a ser um obstáculo: se pudermos extrair a energia de fontes com baixo teor de carbono, isso não será problema. O verdadeiro problema com o cimento é que os processos químicos envolvidos na sua produção também produzem CO_2.* Ajustes no processo poderiam diminuir essas emissões um pouco, mas nada que chegasse perto de nos permitir produzir cimento com emissão zero de carbono.[47]

É preciso capturar o CO_2 e fazer alguma coisa com ele.[48] Podemos armazená-lo abaixo da superfície para nos assegurarmos de que não escapará para a atmosfera. Podemos introduzir o CO_2 de volta no processo, para que se torne parte da reação e então o próprio concreto. No final, teríamos um concreto que leva CO_2 permanentemente "preso" dentro dele. Há um grande número de empresas trabalhando em soluções promissoras para esse complicado problema.

Por que nós simplesmente não deixamos o cimento de lado e passamos a usar outros materiais? O primeiro problema envolve o custo e a escala. As economias em desenvolvimento estão crescendo rapidamente e demandam um fornecimento imediato de materiais baratos para construção. O cimento é o material perfeito para países como a China. É difícil produzir volumes gigantescos de madeira rapidamente. E é mais caro também. Para não dizer que é impossível sem que haja uma mudança enorme na maneira como usamos a terra no mundo. Muitos países teriam de derrubar as suas florestas primárias, naturais, e em seu lugar fazer plantio de madeira para corte. A longuíssimo prazo, isso *talvez* poupe algum carbono mediante o processo repetido de reflorestar, derrubar e novamente reflorestar, mas isso pode também custar caro para a biodiversidade. Como veremos no capítulo seguinte, os plantios de madeira estão entre os maiores impulsionadores do desmatamento em todo o mundo. Em escalas locais, os projetos sustentáveis podem ser administráveis; mas, na escala e no ritmo em que precisamos de materiais, não servem como solução global.

A realidade é que precisamos de inovações de baixa emissão de carbono para materiais como cimento e aço. E quanto mais rápido obtivermos isso, melhor, pois as cidades estão crescendo em todo o mundo.

---

* Fazemos a principal parte do cimento — o clínquer — aquecendo material calcário ($CaCO_3$) a temperaturas que ultrapassam 900°C. Por esse processo obtemos a cal (CaO) e, infelizmente, dióxido de carbono.

Colocar um preço no carbono

A última coisa que nos falta fazer para descarbonizar a economia não é específica de nenhum setor. É uma intervenção que permeia todos os setores.

Perguntei a muitos economistas o que precisamos fazer para enfrentar a mudança climática. E cada um dos que eu consultei me deu a mesma resposta: colocar um preço no carbono. Talvez essa seja a *única* coisa com a qual os economistas concordam.

Mas o que significa "colocar um preço no carbono"? Significa aplicar um imposto sobre o carbono em tudo o que compramos com base na quantidade de gases do efeito estufa que foram emitidos para a produção do que compramos. Em outras palavras: usar combustíveis repletos de carbono, como carvão, petróleo e gás natural, implicaria um imposto mais alto. Usar combustíveis de baixa emissão de carbono, como energia nuclear, solar ou eólica, resultaria em um imposto muito pequeno, e seriam muito mais baratos em comparação.

O argumento para a cobrança de tal imposto é que o preço atual que pagamos pelas coisas não reflete de maneira exata o que elas de fato custam. Pagamos um preço pela queima de combustíveis fósseis que não faz jus à realidade do mercado: ela tem um custo na forma de alterações climáticas (que terá de ser pago por nós e pelas futuras gerações), e também impactos tais como a poluição do ar, que já mata milhões todos os anos. A proposta de um imposto de carbono é equilibrar o jogo, reequilibrar o mercado para que possamos começar a pagar nossas dívidas.[49]

Um imposto sobre o carbono mudaria as decisões tomadas pelos consumidores. Um carro utilitário "bebedor de gasolina" acabaria ficando consideravelmente mais caro em comparação a um Nissan Leaf elétrico de energia limpa. A carne bovina seria mais cara em comparação a um hambúrguer com ingredientes de origem vegetal. Isso impulsionaria todos para escolhas de baixas emissões de carbono. E também mudaria os incentivos das empresas fabricantes dos produtos. Eles entrariam em uma corrida com os concorrentes para abaixar seus preços. E para abaixar seus preços eles teriam de reduzir sua pegada de carbono.

Taxar o carbono poderia ser uma medida incrivelmente eficaz. Até os mais inflexíveis negadores das alterações climáticas acabariam fazendo mais escolhas sustentáveis. Eles não fariam isso pelo planeta; fariam pelo bem do próprio bolso. Até mesmo líderes como Donald Trump escolheriam a energia solar e a eólica em vez da proveniente do carvão. O segredo para descarbonizar a economia é fazer isso da maneira mais indolor possível. O processo tem de ser simples; e os produtos, baratos.

Mas o que me preocupa — e preocupa também muitas outras pessoas — é que colocar preço no carbono acabaria atingindo mais duramente os mais pobres. Se você dobrasse o preço da gasolina amanhã, um rico que tem cinco Lamborghinis poderia sentir um ligeiro desapontamento. Mas ele ficaria bem. Talvez tivesse de vender um dos seus cinco carros, ou voar de primeira classe em vez de usar seu jatinho privado. Ele acabaria superando. Mas as pessoas que vivem no limiar da pobreza teriam de se desdobrar para conseguir aquecer a casa e levar os filhos para a escola. Essas pessoas não podem comprar um carro elétrico. As políticas de precificação do carbono precisam incluir medidas de apoio às famílias mais pobres para que tenham uma compensação pelo aumento do custo da energia. Direcionar as receitas fiscais para os mais pobres seria uma maneira de lhes dar apoio. Essa receita poderia ser usada de outras maneiras benéficas: investir no desenvolvimento de tecnologias de baixa emissão de carbono e em inovações para obter carne e energia limpas, e construir cidades sustentáveis, parar o desmatamento ou restaurar florestas que foram derrubadas.

As pessoas mais ricas — as que emitem carbono em maior quantidade — deveriam pagar mais. Qualquer esquema de precificação do carbono tem de ser elaborado de modo que essas pessoas paguem mais.

COMO NOS ADAPTAREMOS ÀS MUDANÇAS CLIMÁTICAS?

Os países mais pobres do mundo não têm praticamente nenhuma participação no agravamento das alterações climáticas. Não chegam a alcançar 0,01% das emissões do mundo até agora. Mesmo assim esses países sofrerão mais duramente as consequências da mudança climática e terão menos recursos para se adaptarem. Um calor insuportável torna-se tolerável quando podemos manter o ar-condicionado ligado o dia inteiro. Plantações podem ser mantidas quando se pode pagar pela irrigação. Você pode se proteger contra inundações quando tem recursos para investir em infraestrutura de defesa e para reparar os danos quando a água baixa. Por outro lado, quando você vive de maneira precária, um período de colheita ruim pode ser o último para você e sua família. Essa é a crueldade da mudança climática.

Temos de encontrar maneiras de nos adaptar às mudanças que estão por vir e às que já chegaram. Algumas pessoas argumentarão que focar na adaptação é uma distração para diminuir emissões. Isso não é verdade. Não há dúvida de que precisamos diminuir rapidamente as emissões de gases do efeito estufa no mundo. Contudo, por mais rápido que consigamos reduzir as emissões, alguma alteração climática é inevitável. Mesmo que consigamos por milagre manter as temperaturas até 1,5°C, ainda teremos de nos adaptar a um mundo mais quente do que é hoje. Para muitas pessoas espalhadas pelo mundo, ignorar isso não é uma opção.

NÃO É O FIM DO MUNDO

O último relatório do Painel Intergovernamental sobre Mudanças Climáticas (IPCC) sobre os impactos e a adaptação à mudança climática tem 3675 páginas.[50] Mesmo que não seja possível captar cada minúcia a respeito do modo como cada um dos países precisará se adaptar à mudança climática, existem alguns princípios básicos que são universais.

[1] Tirar as pessoas da pobreza

Essa é a ação mais importante que temos de fazer para a adaptação às mudanças climáticas. A pobreza torna as pessoas extremamente vulneráveis aos impactos da mudança climática. Na verdade, a pobreza as torna vulneráveis a praticamente *todo tipo* de crise. Quando uma pessoa vive à beira da linha da pobreza, ela está a apenas um escorregão de passar para baixo dela. E se essa pessoa já se encontra abaixo da linha da pobreza, vive o estresse constante de que o menor abalo signifique o fim da linha para ela. É uma situação definitivamente terrível para se estar, mas é a realidade para bilhões de pessoas.

Embora as mortes por desastres naturais tenham diminuído aproximadamente 90% no decorrer do século XX, acreditamos que a frequência e a intensidade dos desastres piorarão com a mudança climática. Como vimos, menos pessoas morrem em decorrência de desastres naturais porque descobrimos como nos proteger deles. Grande parte dessa resiliência tornou-se possível pela diminuição da pobreza. Agora somos capazes de prever eventos climáticos extremos, mas apenas com boas conexões de rede podemos alertar os países mundo afora para que as pessoas se preparem, com casas e infraestrutura que possam resistir a inundações e furacões.

[2] Aumentar a resistência das plantações contra secas, inundações e um mundo em aquecimento

Em minha opinião, o fator mais preocupante das mudanças climáticas é o impacto que elas podem ter na segurança alimentar. As plantações frequentemente se adaptam a certas condições climáticas. Quando essas condições se alteram, a resposta da plantação também se altera: ela pode ter resultados melhores, ou, como ocorre muitas vezes, pode ter resultados piores; e em alguns casos as colheitas podem colapsar. Temos aqui um grande potencial para desenvolver plantações mais resistentes a essas mudanças ou que se adaptem melhor ao novo clima que estamos criando. Sabemos que podemos fazer isso porque já fizemos no passado.

112

3. MUDANÇAS CLIMÁTICAS

Somos capazes de melhorar o rendimento das colheitas usando nutrientes, pesticidas e irrigação; mas somos também capazes de desenvolver variedades de sementes resistentes a doenças e pragas.

O melhoramento genético tem má reputação nos círculos ambientalistas, mas mostrou-se absolutamente fundamental para aumentar o rendimento das lavouras no mundo todo e poderia desempenhar um papel muito mais importante se desenvolvêssemos uma agricultura que funcionasse bem num clima em alteração. Isso não somente permitiria aos agricultores obter resultados bons e estáveis como também poderia significar uma diminuição do uso de fertilizantes e pesticidas. O que mais frustra na posição de se opor à engenharia genética é que (novamente) essa postura muitas vezes atinge mais duramente os pobres. Atinge aqueles que ficarão mais vulneráveis a um possível colapso da produção e no abastecimento de alimentos. Atrapalhar o esforço de buscar soluções que ajudariam a aliviar essas perdas é uma injustiça.

[3] Adaptar as condições de vida para lidar com um calor sufocante

Temperaturas extremas se tornarão surpreendentemente comuns. Uma série de medidas serão necessárias — desde os mais básicos conselhos de saúde pública, como refrescar-se, até o aumento da capacidade dos estabelecimentos de saúde — para tratar daqueles que forem mais afetados. Mais uma vez terei de voltar ao primeiro aspecto que apontei sobre a diminuição da pobreza: os que ficarão mais vulneráveis são aqueles que não podem pagar por um abrigo protegido nem ar-condicionado, e que não têm alternativa a não ser sair para trabalhar sob o calor extremo. No século XXI, todos deveriam ter acesso a ar-condicionado quando precisassem. Essa afirmação é controversa em debates sobre o meio ambiente, porque supõe demanda por mais energia. Mas mantenho esse ponto de vista. Queremos criar um futuro confortável para todos, mas virar assado sob um calor abrasador não pode ser parte disso.

Um dos principais pontos de discordância dos acordos internacionais sobre o clima foi a maneira de financiar os esforços de adaptação. Os países que tiveram menos responsabilidade na mudança climática e contam com parcos recursos são aqueles que necessitam de maior adaptação. Países ricos deveriam contribuir financeiramente para essa adaptação. Eles se comprometeram a fazer isso, mas não estão cumprindo bem a sua parte. Isso tem de mudar, e sem demora.

COISAS QUE DEVERIAM NOS PREOCUPAR MENOS

A reputação de ser uma pessoa que trabalha com dados climáticos te acompanha aonde quer que você vá. Quando se deparam com médicos em uma festa, as pessoas lhes perguntam sobre doenças que poderiam dar cabo da vida de todos. A mim fazem perguntas tais como "Isso é realmente ruim para o meio ambiente?" ou "O que é pior: Isso ou aquilo?". Essas perguntas muitas vezes estão no caminho certo para mostrar os comportamentos que emitem apenas gramas de CO_2.

Respondo a essas perguntas de bom grado, até porque já escarafunchei todos os dados relevantes. O livro *How Bad are Bananas? — The Carbon Footprint of Everything* [Bananas são muito poluidoras? A pegada de carbono de todas as coisas], de Mike Berners-Lee, era a minha bíblia; costumava levar esse livro comigo para onde quer que fosse.[51] Eu estava desesperada para compreender e extrair o melhor que pudesse de cada mínimo detalhe da minha pegada de carbono. Queria saber se deveria usar o secador de mão ou um papel-toalha. (A resposta para isso: o papel-toalha se fosse usar apenas uma folha, mas o secador se fosse usar duas.) É mais benéfico para o clima ler um livro ou assistir à televisão? (Ler um livro, sem sombra de dúvida). Devo usar a lava-louças ou lavar na pia? (A menos que você use água fria, ou água quente muito moderadamente, a lava-louças vence.)

Essas comparações são divertidas. Às vezes, porém, elas atrapalham mais do que ajudam. Tenho motivos para passar um bom tempo pensando nelas: esse é o meu trabalho. Mas as pessoas não deviam se estressar por cada pequena decisão que tomam. Isso pode ser opressivo. Lidar com as alterações climáticas parece ser um gigantesco sacrifício que passou a dominar a nossa vida. Se todas essas ações fizessem realmente diferença, então tudo bem. Mas elas não fazem diferença. É esforço mal-empregado, estresse a troco de nada, e às vezes até pode anular ações que de fato *importariam*. Existe um conceito denominado "licença moral": que é a artimanha psicológica de justificar determinado comportamento usando algum sacrifício feito como compensação. Assim, por exemplo, escolhemos comer o bife porque vamos reciclar o plástico que o embala. Ou percorrer a cidade de carro e não de bicicleta porque acionamos o "modo ecológico" da máquina de lavar.

Quando perguntamos às pessoas o que elas acham que podem fazer de mais eficaz para reduzirem a sua pegada de carbono, com frequência elas mencionam coisas que têm o menor impacto.[52] Reciclar, usar lâmpadas mais eficientes, não deixar a televisão em modo de espera ou pendurar a roupa lavada para secar.

3. MUDANÇAS CLIMÁTICAS

Geralmente elas se esquecem das ações realmente importantes: comer menos carne, trocar o carro convencional por um elétrico, pegar um voo a menos ou investir em energia de baixa emissão de carbono.[53]

Por esse motivo é importante compreender os dados. Não para ficarmos estressados pensando em quanto CO_2 emitimos assistindo à Netflix, mas para ajudarmos as pessoas a entenderem as poucas mudanças de comportamento que fazem *de fato* diferença.

Então, o que deve nos causar menos preocupação no que diz respeito às mudanças climáticas?

Sem obedecer a nenhuma ordem específica, eis aqui uma lista de ações que as pessoas costumam *pensar* que fazem uma grande diferença, mas na maioria das vezes têm impacto pequeno em sua pegada de carbono. Não há problema em continuar fazendo isso (eu mesma faço algumas dessas coisas), mas não se preocupe com elas e definitivamente não deixe de lado as ações que realmente importam para se ocupar das mais insignificantes.

- Reciclar as suas garrafas de plástico (ver capítulo 7);
- Substituir as lâmpadas antigas por lâmpadas de baixo consumo de energia;
- Parar de ver televisão, filmes no streaming ou de usar a internet;
- É indiferente se você lê no Kindle, livros de papel ou escuta um audiolivro;
- Não faz muita diferença se você lava a louça na lava-louças;
- Consumir alimentos da sua região (ver capítulo 5);
- Consumir alimentos orgânicos (isso pode ser *pior* para a pegada de carbono; veja o capítulo 5);
- Deixar o computador ou a televisão em modo de espera não faz muita diferença;
- Deixar o carregador do celular na tomada não tem muita importância;
- Sacola de plástico ou de papel. Na verdade, a sacola de plástico tem uma pegada de carbono menor, mas isso não importa muito.*

---

* Os dados indicados no gráfico da página seguinte combinam estimativas de redução de emissões de Wynes e Nicholas (2017) e dados de pesquisa de Ipsos (2021). Todas as estatísticas de redução de emissões provêm de Wynes e Nicholas, exceto as estimativas para a adoção de uma dieta à base de vegetais. Isso foi atualizado com dados de Poore e Nemecek (2018) — inclui a diminuição de emissões ocasionada pela mudança alimentar, bem como o carbono sequestrado decorrente da redução do uso de solos agrícolas (isto é, os custos da oportunidade do carbono da terra).

Uma das ações — ter um filho a menos — foi excluída do gráfico mostrado aqui. O motivo é que os dados subjacentes não levam em conta as mudanças na pegada de carbono das pessoas ao longo do tempo. É justo dizer que o meu filho não terá a mesma pegada que a minha: nas próximas décadas, à medida que descarbonizarmos com rapidez, as emissões de uma "pessoa" felizmente cairão de modo expressivo e com o tempo se aproximarão de zero.

NÃO É O FIM DO MUNDO

O QUE CONSIDERAMOS EFICAZ PARA REDUZIR A NOSSA PEGADA DE CARBONO GERALMENTE NÃO É

Ações como deixar de usar carro, consumir mais alimentos à base de vegetais, reduzir voos ou trocar o carro convencional por um elétrico são as mais eficazes para diminuir a nossa pegada pessoal de carbono.
Mas pesquisas envolvendo 21 mil adultos em 30 países mostraram que as pessoas acreditam que ações como reciclar e instalar lâmpadas de baixo consumo de energia estão entre as três mais eficazes.

4. DESMATAMENTO

A madeira vista pela perspectiva das árvores

> *A Floresta Amazônica — os pulmões que produzem 20% do oxigênio do nosso planeta — está em chamas.*
>
> Presidente Emmanuel Macron, 2019[1]

A Floresta Amazônica também é conhecida como os "pulmões da Terra". Emmanuel Macron não é o único a afirmar que ela produz 20% do oxigênio da Terra. Leonardo DiCaprio, Kamala Harris e Cristiano Ronaldo são apenas alguns dos que fazem afirmações semelhantes.[2, 3] Scott Kelly, ex-astronauta da Nasa, tuitou essa declaração acrescentando o comentário "Nós precisamos de O_2 para respirar!".[4]

Essas pessoas estão sugerindo que o desaparecimento da Amazônia é uma ameaça ao fornecimento de oxigênio do planeta. Quando se ouve falar da perda da Floresta Amazônica, essas afirmações se tornam assustadoras. Um artigo do *New York Times* assevera que "se uma parte significativa da floresta tropical for destruída e não puder ser recuperada, a área se transformará numa savana, que não armazena a mesma quantidade de carbono; isso significaria uma redução da 'capacidade pulmonar' do planeta".[5] Existem agora preocupações bastante reais de que a Amazônia tenha atingido um "ponto crítico". Mas não é preocupação a respeito de oxigênio. A Amazônia não fornece 20% do oxigênio do mundo. Em termos globais, não contribui com quase nada disso.

A Amazônia produz oxigênio em quantidades enormes. Durante a fotossíntese, ela absorve dióxido de carbono e emite O_2. Porém a estimativa de 20% é alta demais: ela está mais perto de 6 a 9%.[6, 7] Contudo, esses números são irrelevantes: a Amazônia produz muito oxigênio, mas também o consome muito. Durante a noite, quando não há sol para a fotossíntese, as árvores convertem açúcares em energia, usando oxigênio para alimentar o processo. As bactérias no solo da floresta também consomem oxigênio quando estão decompondo matéria orgânica caída das copas das árvores. A quantidade de oxigênio que a Amazônia *consome* é quase exatamente igual à quantidade que ela produz. Em outras palavras, esses movimentos se anulam e quase nenhum oxigênio é lançado na atmosfera.

Não se trata apenas da Amazônia. Nenhuma floresta ou vegetação do mundo acrescenta muito ao nosso suprimento de oxigênio. Como calculou o geólogo Shanan Peters: "Se tudo o que tem vida, com exceção dos humanos, queimasse, os níveis de oxigênio cairiam de 20,9% para 20,4%".[8] Além disso, seriam necessários milhões de anos para esvaziar o suprimento de oxigênio do planeta de maneira significativa. O oxigênio em nossa atmosfera veio de fitoplâncton nos oceanos, milhões de anos atrás. Antes disso, não havia nenhum oxigênio na atmosfera da Terra; os micro-organismos viviam anaerobicamente — isso significa que eles não precisavam de oxigênio — ou eram "extremófilos", que viviam em ambientes intensamente severos, alimentados por elementos como o enxofre. Cerca de 2,5 milhões de anos atrás, a Terra teve o seu "Grande Evento de Oxidação" no qual as cianobactérias — os primeiros organismos a realizarem fotossíntese — começaram a converter CO_2 em O_2. É daí que vem a maior parte do nosso oxigênio, e é muito difícil mudar de maneira significativa esse equilíbrio.

Mas isso não significa que não devemos tomar nenhuma medida. A Amazônia — e outras florestas tropicais — abriga alguns dos ecossistemas mais ricos em biodiversidade do planeta. Eles estão ameaçados. O desmatamento é também terrível para o clima, porque quando árvores são cortadas o carbono aprisionado por centenas ou milhares de anos é liberado. As coisas estão realmente ruins, e isso deveria nos encher de motivação para agir. Não precisamos lançar mão de manchetes enganosas para chamar a atenção, porque quando a verdade vem à tona, a confiança do público nos cientistas se desgasta, e também se desgasta a crença nas razões com as quais deveríamos nos importar.

E existem de fato razões para acreditarmos, com um otimismo cuidadoso, que podemos dar fim ao desmatamento. As manchetes que com frequência destacam os números de "20% do oxigênio do mundo" também comunicam que o desmatamento na Amazônia se encontra em nível histórico. Isso também não é verdade: os índices de desmatamento na Amazônia atingiram o pico no final dos anos 1990 e vêm caindo desde então.

4. DESMATAMENTO

COMO CHEGAMOS ATÉ AQUI

Os países ricos da atualidade perderam as suas florestas há muito tempo

A ameaça de perder as florestas foi real para muitos países. Mil anos atrás, metade da França estava ocupada por florestas. No século XIX, as florestas ocupavam apenas 13% do país. Nos anos 1000 a 1300, a população francesa dobrou de 8 milhões para 16 milhões de pessoas. Foi um período de paz — sem guerras para lutar, a população podia aumentar sem interrupção. Um país com mais pessoas necessita de mais comida, mais energia e mais materiais de construção. Isso significava cortar árvores para aquecer as casas e abrir espaço para terras de cultivo. Esse período foi descrito por alguns como a "grande aventura do interior da França". Metade das florestas do país foram derrubadas.

Depois, porém, a Europa foi atingida pela peste negra. Essa pandemia foi causada por uma bactéria disseminada por pulgas, mas também de pessoa para pessoa por meio de gotículas lançadas por tosse. Foi devastadoramente mortal. Quase metade do continente pereceu. A França foi terrivelmente castigada, e sua população caiu de 16 milhões para cerca de 10 milhões. Com menos pessoas, a França passou a precisar de menos alimentos, energia e recursos. Terras de cultivo foram abandonadas, e as florestas retornaram. A cobertura florestal quase dobrou novamente ao longo dos séculos XIV e XV. Essa regeneração das paisagens naturais foi comum na Europa toda depois da peste negra. Quando pesquisadores analisam amostras de pólen de florestas e pastos restaurados, eles observam uma grande queda no material vegetal de cereais e um retorno de outras vegetações.[9]

Essa restauração da floresta foi apenas temporária. Levou muitos séculos para acontecer, mas a população francesa acabou voltando aos seus níveis pré-peste e superando-os até. E a França se tornou uma potência mundial. A demanda por terra, energia e madeira rapidamente cresceu. Eles precisavam de navios para enviar a expedições a fim de estabelecerem seu poder. Ficar sem madeira era uma preocupação real. Nos idos de 1600, Luís XIV expressou esse receio: "A França perecerá por falta de madeira!".

Também era necessário alimentar a população. A produtividade das lavouras era apenas uma pequena parte do que é hoje em dia, e a única alternativa para cultivar mais alimentos era transformar as florestas em fazendas. O governo encorajou isso ativamente: nos anos 1700, depois de limpar o terreno, o agricultor recebia uma taxa de isenção de quinze anos. Por fim, a demanda por lenha também aumentou. Os centros urbanos se expandiam em toda a França. As pessoas precisavam de madeira para aquecer suas casas e alimentar as indústrias. E a floresta foi desaparecendo, hectare após hectare.

Do outro lado do Canal da Mancha, o mesmo acontecia na Grã-Bretanha. Mil anos atrás, as florestas ocupavam 20% da Escócia e 15% da Inglaterra.[10, 11] No século XIX, isso havia despencado para menos de 5% em ambas as regiões.[12, 13] As árvores estavam tombando do outro lado do Atlântico também. Quase metade dos Estados Unidos era ocupada por florestas no século XVII, mas dois séculos depois essa porção havia despencado para cerca de 30%.[14]

O DESAPARECIMENTO E O RESSURGIMENTO DAS FLORESTAS NOS PAÍSES RICOS
A porção de cada país que foi florestada.

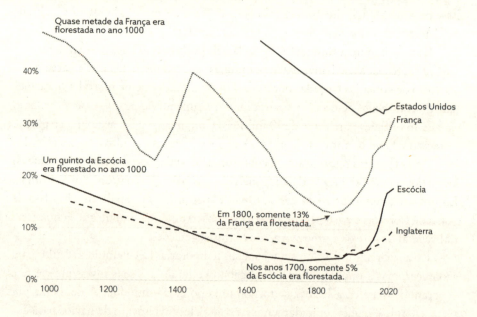

Se você vivesse na França ou na Inglaterra do século XVIII, talvez presumisse que esse declínio continuaria. Porém, quando tudo levava a crer que essas florestas desapareceriam totalmente, os países viraram a mesa.

Essa reviravolta não foi como o abalo depois da peste negra. Dessa vez, as florestas ressurgiram enquanto a população ainda crescia. Isso aconteceu por várias razões. Uma delas foi o início da transição para a agricultura produtiva. A intensificação da agricultura significava que o rendimento das colheitas começava a aumentar (ainda que lentamente). Os países adotaram culturas agrícolas mais produtivas — a França trocou o centeio por batatas, que podiam alimentar muito mais pessoas por hectare. E as políticas mudaram: em vez de estimular as pessoas a derrubarem florestas, os governos introduziram políticas rigorosas para o desmatamento e convenceram as populações rurais a abandonarem terras improdutivas.

E então teve início o boom do carvão. Em Paris, em 1815, o cidadão médio usava 1,8 m_3 de lenha por ano. Nos anos 1860 essa quantidade já havia caído para 0,45 m^3, e em 1900 para 0,2 m^3. A madeira estava saindo de cena para dar lugar ao carvão, a nova moda.

Essas mudanças significaram que os países ricos conseguiram separar o crescimento populacional — e econômico — do desmatamento. Essa trajetória é um padrão constante que ainda hoje observamos no mundo. Acompanha a passagem de um país de menos industrializado para mais industrializado. Desmatamento e desenvolvimento estão fortemente ligados quando um país é pobre, mas essa ligação acaba por se romper. Quando os países enriquecem o suficiente, as florestas ensaiam o seu retorno.

O mundo perdeu um terço das suas florestas desde a última idade do gelo

Contudo, devemos mostrar a verdade como ela é, sem suavizá-la. As coisas podem ter melhorado em muitos países na atualidade, mas o custo do desmatamento em termos globais foi gigantesco.

O mundo perdeu um terço das suas florestas desde o fim da última idade do gelo, há 10 mil anos.[15, 16] Essa é uma área que tem o dobro do tamanho dos Estados Unidos. Metade dessa floresta foi perdida antes de 1900. Ainda assim, o mundo perdeu uma inacreditável quantidade de floresta ao longo do último século também, principalmente em decorrência da expansão da agricultura. As áreas de plantio e de pastagens quase dobraram. Agora usamos para plantações muito mais a terra já adquirida do que a que resta nas florestas. A agricultura foi a força impulsionadora do desmatamento por um longo tempo, e hoje em dia ainda é. Em lugar nenhum esse padrão é mais evidente que no Brasil.

Jair Bolsonaro, ex-presidente do Brasil, muitas vezes criou uma cortina de fumaça com suas promessas de impedir o desmatamento. Na conferência internacional sobre o clima de 2021, em Glasgow — a cop 26 —, o governo Bolsonaro prometeu dar fim ao desmatamento ilegal até 2028, dois anos antes do prazo firmado anteriormente.

Quando outros países colocaram as suas decisões no papel, o mundo se alegrou. É no Brasil que a maior parte das florestas do mundo está sendo perdida.

Se conseguirmos deter o desmatamento nesse país, poderemos fazer isso em qualquer lugar. Na ocasião da conferência, Bolsonaro parecia um homem comprometido em dar fim ao desmatamento na Amazônia. Poucos meses mais tarde, ficou claro que o mundo não deveria ter sido ludibriado. O Instituto Nacional de Pesquisas Espaciais (Inpe) publicou os resultados mais recentes a respeito do desmatamento. As taxas de desmatamento em 2021 foram as mais altas em quinze anos.[17] Esse dado condenável e alarmante ganhou as manchetes. Isso aconteceu também em 2022. Não foi difícil imaginar que os índices de desmatamento global haviam atingido o seu ponto mais alto, tornando-se cada vez piores.

A HUMANIDADE DERRUBOU UM TERÇO DAS FLORESTAS DO MUNDO PARA A AGRICULTURA
A agricultura sempre foi o maior impulsionador do desmatamento. E até hoje ainda é.

Se observarmos com mais cuidado, porém, veremos que esse não é o quadro completo. O mundo vem derrubando muita floresta, disso não resta dúvida. E ainda estamos perdendo áreas verdes num ritmo preocupante. O Forestry Report de 2020 da ONU estima que, de 2010 a 2020, 110 milhões de hectares foram desmatados. Uma área com o dobro do tamanho da Espanha. O mundo recuperou cerca de 50 milhões de hectares de floresta; assim, a perda líquida de floresta foi de pouco mais de metade.

Contudo, os dados também sugerem que o desmatamento global caiu desde que atingiu seu pico nos anos 1980.

A ONU avalia o estado das florestas do mundo há mais de meio século. Seu levantamento de 2020 indica que os índices de desmatamento declinaram cerca de 26% desde a década de 1990. Relatórios anteriores sugerem que os índices eram ainda mais altos na década de 1980.

Agora, os números relacionados ao desmatamento não estão livres de controvérsia. Os pesquisadores não concordam nem mesmo sobre o que seja uma "floresta". Existem vários métodos para mensurar o desmatamento; nenhum deles é perfeito. Um método mais recente usa sensoriamento remoto e satélites. Em 2022, a ONU publicou uma avaliação completa utilizando sensoriamento remoto. Os resultados dessa avaliação estão alinhados com os seus relatórios anteriores sobre a queda dos índices globais de desmatamento.

O que torna as estimativas diferentes é que os métodos de satélite medem frequentemente a "perda de cobertura florestal". Isso não é o mesmo que desmatamento. O desmatamento é definido como a conversão *permanente* de floresta para outro emprego da terra, como pastagem, cultivo, cidades ou estradas. A perda de cobertura florestal inclui o desmatamento, mas também inclui as árvores temporariamente perdidas em decorrência de incêndio, agrofloresta ou a colheita periódica de plantações de madeira. Já que essas árvores voltarão a crescer, elas não entram na definição da ONU de "desmatamento". Não existem dados sólidos a longo prazo sobre perda de cobertura florestal, mas dados recentes mostram que os índices são ainda muito elevados e estão aumentando em algumas regiões.

De modo geral, os dados nos mostram que as taxas de desmatamento continuam inquietantemente altas. Tragicamente, quase toda essa perda acontece nos trópicos, onde a biodiversidade é maior. Mas o desmatamento *global* provavelmente alcançou o pico décadas atrás. E existem muitos exemplos — alguns deles veremos mais adiante — que mostram como os países *podem* reduzir enormemente o desmatamento desde que usem as ferramentas e as políticas certas.

ONDE ESTAMOS HOJE

Onde estamos perdendo e ganhando floresta hoje?

Acompanhar a história do desmatamento — e é uma história longa — nos permite entender a quantidade de floresta que perdemos, e por que os países derrubaram suas florestas. Temos de deter o desmatamento, e temos de fazer isso rápido. Perder florestas nos trópicos enquanto as recuperamos em países temperados não é suficiente. Perdemos muito quando colocamos abaixo essas florestas. Perdemos muito mais do que carbono. Quando derrubamos uma floresta tropical, perdemos o equilíbrio acumulado por ela durante séculos ou milênios. Florestas tropicais têm uma abundância de vida selvagem sem igual; restaurar esses ecossistemas levará um longo tempo, isso se for possível restaurá-los. Evitar o desmatamento de 1 hectare de floresta tropical é muito melhor do que *replantar* 1 hectare de floresta. Não é o mesmo que comprar créditos de carbono como compensação por seu voo de férias de verão.

Quando consideramos quais países estão perdendo floresta e quais estão ganhando, há uma clara separação. Países ricos tendem a recuperar suas florestas. Países de baixa e média renda estão perdendo as suas. Isso não é coincidência. A cobertura florestal segue a clássica curva em forma de U que também acompanha o desenvolvimento de um país. No âmbito do desmatamento, chamamos isso de modelagem de "transição florestal".[18, 19, 20]

Essa curva tem quatro etapas, que são definidas por apenas duas variáveis: quanta floresta um país possui e como isso muda de ano para ano.

Na etapa 1 — **a fase de Pré-Transição** — o país tem bastante floresta e não perde muito dela ao longo do tempo. O desmatamento pode não ser zero, mas encontra-se em um nível muito baixo.

Na etapa 2 — **a fase de Transição Inicial** – o país começa a perder florestas com muita rapidez. A cobertura florestal cai rapidamente, e a perda anual de florestas é elevada.

Na etapa 3 — **a fase de Transição Final** — o desmatamento começa a desacelerar novamente. Nessa etapa o país ainda está perdendo floresta, mas mais lentamente que antes. No fim dessa etapa, o país se aproxima do "ponto de transição".

Na etapa 4 — **a fase de Pós-Transição** – o país faz a transição de perder floresta para ganhá-la. As florestas começam a se regenerar naturalmente ou o país pode replantá-las. No início dessa fase talvez não tenha restado muita floresta no território, mas ela está ressurgindo. Com sorte, no final da etapa 4, o país terá não apenas recuperado uma parte da sua floresta como também estará próximo de níveis históricos de cobertura. Isso pode até merecer toda uma etapa: a Etapa 5.

Da Inglaterra e da França até os Estados Unidos e a Coreia do Sul, os países seguiram esse padrão em forma de U, que é bastante previsível. Mas por que — e como — isso está ligado ao desenvolvimento econômico? Pensemos nos motivos que levam as pessoas a cortarem árvores. Elas estão em busca de madeira — para energia, construção, barcos ou papel — ou então querem a terra para cultivar alimentos. Quando os países superam o entrave do pouco crescimento populacional

4. DESMATAMENTO

ou econômico, aumenta a sua demanda por madeira e terra. Precisamos de mais lenha para cozinhar, de mais casas para morar e, sobretudo, de mais alimentos. É nesse ponto que os países começam a transição da Etapa 1 para a Etapa 2. Eles começam a derrubar florestas, e num ritmo cada vez mais veloz enquanto a demanda continua a crescer.

Mas essa demanda perde fôlego à medida que os países enriquecem. Em vez de usar madeira para combustível, passa-se a usar combustíveis fósseis (ou agora, felizmente, mais fontes renováveis e energia nuclear). A produtividade dos cultivos aumenta, e por isso menos terra para a agricultura é necessária. É nesse ponto que um país ingressa na Etapa 3 — o desmatamento desacelera consideravelmente. Por fim, o país alcança um estágio de desenvolvimento no qual o desmatamento chega ao fim. A agricultura é muito produtiva, o crescimento populacional é lento, ninguém quer queimar madeira para obter combustível e encontramos outros materiais para construir coisas. E os países alcançam a Etapa 4 — o ponto no qual as florestas ressurgem.

A maior parte dos países de baixa e média renda encontra-se em regiões tropicais e subtropicais, por isso 95% do desmatamento no mundo ocorre nos trópicos.[21] Essa notícia não é boa. As florestas tropicais abrigam alguns dos mais ricos e diversificados ecossistemas do planeta. Nelas habitam mais da metade das espécies do mundo.[22] Essas florestas também armazenam muito carbono; derrubá-las é terrível para a mudança climática.[23]

Não resta a menor dúvida: precisamos fazer parar o desmatamento nos trópicos. Tendo em vista que as florestas seguem a trilha de desenvolvimento dos países, isso deve acontecer por si só se simplesmente relaxarmos e deixarmos que as coisas aconteçam. Os países enriquecerão e acabarão chegando à Etapa 4. Mas isso vai levar tempo demais. Não seremos capazes de enfrentar a mudança climática, e perderemos vida selvagem em demasia no processo. Seria trágico se os países de baixa e média renda seguissem o mesmo caminho que os países industrializados.

A boa notícia é que eles não precisam fazer isso. Eles não se encontram na posição em que estava a Grã-Bretanha dois séculos atrás. Contamos com tecnologias que nos ajudam a tornar produtiva a agricultura. Temos instituições que podem impor políticas e regulamentos. Temos satélites para nos ajudar a rastrear e monitorar desmatamentos mundo afora. Temos alternativas ao uso da madeira para obter energia. E temos uns aos outros: uma rede internacional de colaboradores para compartilhar conhecimento.

Precisamos ajudar os países de baixa renda a realizarem rapidamente essa transição. Ou, melhor ainda, a pularem as etapas 2 e 3 completamente. Temos as ferramentas para fazer isso. Resta saber se estamos motivados o suficiente para usá-las.

Quanto da Amazônia já perdemos e quanto estamos perdendo em ritmo recorde?

A floresta tropical da Amazônia corresponde a 14% da floresta total do mundo, mas domina uma parcela muito maior do debate global. As pessoas acompanham o que acontece na Amazônia e tiram conclusões precipitadas.

Mas com tantas manchetes despejando informação sobre o assunto, é difícil ter uma perspectiva verdadeira sobre o que está acontecendo. Quanto da Amazônia foi derrubado? Quanto ainda resta? Os índices de desmatamento atingiram realmente um recorde histórico?

A Bacia Amazônica tem 7 milhões de quilômetros quadrados — uma área do tamanho da Austrália. A floresta propriamente dita tem 5,5 milhões de quilômetros quadrados — uma área 23 vezes maior que o Reino Unido. Cerca de 60% dela está no Brasil, e o restante se estende por outros países da América do Sul.

A maior parte do desmatamento ocorreu no Brasil, principalmente nas últimas três décadas do século xx; desse modo podemos usar o ano de 1970 como real ponto de partida para o desmatamento. Antes de 1970, a Amazônia brasileira se estendia por 4,1 milhões de quilômetros quadrados; hoje ela se estende por 3,3 milhões de quilômetros quadrados. Isso significa que perdemos cerca de 20% da Amazônia brasileira. As taxas de desmatamento foram um pouco menores nos países vizinhos; assim sendo, perdemos cerca de 11% da Amazônia como um todo.[24]

E quanto da floresta ainda estamos perdendo? Enquanto as taxas de desmatamento *global* alcançaram o seu pico na década de 1980, na Amazônia essas taxas continuaram subindo nos anos 1990 e no início dos anos 2000; na verdade elas dobraram de 15 mil quilômetros quadrados por ano para quase 30 mil quilômetros quadrados em apenas uma década. Quando Lula se tornou presidente do Brasil em 2003, ele prometeu mudar as coisas. E cumpriu. No final do seu mandato, em 2010, ele havia reduzido os índices de desmatamento em 80%, de 25 mil para 5 mil quilômetros quadrados. Nos anos seguintes, as taxas se estabilizaram e então começaram a subir novamente, porém sem se aproximarem dos níveis em que se encontravam no início do século xxi.

Atualmente, os índices de desmatamento na Amazônia caíram para menos da metade do que eram no início da década de 2000. Porém ainda são índices acima do dobro do que foram em seu ponto mais baixo. Isso esclarece algumas coisas. Em primeiro lugar, superamos o pico do desmatamento da Amazônia. As manchetes sobre as máximas históricas estavam erradas. Apesar de um aumento nas taxas nos últimos anos, muito menos área da Amazônia foi devastada do que no passado. Em segundo lugar, podem acontecer avanços rapidamente. O Brasil conseguiu reduzir o desmatamento em 80% em apenas sete anos no governo Lula. Em outubro de 2022, ele foi reeleito como presidente do Brasil. Isso deveria nos dar esperança. Aqueles que acham impossível acabar com o desmatamento até 2030 não perceberam quão rápido as coisas podem mudar. Em terceiro lugar, as coisas não mudarão sozinhas se as medidas necessárias não forem tomadas. Se formos complacentes, retrocederemos rapidamente ao ponto em que estávamos.

O DESMATAMENTO NA AMAZÔNIA BRASILEIRA ATINGIU O PICO NO INÍCIO DA DÉCADA DE 2000
Os índices de desmatamento são medidos em quilômetros quadrados (km²).

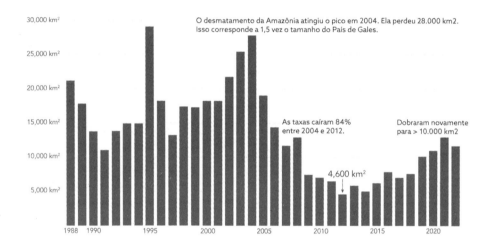

O que motiva o desmatamento?

"A Ben & Jerry's não produz nenhum sorvete que contenha óleo de palma", lê-se em um banner no topo do site da fabricante de sorvete.[25]

Em 2017, a empresa eliminou os últimos deliciosos pedaços que ainda continham o ingrediente. Ela foi elogiada por seu compromisso com a sustentabilidade. Os clientes que haviam boicotado a marca encheram seus freezers de Cookie Dough novamente. Golpe publicitário ou não, é óbvio o motivo pelo qual eles quiseram desvincular o seu produto do óleo de palma. Todos odeiam óleo de palma. Ele se tornou o veneno da indústria alimentar.

Há alguns anos eu também odiava sinceramente o óleo de palma. Era 2018, e tinha início o concurso de anúncios da Great British Christmas TV. Qual das

NÃO É O FIM DO MUNDO

grandes marcas levaria o país às lágrimas e venceria? Bem, naquele ano o anúncio da Iceland* foi produzido pelo Greenpeace. No desenho animado do anúncio, uma garota se vê com um orangotango se balançando de um lado para o outro em seu quarto. Está causando estragos, jogando fora o seu chocolate e chorando por causa do seu xampu. "Tem um orangotango na minha cama, e não o quero aqui. Então eu lhe pedi que se comportasse e fosse embora", narra a atriz Emma Thompson.

A cena então corta para a floresta. "Há um humano na minha floresta, e eu não sei o que fazer. Vocês destruíram todas as nossas árvores por causa da sua comida e do seu xampu... O humano levou a minha mãe, e eu tenho medo de que me pegue também. Há humanos na minha floresta, e eu não sei o que fazer. Estão pondo fogo lá por causa do óleo de palma, então eu pensei em ficar aqui com você", diz o animal à garotinha. Então, no final do vídeo, a Iceland anuncia que eliminará o óleo de palma de todos os produtos da sua marca.

A propaganda jamais chegou de fato à televisão. Foi banida pelas agências regulatórias por ser política demais. Perfeito. Justo o que a Iceland precisava para que se tornasse viral na internet. O que desencadeia mais indignação do que um anúncio *banido* por ter cunho político? Fiquei furiosa.

Sustentei essa opinião por vários anos. Quando as pessoas me pediam recomendações para se levar uma vida sustentável, uma das minhas principais dicas era eliminar o óleo de palma. Eu torcia pelas Ben & Jerry's do mundo.

Então, no meu trabalho na Our World in Data, chegou o momento de cuidar do nosso grande projeto de desmatamento. A ideia era abarcar todo o cenário global: quanta floresta havia sido derrubada, de que lugar, o que levou ao desmatamento e o que podemos fazer a respeito. Eu sabia que o óleo de palma seria um problema sério a enfrentar. Até me perguntava se a história moderna do desmatamento não tinha o óleo de palma como principal protagonista. Comecei mergulhando no trabalho de pesquisa.

Li inúmeros artigos científicos e documentos sobre a elaboração de políticas. Eu acreditava que a mensagem dos especialistas seria clara: o óleo de palma é um dos principais impulsionadores do desmatamento, e temos que barrar seu curso. Eu esperava que um boicote fosse recomendado. E não havia nenhum. Na verdade, a avaliação a respeito era que boicotar o óleo de palma era uma péssima ideia. Se isso fosse feito, nós pioraríamos o desmatamento da floresta tropical, justamente o contrário do que buscávamos.

_____

* Iceland é uma cadeia de supermercados do Reino Unido.

128

4. DESMATAMENTO

Quanto mais eu lia, pior me sentia. Eu havia me enganado a respeito da situação. Óleo de palma, desmatamento e alimentos são problemas complexos, e eu tinha me deixado levar pelas mensagens simplistas que apelavam às minhas emoções. Quando nos confrontamos com um problema desses, é tentador eleger um vilão: "Você é o problema, então nos livraremos de você para que tudo se resolva". E o óleo de palma se encaixava perfeitamente no papel de vilão.

Voltemos ao assunto emotivo e complexo do óleo de palma. Os orangotangos estão mesmo perdendo a sua floresta graças ao óleo de palma? O anúncio da Iceland estava correto? Sim e não.

A Indonésia e a Malásia produzem cerca de 85% do óleo de palma do mundo. É inegável que ambos os países derrubam suas florestas para abrir espaço para as suas plantações de palma. Mas *quanto* dessas florestas foi derrubado não está claro o suficiente. A União Internacional para a Conservação da Natureza (UICN) formou uma força-tarefa para avaliar os impactos do óleo de palma no meio ambiente e na biodiversidade, e o que podemos fazer para abrandar esses impactos.[26] A força-tarefa estimou que a perda global de árvores impulsionada pelo óleo de palma varia de 0,2% a 2%. Quando consideramos a quantidade de florestas primárias do mundo — que são as florestas antigas e diversificadas que não foram derrubadas em tempos recentes —, a estimativa é de 6% a 10%.

É muita floresta — são muitas casas de orangotangos — colocada abaixo. Em nível global, contudo, o óleo de palma não é expressivamente pior do que muitos outros impulsionadores do desmatamento. E na Indonésia e na Malásia especificamente? O óleo de palma foi o maior fator impulsionador do desmatamento na Indonésia na primeira década do século XXI, o óleo foi responsável por um quarto dele.[27] Mas a sua contribuição para o desmatamento vem diminuindo, e nos últimos anos ele na verdade foi um dos menores impulsionadores.

O que torna difícil conferir um número palpável do desmatamento por óleo de palma é saber se consideramos apenas as plantações de palma que substituíram imediatamente as florestas existentes ou se incluímos plantações que substituíram florestas que já haviam sido desmatadas para a exploração de madeira e de papel. Em um artigo na *Nature*, pesquisadores usaram imagens de satélite para avaliarem que tipos de terra as plantações de óleo de palma haviam substituído na região de Bornéu na Indonésia e na Malásia.[28] Eles descobriram que três quartos das plantações de óleo de palma estavam sendo cultivadas na terra que havia sido reflorestada nos anos 1970. Mas três quartos das plantações de óleo de palma eram cultivados na terra onde a floresta já havia sido cortada para a produção da indústria de papel e celulose. Somente um quarto das plantações de óleo de palma substituíram áreas de floresta virgem.

Sendo assim, não sabemos ao certo quanto desmatamento foi causado pelo óleo de palma. Foi um desmatamento considerável, sem dúvida. Muito menor, porém, que o desmatamento gerado por outros produtos, como por exemplo a carne bovina. Contudo, foi responsável pela trágica perda de florestas, e devemos fazer algo a esse respeito. Nossa reação instintiva muitas vezes é eliminar um produto completamente. Foi o que fez a Ben & Jerry's. A maioria dos consumidores quer marcas que sigam esse exemplo. Mas isso não resolverá o problema. Na verdade, pode até piorá-lo. Se você eliminar o óleo de palma, acabará o substituindo por outro óleo. E a maioria das alternativas não é melhor.

Antes de falarmos sobre a sustentabilidade *ambiental* de alimentos como o óleo de palma, mencionarei algumas preocupações a respeito dos seus impactos sobre a saúde. Houve recentemente uma reação negativa aos "óleos de semente", expressão genérica para óleos vegetais refinados tais como os de soja, canola, milho, girassol, colza e palma. Críticos argumentaram que esses óleos são ruins para a nossa saúde, pois causariam diabetes, doenças cardíacas e outros males. Eles afirmam que deveríamos substituí-los por óleo de coco, óleo de abacate ou óleo de oliva.

Não encontrei nenhuma evidência confiável que respaldasse isso. O argumento de que os óleos de sementes são nocivos se baseia no fato de que eles contêm grande quantidade de ômega 6, que as pessoas supõem que esteja associado a processos inflamatórios.* Muitos estudos, porém, mostram o contrário: que o consumo elevado de ômega 6 está associado a um risco *menor* de doenças. Pesquisadores da Universidade de Harvard se posicionaram vigorosamente contra essa repercussão negativa.[29] Uma meta-análise compreendendo trinta estudos revelou que o ômega 6 *diminuía* o risco de doença cardíaca: pessoas com mais ômega 6 em sua corrente sanguínea eram 7% menos propensas a desenvolver doença cardíaca.[30] Outro estudo acompanhou cerca de 2500 homens por 22 anos em média, e

---

* Todos os óleos contêm alguma combinação de gorduras poli-insaturadas, monoinsaturadas e saturadas. Algumas pessoas acreditam que os óleos de sementes são prejudiciais a nós porque contêm muito ômega 6, um tipo de gordura poli-insaturada. Um tipo de ômega 6 é chamado de "ácido linoleico", que as pessoas afirmam que causa inflamação crônica. Na verdade, o ácido linoleico propriamente dito não é inflamatório, mas o corpo o converte em "ácido araquidônico", um elemento essencial para componentes inflamatórios.

É improvável que tenha esse efeito em humanos. Somente uma pequena quantidade de ácido linoleico — 0,2% — se transforma em ácido araquidônico. Mas nem tudo isso causa inflamação. E o ácido araquidônico é um composto complicado: tem também efeitos *anti-inflamatórios*. Alguns estudos com ratos indicaram que o ácido linoleico causa inflamação, porém o efeito oposto foi constatado em humanos: ele pode diminuir a inflamação, protegendo contra doenças.

O ácido linoleico é um aminoácido essencial, o que significa que o corpo humano não o produz. Precisamos consumi-lo. É importante por diversas razões, entre as quais a produção de membrana celular e a saúde da pele. O argumento de que devemos eliminar completamente os óleos de sementes — e o ácido linoleico — da nossa dieta não é até o momento sustentado por evidências.

4. DESMATAMENTO

constatou que aqueles com níveis maiores de ômega 6 no sangue tinham um risco muito menor de morrerem de qualquer doença. Estudos mostram que eles diminuem o colesterol e o açúcar no sangue.[31] A American Heart Foundation [Associação Americana do Coração] descobriu que obter de 5% a 10% de calorias do ômega 6 reduz o risco de doença cardíaca.[32] Isso não significa que devemos consumir óleos de sementes em excesso. Nem significa que as alternativas, como o azeite de oliva, não tragam também enormes benefícios à saúde. Mas não estou preocupada em consumir óleos de sementes por razões de saúde.

Voltemos às referências ambientais. A palma é uma planta insanamente produtiva. Por esse motivo alcançou tanto sucesso. O seu rendimento é inacreditavelmente elevado — muito mais elevado que o de qualquer uma das alternativas. Um hectare de palma proporciona 2,8 toneladas de óleo. A oliveira proporciona 0,3 tonelada. O coqueiro, 0,26 tonelada — dez vezes menos. Pés de amendoim, apenas 0,18 tonelada.*

Pense no que isso significa. Se boicotássemos o óleo de palma e o substituíssemos por uma dessas alternativas, precisaríamos de muito mais terra cultivável. Se todas as empresas decidissem seguir o exemplo da Ben & Jerry's e passassem a usar óleo de coco ou de soja em vez de óleo de palma, teríamos de reservar de cinco a dez vezes mais terras para cultivo de oleaginosas. De onde viria toda essa terra? O coqueiro é uma planta tropical. Para que isso acontecesse, habitats tropicais teriam de ser sacrificados. Essa não me parece uma solução sustentável. Soa mais como um desastre.

Eis outro exercício mental para irmos mais a fundo na questão. De quanta terra o mundo precisaria para produzir todo o óleo vegetal de qualquer uma das plantas que mencionamos? Usamos atualmente 322 milhões de hectares para cultivar oleaginosas. É uma área do tamanho da Índia. Se tudo isso fosse para a obtenção de óleo de palma, necessitaríamos de apenas 77 milhões de hectares — quatro vezes menos. Deixaríamos de ocupar muita terra. Por outro lado, se quiséssemos obter óleo de soja de toda essa terra, precisaríamos de *mais* terra: 490 milhões de hectares. Já para o azeite de oliva precisaríamos usar o dobro de terra que usamos atualmente — cerca de 660 milhões de hectares. Duas Índias. Mais uma vez, talvez conseguíssemos usar um pouco menos de terra se *todas* essas culturas se destinassem à produção de óleo, mas ainda precisaríamos de *muito* mais terra do que se usássemos óleo de palma.

---

* Essa informação se baseia em dados sobre a produção de óleo e o uso da terra da Organização para Alimentação e Agricultura da onu [fao, sigla para Food and Agriculture Organization] afetados pela quantidade dessas culturas utilizada para óleo *versus* outros coprodutos (como sementes ou cocos). Já vi outras estimativas de mais de 3,5 toneladas para palma e 0,7 tonelada para coqueiro. Do mesmo modo, os rendimentos poderiam ser mais elevados se os cultivos fossem feitos principalmente para a produção de óleo, mas nenhum nem sequer se aproxima dos rendimentos da palma.

O ÓLEO DE PALMA É MUITO MAIS PRODUTIVO QUE OUTRAS CULTURAS DE OLEAGINOSAS
A quantidade de óleo vegetal que obtemos de 1 hectare de terra.

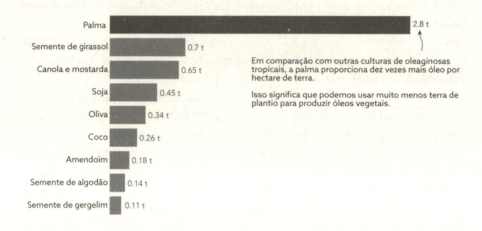

Em uma pesquisa de consumo em larga escala feita no Reino Unido, o óleo de palma foi considerado o menos ecológico dos óleos vegetais:[33] 41% das pessoas acreditavam que o óleo de palma era "desfavorável ao meio ambiente", em comparação com 15% de pessoas para o óleo de soja, 9% para o óleo de canola, 5% para o óleo de girassol e 2% para o óleo de oliva. Contudo, apesar de todos os seus defeitos, o óleo de palma é na verdade uma cultura que preserva a terra, pelo menos em um mundo que demanda quantidades enormes de óleo vegetal. Sua reputação é ruim, mas ele é certamente o melhor de um grupo ruim.

O desmatamento está quase totalmente associado à agropecuária e à agroindústria: aproximadamente três quartos do desmatamento são impulsionados pela conversão das florestas primárias para a agricultura ou plantações das indústrias de papel e celulose. O maior impulsionador, com larga vantagem, é a carne bovina.[34] O desflorestamento para abrir espaço para o gado pastar responde por mais de 40% do desmatamento global.[35] É na América do Sul que ocorre a maior parte dessa destruição. Na verdade, a produção brasileira de carne bovina é responsável sozinha por um quarto do desmatamento global.

A cultura de oleaginosas ocupa o segundo lugar entre os maiores responsáveis pelo desmatamento. Essa categoria abarca uma ampla gama de culturas, mas é dominada por duas: óleo de soja e óleo de palma. Contudo, as taxas de desmatamento

4. DESMATAMENTO

para as duas caíram rapidamente ao longo da última década, o que pode ser um sinal de que as políticas do mundo estão fazendo a diferença.[36, 37]

A expansão das indústrias de papel e celulose são outro grande impulsionador do desmatamento. As plantações de árvores se expandiram com rapidez, sobretudo na Ásia e na América do Sul. No Reino Unido, plantamos uma grande quantidade de árvores para depois cortá-las a fim de obter madeira ou produzir papel. Essas árvores são frequentemente plantadas em terras não florestais — ou, mais especificamente, terras que foram florestas séculos atrás, mas que já não são floresta faz algum tempo. Essas plantações são sustentáveis num certo sentido. Elas absorvem gás carbônico da atmosfera quando crescem, perdem algum quando são cortadas, mas voltam a absorvê-lo quando são replantadas. O mesmo não acontece na Indonésia, onde *florestas tropicais primárias e antigas* são derrubadas para dar espaço a plantações, ato que provoca a liberação de muito mais carbono e destrói ecossistemas que haviam se formado ao longo de séculos ou mais.

QUAIS SÃO OS IMPULSIONADORES DO DESMATAMENTO TROPICAL?
A maior parte do desmatamento global ocorre nos trópicos.
O gráfico mostra os impulsionadores da conversão da floresta primária no período de 2005 a 2013.

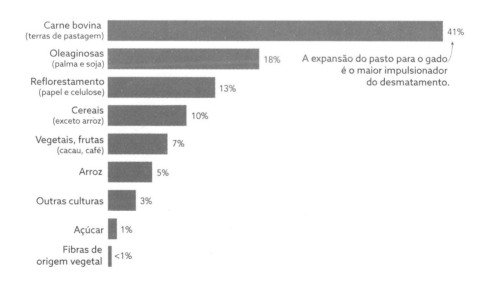

Por fim, amontoadas na parte de baixo da lista dos responsáveis pelo desmatamento, temos diferentes plantações. Culturas como cereais, café, cacau e borracha. Muitas delas — como o milho ou o trigo — são produtos de primeira necessidade dos quais os países dependem para se alimentarem. O desafio que muitos países de baixa renda enfrentam — sobretudo na África Subsaariana — é que a produção das suas lavouras é baixa demais. Por esse motivo melhorar o rendimento dos cultivos é tão importante para o planeta, e também para a população.

Quanto desmatamento é causado pelo comércio?

Se os países ricos estiverem recuperando as suas florestas e os países de baixa e média renda derrubando as suas, então os ricos estarão isentos de culpa? Não é bem assim. O desmatamento não acontece apenas em âmbito doméstico. Os países também são culpados quando importam comida de outros países mais pobres.

Isso se assemelha ao conceito de "terceirização de emissões" que vimos no capítulo anterior. Estudos investigaram quanto desmatamento pode ser atribuído aos alimentos que um país importa.[38] É difícil fazer essa análise sem acompanhar de perto os alimentos ao longo da cadeia de suprimentos (o que as empresas deveriam fazer muito mais). Mas os dados de que dispomos são surpreendentes. Eles sugerem que a maior parte do desmatamento no mundo é impulsionada pela demanda por mercados domésticos. Cerca de 71% deles. A carne bovina — mais uma vez — é a maior culpada aqui, já que é consumida frequentemente perto de casa. Muito mais soja, palma, cacau e café são consumidos internacionalmente. De modo geral, pouco menos de um terço (29%) do desmatamento acontece para a produção de mercadorias que serão depois negociadas. Essa descoberta me surpreendeu: eu pensava que o comércio global tivesse uma responsabilidade maior no desmatamento.

Os países ricos não são os únicos a importarem alimentos, mas respondem por aproximadamente 40% do desmatamento para fins de importação. Desse modo, se fizermos as contas, veremos que os países ricos são responsáveis por 12% do atual desmatamento no mundo por meio dos produtos que compram.*

Consumidores ricos que mudam seus hábitos de compra certamente ajudarão, mas não vão *acabar* com o desmatamento global. Isso vai contra a mensagem

---

* Podemos calcular isso como 40% (contribuição dos países ricos) de 29% (parcela do desmatamento proveniente de bens comercializados). Isso é 12%.

4. DESMATAMENTO

que com frequência a mídia veicula. "Se os países ricos simplesmente produzissem o seu alimento localmente, isso não seria um problema." Como se as coisas fossem tão fáceis assim.

COMO DAR FIM AO DESMATAMENTO GLOBAL

Políticas de desmatamento zero, não boicotes

A Ben & Jerry's não está sozinha no seu boicote ao óleo de palma. Muitas outras empresas, e consumidores, estão fazendo o mesmo. Mas a mensagem dos especialistas é clara: eliminar totalmente o óleo de palma seria um grande erro. Como já vimos anteriormente, se fôssemos substituir o óleo de palma por qualquer outro precisaríamos usar muito mais terra e correr o risco de causar ainda mais desmatamento. Mas não devemos aceitar que o desmatamento para produzir óleo de palma seja inevitável. Podemos usar os benefícios da sua alta produtividade e ao mesmo tempo proteger as florestas dos orangotangos. Com boicotes não conseguiremos. O que podemos fazer em vez disso?

A principal recomendação dos especialistas é que nos asseguremos de que estamos comprando óleo de palma certificado como sustentável, mesmo que isso signifique ter de pagar um pouco mais por ele. O sistema de certificação mais reconhecido é o Roundtable on Sustainable Palm Oil (RSPO) [Mesa-Redonda sobre Óleo de Palma Sustentável]. Fornecedores que foram certificados fazem avaliações de impacto, gerenciam e protegem áreas de biodiversidade de alto valor, não desmatam floresta primária e evitam limpar terrenos por meio de queimada. Os fornecedores podem ser certificados somente quando as suas plantações não substituem florestas primárias ou áreas ricas em biodiversidade.

Estudos mostram que o sistema RSPO vem obtendo êxito na redução do desmatamento na Indonésia.[39] Para acabar totalmente com ele, porém, ainda temos um longo caminho pela frente. Somente 19% da produção do óleo de palma é coberta pelo RSPO. Para ter um impacto real e permanente, a certificação necessita cobrir um número muito maior de produtores. É por isso que os consumidores — isto é, você e eu — precisam exigir um óleo de palma sustentável. Isso pressiona as empresas de alimentos e de cosméticos. Isso premia os produtores mais sustentáveis e incentiva outros a mudarem suas práticas a fim de se tornarem certificados também. Mas a nossa pressão deve ir além. Sem dúvida é melhor ter os padrões do RSPO do que não ter padrão nenhum, mas os padrões do RSPO não são perfeitos. Há vários exemplos de negligência da parte do RSPO, por isso, se queremos acabar totalmente com o desmatamento, precisamos não apenas ter todos os cultivos protegidos por essas certificações como também tornar as regras mais rígidas.

O óleo de palma pode ser uma boa escolha para muitos dos alimentos que compramos. Mas em algumas poucas áreas o melhor a fazer seria eliminá-lo. Ele é usado em aplicações industriais desde xampus até cosméticos, e substituí-lo nesses casos por óleos sintéticos — óleos produzidos em laboratório — pode nos dar o que precisamos com um impacto muito menor.

O óleo de palma também é usado em biocombustíveis para transporte. Aqui devemos eliminá-lo por completo. Globalmente, colocamos pequenas quantidades de óleo de palma em bioenergia. Somente 5% da produção. Mas em alguns países — geralmente países ricos — a bioenergia utiliza muito óleo de palma. A Alemanha é um exemplo: 41% do que o país importa em palma vão para a bioenergia. Isso é mais do que o país importa em produtos alimentícios. Isso é absolutamente estúpido, e é terrível para o meio ambiente. Vamos falar claramente: a Alemanha importa óleo de palma de uma área em alto risco de desmatamento tropical para colocar em *carros*. Mais ultrajante ainda é que isso conta como uma ação positiva para a sua meta de "energia renovável". Na verdade, o biodiesel de óleo de palma resulta em mais emissões de carbono do que a gasolina ou o diesel.[40] Nesse caso, um boicote é sem dúvida justificável.

Por fim, e talvez mais simplesmente, poderíamos consumir menos óleo de modo geral: isso não apenas reduziria a nossa demanda por óleo de palma como também nos faria parar de buscar mais alternativas ávidas por terra.

Comer menos carne — principalmente carne bovina

Se você for fã de cheeseburguer, a má notícia é que a carne bovina não é vista com bons olhos neste livro. A razão disso é que os impactos da carne bovina são vastos e envolvem muitos problemas relacionados. A carne bovina é o maior impulsionador do desmatamento global. Sendo assim, a maneira mais óbvia de reduzir o desmatamento é comer menos carne.

Criar gado é uma operação que consome muitos recursos para produzir alimento. O gado precisa de muita comida e água, emite gases do efeito estufa em grandes quantidades e necessita de muita terra. No que diz respeito à quantidade de terra necessária para produzir um quilo de alimento, a carne bovina e a carne de carneiro estão quilômetros à frente de qualquer outro alimento. O mesmo ocorre quando comparamos alimentos com base em gramas de proteína ou calorias. Para

4. DESMATAMENTO

produzir cem gramas de proteína de carne bovina, precisamos de 164 metros quadrados de terra agrícola. Isso é muito mais do que outras carnes. Para a carne de porco são necessários somente 11 metros quadrados — quinze vezes menos. Para a carne de frango, 7 metros quadrados. E a carne bovina necessita de quase cem vezes mais terra do que as proteínas de origem vegetal, como o tofu (soja) ou o feijão.

USO DA TERRA POR 100 GRAMAS DE PROTEÍNA

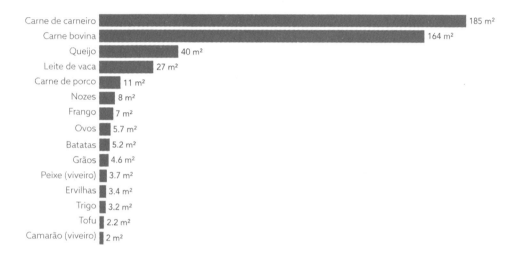

Carne de carneiro	185 m²
Carne bovina	164 m²
Queijo	40 m²
Leite de vaca	27 m²
Carne de porco	11 m²
Nozes	8 m²
Frango	7 m²
Ovos	5.7 m²
Batatas	5.2 m²
Grãos	4.6 m²
Peixe (viveiro)	3.7 m²
Ervilhas	3.4 m²
Trigo	3.2 m²
Tofu	2.2 m²
Camarão (viveiro)	2 m²

Quando digo às pessoas que comer menos carne reduzirá o desmatamento, dois contra-argumentos sempre surgem. O primeiro é que cerca de dois terços da terra em que o gado pasta não são adequados para o cultivo. Por isso, dizem essas pessoas, é melhor usar essa terra para o gado do que tentar usá-la para plantar. Mas essa não é a nossa única alternativa: podemos simplesmente deixar que essa terra seja uma floresta, campo ou outra área selvagem.

Globalmente, não precisamos dessas terras para a produção de alimento. Como será mostrado no capítulo seguinte, se o mundo consumisse menos carne, precisaria na verdade de *menos* terra de cultivo do que costuma usar atualmente. Muitas das plantações se destinam a alimentar animais, se reduzíssemos o nosso consumo de carne, poderíamos usar essa terra para cultivar alimentos para humanos, e poderíamos deixar mais terra para a natureza.

O segundo contra-argumento é que nem toda carne bovina é produzida da mesma maneira. Um grande número de pessoas argumenta que a *sua* carne bovina de origem local é muito melhor que a média porque ela vem de bovinos criados em grandes pastos abertos. Isso é mesmo verdade: parte da produção de carne bovina necessita de muito mais terra do que a média global, e parte necessita de muito menos terra. A carne produzida na América do Sul, por exemplo, demanda *muita* terra.[41, 42] Trata-se de uma péssima notícia quando essa terra tem de ser tirada da Floresta Amazônica. Mas a alternativa que mais beneficia o clima é muitas vezes o oposto do que as pessoas imaginam: o gado criado somente em pastagem (e não com gramíneas e com grãos) necessita de duas a três vezes mais terra do que a média global. Isso traz um custo climático.

O que temos então são vários perigos empilhados uns sobre os outros. A carne bovina precisa de muita terra. O gado que se alimenta de grama precisa de *ainda mais* terra do que o gado criado com grãos e plantas. Os bovinos de pastoreio que são criados com menor densidade em pastagens vastas são os que se encontram em regiões de alto risco de desmatamento.

Existem três soluções para essas discussões. A primeira, já mencionada, é que podemos todos comer menos carne bovina. Essa é a mudança que teria o maior efeito. Parece possível que as pessoas abram mão de um pouco de carne, mas não vamos parar totalmente de comer carne tão cedo. Por isso precisamos de soluções para a carne bovina que continuamos comendo.

Isso nos conduz à nossa segunda solução, que desagradará muita gente: substituir a carne de gado alimentado em pasto por carne de gado alimentado com grãos. Isso exige muito menos terra, que é o que se busca tendo em vista que o desmatamento é algo que nos preocupa.[43] Um conflito sério que aparece aqui — e aparecerá mais à frente, quando pensarmos em outros tipos de carne — é que os objetivos de bem-estar animal e de impacto ambiental nem sempre estão em sintonia. Infelizmente, a escolha ambientalmente correta ou "eficiente" é muitas vezes a pior para o animal. O modo como você equilibra essas prioridades depende de você.

A terceira solução é otimizar a produção de carne bovina nas regiões em que isso pode ser feito com mais eficiência. Os "piores" (como "piores" nos referimos aqui àqueles que usam mais terra) 25% dos produtores de carne bovina usam 60% da terra total utilizada para a produção de carne bovina. Se globalmente conseguíssemos reduzir 25% da quantidade de carne bovina que comemos e eliminá-la dos "piores" produtores de carne bovina, o uso da terra para a produção de carne bovina seria reduzido em colossais 60%.

Quando se trata de buscar soluções, muitas vezes nos deparamos com alternativas extremas. Disseram-nos que todos precisamos nos tornar veganos o quanto antes. Ou que precisamos eliminar todos os alimentos — carne, soja, óleo de palma, abacates — até que nada mais reste. Mas quando precisamos escolher aqueles que são de fato eficazes, as mudanças necessárias não costumam ser tão dramáticas.

4. DESMATAMENTO

Melhorar a produtividade das plantações — principalmente na África Subsaariana

Uma das maiores armas do mundo contra o desmatamento no decorrer do século passado foi um grande aumento no rendimento das culturas. Se conseguirmos produzir mais alimentos em determinada porção de terra, não será necessário derrubar florestas. Isso foi realizado com grande êxito na Europa, nas Américas e na Ásia. Mas uma região acabou ficando para trás: a África Subsaariana.

Não que o rendimento dos cultivos não tenha aumentado nessa região. Mas não acompanhou o restante do mundo. Vamos compará-lo com os resultados do Sul da Ásia. Ambas as regiões aumentaram a produção de cereal desde 1980. Mas elas obtiveram esse aumento de maneiras completamente diferentes: a África usando mais terra, e a Ásia aumentando a produtividade. O Sul da Ásia utiliza a mesma quantidade de terra para a produção de cereais que usava em 1980, mas a sua produtividade aumentou quase 150%, de apenas 1,4 toneladas para 3,4 toneladas por hectare. Na África, o rendimento dos cultivos aumentou pouco — cresceu apenas 30% (de 1,1 para 1,5 tonelada por hectare). Para compensar o rendimento baixo, muito mais terras agrícolas foram usadas. O uso de terra para o cultivo de cereais mais do que dobrou. Essa terra adicional tem de vir de algum lugar, e com frequência vem de florestas existentes.

Se considerarmos as próximas décadas, o crescimento econômico e populacional sinaliza que a África Subsaariana terá de produzir muito mais alimento. Se não puder produzir esse alimento aumentando o rendimento das suas culturas, então precisará derrubar mais de suas lindas florestas abundantes de biodiversidade. Claro que as coisas não precisam chegar a esse ponto. Estudos mostram que se os países da África Subsaariana conseguirem corrigir os seus hiatos de produtividade eles poderão produzir muito mais alimentos sem a necessidade de usar mais terras para cultivo.[44]

No próximo capítulo veremos de que modo os países — não somente da África Subsaariana, mas de todas as partes do mundo — podem fazer isso.

Os países ricos deveriam pagar aos países mais pobres para que estes mantenham suas florestas em pé

Séculos atrás, quando os meus ancestrais no Reino Unido derrubavam as florestas, não havia nada parecido com "orçamento de carbono" ou "meta de emissões". Poucos se importavam com a possibilidade de que as populações de lobos ou de gazelas diminuíssem. Não havia conferências internacionais nas quais os líderes se acusassem uns aos outros de não fazerem o suficiente pelo planeta. Se você desejasse cortar árvores, bastava ir em frente e fazer isso.

Os países ricos se tornaram mais abastados com essa destruição isenta de culpa. Eles permitiram que a terra fosse livremente usada para o cultivo de alimento, puderam proporcionar energia com o uso da madeira e puderam construir navios de guerra, armas e infraestrutura para colonizarem o restante do mundo. Isso se assemelha à história dos combustíveis fósseis. Os países ricos queimaram carvão livremente ao longo do século xix e no começo do século xx, gerando nesse processo grande riqueza. Os países de baixa e média renda tentam repetir o que os países ricos fizeram séculos atrás, mas se envergonham de fazer isso — nós lhes dizemos que eles têm de parar, que eles não podem continuar fazendo isso, sob pena de que o mundo não alcance as suas metas climáticas.

É uma situação injusta e cruel. Podemos fingir que países em desenvolvimento não têm perdas, mas isso é mentira. A energia renovável vem se tornando muito mais barata, e esperamos que em breve não haja mais diferença entre ter acesso à energia e manter os combustíveis fósseis no solo. No caso do desmatamento, porém, ainda existe um custo. Se um fazendeiro escolher deixar uma floresta em pé, ele renunciará a dinheiro e alimento. Há benefícios a longo prazo para países que conservam as suas florestas — eles proporcionam serviços ecológicos relevantes —, mas, no curto prazo, existe um claro custo de oportunidade para deter o desmatamento. Trata-se de um custo de oportunidade que os meus ancestrais jamais tiveram de enfrentar.

Há um forte motivo para que os países sejam pagos para parar de desmatar. No mínimo esses países deveriam receber algum tipo de compensação pelo dinheiro que deixarão escapar. Essa proposta é controversa. Quanto se deveria pagar a esses países? Quem receberia esse dinheiro? Como saber se esses países cumprirão de fato as suas promessas?

Algumas dessas perguntas são mais fáceis de responder do que outras. Sabemos quando uma floresta foi derrubada, e quanto dela foi derrubada. Trabalhando com organizações locais, muitas vezes é possível encontrar o responsável pela ação. Elaborar um sistema para confirmar a compensação devida parece viável. Uma alternativa seria calcular o custo de oportunidade de determinado hectare de floresta. Padrões de produção agrícola são bastante previsíveis. Algumas regiões cultivam soja, outras cultivam milho, e outras ainda bananas. Podemos fazer suposições sobre o que seria cultivado em dado hectare de floresta, e calcular quanto dinheiro se obteria no mercado com determinada quantidade de bananas ou de soja se tivessem sido cultivadas.

A questão mais delicada é chegar a um acordo a respeito de *quanto* os países realmente desmatariam sem o sistema de compensação, tendo em vista que existem grandes incentivos para exagerar os planos de desmatamento. Analisar padrões anteriores de desmatamento seria útil nesse caso. Se um país tivesse derrubado florestas num ritmo constante de 1 milhão de hectares por ano e subitamente alegasse que derrubaria 10 milhões de hectares não haveria dúvida de que seria trapaça.

Existem alguns projetos menores que já alcançaram algum sucesso com sistemas de compensação. O mais conhecido deles — o esquema REDD+ — foi criado pela Convenção da ONU sobre Mudança Climática. Esse esquema conseguiu transferências de pagamentos dos países ricos para os países mais pobres, e mostrou que essas transferências podem realmente reduzir o desmatamento e as emissões de carbono.[45] Contudo, a maior parte do financiamento foi fornecida por alguns poucos países somente — a Noruega abriu caminho, seguida por Estados Unidos, Alemanha, Reino Unido e Japão.[46] E esse financiamento tem estado bem aquém da escala necessária para dar fim ao desmatamento tropical.

A pergunta óbvia aqui é: o que os países ricos ganham com isso? Bem, para início de conversa, parece óbvio que os líderes se preocupem com as mudanças climáticas e a biodiversidade tanto quanto declaram se preocupar discursando em conferências. Se eles acreditam que acabar com o desmatamento no mundo é um dos nossos desafios mais urgentes, apoiar os esforços nesse sentido seria algo óbvio a se fazer. E passando do argumento ético para o argumento econômico: fazer cessar o desmatamento é na realidade uma maneira relativamente barata de deter as emissões de carbono. Isso é muito menos caro (e é mais fácil) do que parar o consumo de carne bovina ou do que descarbonizar o transporte aéreo.

Essa solução não se limita à ajuda de um país a outro. Corporações e o setor privado podem participar também. De certa maneira, muitos já pagam para *anular* as suas emissões por meio do plantio de árvores. Pagar para evitar o desmatamento teria um impacto ainda maior. Se quisermos gastar nosso dinheiro de modo a intensificar os impactos positivos sobre o clima e a biodiversidade, deter o desmatamento é uma boa aposta.

COISAS QUE DEVERIAM NOS PREOCUPAR MENOS

Cidades e áreas urbanas sofrem impacto pequeno

Muitas pessoas pensam que o crescimento das cidades se deu à custa das florestas do mundo. Essas selvas de concreto parecem estar em desacordo com seus primos verdes. Quem sabe mudar das áreas urbanas para as rurais — um desmantelamento dessas concentrações densas — ajudaria?

É uma ideia romântica, mas não poderia estar mais distante da verdade. As cidades e áreas urbanas ocupam somente 1% das terras habitáveis do mundo. A agricultura ocupa 50%. A nossa maior presença nas terras do planeta não é o espaço que nós mesmos ocupamos, e nos quais construímos as nossas casas; é, isso sim, a terra usada para cultivar o nosso alimento. É esse o maior impulsionador do desmatamento, não o crescimento da urbanização.

A bem da verdade, a migração de pessoas das áreas rurais para as cidades no mais das vezes tem sido *benéfica* para a proteção das nossas florestas. Ainda existem populações indígenas que desempenham um papel vital na proteção de florestas e ecossistemas locais. Essas populações vivem nesses ambientes e mantêm o seu equilíbrio. Mas isso só funciona numa escala muito pequena. Para grandes populações, a migração para as cidades e a intensificação da agricultura liberou terras para a regeneração das florestas. Bilhões de nós vivendo na área rural representaria um desastre para as florestas do mundo.

O tofu, o leite de soja e os hambúrgueres veganos não estão impulsionando o desmatamento

Cultiva-se muita soja no Brasil. A Amazônia fica no Brasil. A Amazônia está sendo desflorestada. Basta juntar os pontos para chegarmos rapidamente à conclusão de que o tofu, o leite de soja e os hambúrgueres veganos estão matando as florestas tropicais. As pessoas estão diante de um dilema. Elas querem consumir menos carne e laticínios, mas temem que as alternativas a esses alimentos sejam tão ruins quanto eles. Isso não é verdade.

O Brasil produz cerca de um terço da soja do mundo. A Argentina produz outros 11%. No passado — particularmente na década de 1990 e no início dos anos 2000 — a soja foi responsável pelo desmatamento, tanto direta como indiretamente. Mas quem estimula isso não é o seu tofu nem o seu leite de soja. Cerca de três quartos da soja do mundo é usada para a alimentação animal: principalmente para a criação de frangos e porcos, mas também para bovinos e peixes.[47] Um quinto dessa soja se destina à alimentação humana, e a maior parte disso se transforma em óleo vegetal. Apenas 7% disso se destina a produtos "veganos" clássicos como tofu, carne de soja e leites de origem vegetal. Isso vale particularmente para a soja plantada no Brasil. Quase toda a sua soja — 97% — usa variedades geneticamente modificadas, que tendem a ser empregadas mais para a alimentação animal do que para o consumo humano. Com efeito, alguns mercados (como os da União Europeia) não permitem o consumo humano direto da soja geneticamente modificada.

4. DESMATAMENTO

É bastante improvável que o seu tofu esteja aniquilando a Amazônia. É muito mais provável que a substituição da carne e dos laticínios por esses produtos alternativos salve a floresta em vez de destruí-la.

TRÊS QUARTOS DA SOJA DO MUNDO SE DESTINAM À ALIMENTAÇÃO DO GADO
Com frequência, associamos a soja com produtos que substituem a carne, mas apenas uma pequena fração da soja é usada diretamente para a alimentação humana.

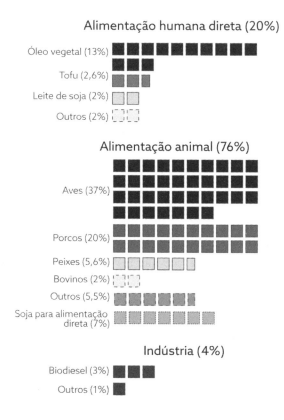

5. ALIMENTO

Como não devorar o planeta

> *Restam apenas 60 anos de agricultura se a degradação do solo continuar.*
>
> Scientific American, 2014[1]

Uma das mais assustadoras afirmações sobre a nossa desordem ambiental é que o mundo tem apenas "60 colheitas restantes", porque os solos do mundo estão se degradando com tanta rapidez que acabarão inúteis no ano de 2074. Se isso for verdade, essa estatística é tão sombria que torna tudo o mais neste livro insignificante. Se isso não for suficientemente assustador, em 2017, Michael Gove, então secretário do Meio Ambiente do Reino Unido, advertiu que o Reino Unido tinha apenas *30* colheitas restantes.

Dê uma busca no Google pela expressão "restam 60 colheitas" e você encontrará vários resultados. Essas afirmações foram notícia de primeira página no *The Independent* e no *The Guardian* diversas vezes, e são repetidas por ativistas ambientais importantes. Os números que eles informam podem ser parcos 30 anos, ou podem ser "generosos" 100 anos. Uma coisa que essas afirmações têm em comum é o fato de serem absurdas.

Ao que parece, a manchete "restam apenas 60 colheitas" foi obra de alguém em uma conferência agrícola organizada pela Food and Agriculture Organization (FAO), da ONU, em 2014. Como se chegou ao resultado de 60? Ninguém sabe. A FAO jamais deu respaldo a isso, e a pessoa que fez a declaração nunca se apresentou para defendê-la. No final das contas, tudo parece ter sido inventado.

E quanto às outras previsões? O cálculo sobre as "100 colheitas que restam" veio aparentemente de um estudo de 2014 que comparou a quantidade de matéria orgânica em jardins públicos de Leicester com a terra agrícola nos arredores.[2] Em primeiro lugar, me parece estranho que um simples estudo a respeito de jardins públicos na Inglaterra possa nos dizer tanto sobre o estado dos solos do mundo

5. ALIMENTO

inteiro. Ou mesmo dos solos do Reino Unido apenas. Em segundo lugar, e mais estranho ainda, é que o estudo não menciona nada sobre o "número de colheitas que restam". Certamente não menciona o número 100. O botânico James Wong tentou localizar essa fonte, mas não conseguiu.[3] Eu também tentei, e não encontrei nada. Mais uma vez, o número parece ter sido inventado. O mesmo vale para os "30 anos" de Michael Gove: sabe-se lá de onde veio isso.

O número específico na verdade não importa, porque *não existe número*. Pergunte a um cientista do solo quantas colheitas restam para o mundo, e ele dará risada. O conceito não tem significado científico. Os solos do mundo são diversos e heterogêneos demais: alguns estão degradados, outros estão em melhores condições, e muitos são estáveis do modo como estão. A ideia de que existe um prazo final para que os solos do mundo simplesmente morram — e aparentemente todos ao mesmo tempo — é bizarra.

Quando cientistas do solo estudaram a "expectativa de vida" dos solos do mundo, eles descobriram que esses solos atingiam cinco ordens de magnitude.[4, 5] Um solo fino é ruim; um solo encorpado é bom. Alguns solos estavam se desgastando rapidamente, o que poderia condená-los nos próximos 100 anos. Outros, apesar de estarem se exaurindo, tinham uma "expectativa de vida" de milhares ou de dezenas de milhares de anos. E outros ainda não estavam se degradando; pelo contrário, estavam se tornando mais densos.

A perda de solo é sem dúvida um problema. Precisamos encontrar práticas agrícolas que restaurem o solo em vez de esgotá-lo. Mas a ideia de que nos restam apenas 30, 60 ou 100 colheitas é simplesmente equivocada. Essas estatísticas fantasmas são frustrantes, mas trazem algo de bom: permitem que saibamos quais ativistas e jornalistas estão mais interessados em manchetes do que na verdade. Elas nos alertam para pessoas que fazem uma afirmação bombástica sem conferir se há motivo para tanto.

Manchetes semelhantes a respeito da fome no mundo podem nos levar a acreditar que estamos sempre a um passo de ficarmos sem alimentos. Mas pare um momento para examinar os dados e mais uma vez você verá que isso simplesmente não é verdade.

"Como alimentaremos todas as pessoas sem arruinar o planeta ao mesmo tempo? É sobre isso que falaremos hoje."

O público ficou em silêncio, e isso me fez sentir bem. Eu tinha apenas 21 anos e dava a minha primeira aula a uma turma de universitários da Universidade de Edimburgo. Estava ansiosa. Tinha apenas duas metas em mente: não fazer as pessoas dormirem e transmitir-lhes algo que elas não soubessem antes.

NÃO É O FIM DO MUNDO

"Uma pessoa necessita em média de 2000 a 2500 calorias por dia. Se dividíssemos a produção de alimentos do mundo igualmente entre todos, quantas calorias cada pessoa teria em média?"

Você, leitor, não gostaria de arriscar um palpite?

"Levante a mão quem acha que todos nós teríamos pelo menos 1000 calorias." Todos levantaram a mão. Uau. Eles estavam dispostos a participar.

"Fique com a mão levantada quem acha que nós poderíamos ter pelo menos 1500 calorias." De 10 a 20% dos alunos abaixaram as mãos. O restante manteve as mãos levantadas.

"E 2000 calorias?" Mais 50% dos alunos abaixaram as mãos. Menos de um terço ainda mantinha as mãos levantadas.

"Duas mil e quinhentas calorias?" Quase todos abaixaram as mãos. Menos de 10% ainda estavam no jogo.

"Três mil calorias?" De cerca de cem estudantes, apenas um ficou com a mão levantada.

"Três mil e quinhentas calorias?" A última pessoa abaixou a mão. O jogo chegou ao fim.

Eu sorri. Foi o meu momento Hans Rosling.

"Se nós dividíssemos igualmente a produção de alimentos do mundo entre todos os habitantes do planeta, a cada um caberia pelo menos 5000 calorias diárias. Mais que o dobro do que necessitamos. Ou, em outras palavras, produzimos comida suficiente para uma população mundial duas vezes maior que a que temos hoje."

A sala ficou em silêncio. Ninguém estava dormindo. Eu havia alcançado as minhas duas metas antes mesmo de começar a exibir os slides na tela.

Gostaria que alguém tivesse me transmitido essa informação quando eu ainda era aluna da graduação. Gostaria de ter prestado mais atenção à mudança pela qual a produção de alimentos havia passado no mundo todo. Gostaria de ter passado mais tempo analisando dados e menos tempo lendo as manchetes de notícias.

Se eu fizesse parte da plateia naquele anfiteatro, teria abaixado a mão na marca de 2500 calorias por dia. O mundo talvez produzisse comida suficiente para todos e *nada além disso*, mas algumas pessoas comiam demais e por isso outras passavam fome. E desse modo a fome no mundo devia estar piorando.

Felizmente, eu estava errada a respeito disso. O mundo fez um progresso colossal na redução da fome nas últimas décadas. Embora os índices de subnutrição ainda estejam tragicamente altos — cerca de uma em cada dez pessoas no mundo não consome calorias em quantidade suficiente —, esse número é muito

146

menor do que já foi no passado. Ao longo de quase toda a nossa história, passamos a maior parte do tempo tentando caçar ou produzir comida suficiente para todos. Muitas vezes a alimentação era terrivelmente pobre em termos nutritivos. Alguns séculos atrás a maioria das pessoas mal tinha o que comer.

É realmente espantoso o fato de que centenas de milhões de pessoas ainda passam fome enquanto produzimos o suficiente para alimentar uma população mundial duas vezes maior que a existente. Contudo, saber que o mundo é capaz de produzir tanta comida devia nos dar todos os recursos e a motivação de que precisamos para resolver o problema. Esse problema *tem* solução. A fome ainda existe nos dias de hoje, mas a sua natureza é política e social. Os limites que nos impedem de alimentar a todos são inteiramente autoimpostos. Essa é uma situação única na história humana: até o século passado, a nossa capacidade de alimentar bem um número grande de pessoas era restrita por nossa capacidade de caçar animais, e depois passou a ser restrita por nossa capacidade de cultivar mais alimentos usando as terras limitadas que tínhamos. Agora é limitada somente por nossas escolhas a respeito do que fazer com a comida que produzimos.

COMO CHEGAMOS ATÉ AQUI

A interminável luta para ter comida suficiente

A evolução não apenas dos *sistemas* de alimentação, mas também das *culturas* alimentares, é tão vasta, variada e individual que eu não poderia lhe fazer a justiça devida somente em um capítulo de um livro. Mas para compreender onde os sistemas alimentares estão hoje precisamos de contexto sobre o modo como chegamos aqui.

Os primeiros humanos — que datam de milhões de anos, do *Homo erectus* ao *neanderthalensis,* e deste ao *sapiens* — não *cultivavam* a sua própria comida. Eles lançavam mão do que já existia ali: caçavam animais e recolhiam frutas, castanhas e sementes. Há um equívoco comum segundo o qual os caçadores-coletores comiam muita carne e muito pouco carboidrato. Trata-se da clássica dieta "paleo" que tantas pessoas seguem nos dias de hoje. Mas quando analisamos a evidência arqueológica, e as dietas dos povos indígenas da atualidade, não encontramos nenhuma "dieta paleo" universal.[6] Isso varia bastante entre grupos, mas também no decorrer do ano. Durante a estação seca eles comem mais carne; nas estações úmidas, mais bagas e mel.[7] Em alguns meses a carne representa mais da metade do seu alimento; em outros, menos de 5%.

Poderíamos imaginar que essas pequenas populações viviam em perfeita harmonia com a natureza. Mas não viviam, infelizmente. Como veremos no próximo capítulo, lenta, mas infalivelmente, os humanos contribuíram para a extinção de muitos dos grandes mamíferos. O que surpreende é quão poucos humanos existiam na época. A população mundial era de cerca de milhões de indivíduos. O impacto total exercido por nossos ancestrais caçadores-coletores pode não se comparar ao que exercemos hoje, mas a ideia de que eles viviam em perfeito equilíbrio com outras espécies é fantasiosa. Os humanos sempre competiram com outros animais, primeiro caçando-os diretamente, causando impacto na natureza com fogo, e mais tarde lutando com eles por espaço para plantações.

A maior parte da história humana envolve longos intervalos de mudança inacreditavelmente lenta e linear. Mas havia alguns pontos críticos, inovações que nos colocavam num caminho totalmente diferente. A agricultura foi uma dessas inovações. Ela teve início por volta de 10 mil anos atrás, e permitiu que desenvolvêssemos amplas sociedades de pessoas, todas formadas em torno de um único lugar. Em vez de seguir os ditames da "natureza" podíamos começar a moldá-la nós mesmos. O real propósito da agricultura é moldar o meio ambiente, nutrir o solo para criar as condições perfeitas para o que se queira plantar, e eliminar cuidadosamente os intrusos — ervas daninhas e pestes.

A agricultura não foi fácil (e ainda não é). Na verdade, o seu impacto no início pode ter sido prejudicial sobre a nutrição e a saúde. Quando os arqueólogos examinam os esqueletos de humanos ao longo do tempo, eles tendem a constatar que os indivíduos que viveram no início da sociedade agrícola eram mais baixos que os seus ancestrais, e mais baixos que os seus vizinhos em tribos que saíam em busca de alimento.[8] As plantações de alimentos básicos como cereais e tubérculos cresciam muito bem. Eram uma grande fonte de calorias e carboidratos. Mas não eram o suficiente: quem dependesse apenas desses alimentos para obter a maior parte das suas calorias teria deficiência de nutrientes importantes. A transição de uma dieta diversificada que incluía carnes, frutas, vegetais, sementes e outros alimentos por uma dominada por cereais provavelmente piorou a dieta das pessoas. Por outro lado, ela alimentou muito mais pessoas. Com calorias suficientes para todos, as sociedades humanas poderiam crescer. A revolução agrícola foi provavelmente ruim para o indivíduo, mas vantajosa para a população como um todo.

5. ALIMENTO

A nossa batalha com a agricultura se concentrou em uma coisa: ter nutrientes o suficiente no solo na época certa. Até um século atrás a nossa capacidade de plantar mais foi limitada por um elemento essencial: o nitrogênio. O nitrogênio é o alicerce da vida. É a base das proteínas e é fundamental para o bom crescimento de todas as plantas. Quando um solo não tem nitrogênio suficiente, as plantações não crescem como deveriam, e podem nem mesmo crescer. É o elemento mais abundante em nossa atmosfera: constitui 78% dela. Mas é inerte na forma como é encontrado na atmosfera. Isso significa que as plantas não podem usá-lo: é preciso que o nitrogênio esteja em uma forma na qual possa reagir com hidrogênio, carbono e outros elementos biológicos importantes. Apenas uma fração diminuta do nitrogênio do mundo é aproveitável nessa forma reativa que plantas e animais podem usar para crescer.

Nossos ancestrais tinham três alternativas para superar isso. *Agricultores itinerantes* mudavam de lugar a fim de encontrar novas terras nas quais o nitrogênio não estivesse esgotado. Essa é a técnica da "derrubada e queimada". Esses tipos de sistemas agrícolas itinerantes podiam sustentar dez vezes mais pessoas do que as mais produtivas sociedades de caçadores e coletores. Mas o deslocamento contínuo dessas sociedades causava divisões e não permitia o estabelecimento de grupos mais amplos.

A agricultura sedentária — ou "tradicional", como é chamada — deu um passo além. Em vez de mudarem de lugar em busca de novos pontos ricos em nitrogênio, esses agricultores permaneciam em um mesmo lugar e reciclavam nitrogênio de volta aos solos. A *agricultura tradicional* podia sustentar dez vezes mais pessoas do que os agricultores itinerantes. Grandes sociedades e culturas podiam começar a se desenvolver.

Agricultores tradicionais tinham duas opções para reciclar nitrogênio de volta ao solo. A primeira se baseou no milagre das ervilhas e dos feijões. A maioria das culturas não pode usar o nitrogênio em sua forma atmosférica. As *leguminosas* são especiais porque podem absorver o nitrogênio do ar e criar nitrogênio aproveitável por sua própria conta. Quem planta leguminosas está adicionando nitrogênio ao solo. Não se trata de um suprimento infinito, mas o suficiente para se contar com uma quantidade satisfatória. A segunda opção era criar gado e colocar *esterco* nos campos. Esse era um meio eficaz de acrescentar nutrientes ao solo, mas eram necessárias toneladas de esterco. Recolhê-lo era muito trabalhoso, e grande parte dos nutrientes vazava para o ambiente ao redor em vez de ser absorvida pela plantação.

As sociedades humanas conseguiram usar esses métodos durante milênios. Contudo, eles ainda eram limitados pelo nitrogênio. Então, no início do século XX, atingimos outro ponto crítico. O nosso impasse com o nitrogênio foi finalmente superado, pois Fritz Haber e Carl Bosch inventaram o fertilizante sintético, uma inovação que mudou o mundo completamente.

Haber-Bosch: produzindo alimento a partir do ar

Um dos meus sites favoritos chama-se Science Heroes: ele classifica os gigantes do mundo científico de acordo com o número estimado de vidas que eles salvaram. Nós tenderíamos a pensar que alguém das ciências médicas encabeça a lista. Mas não: quem encabeça a lista são os cientistas agrícolas Carl Bosch, Fritz Haber e Norman Borlaug. Muitos de nós estamos vivos graças a eles.

Na parceria Haber-Bosch, Haber fez os ajustes científicos, e Bosch foi responsável por colocar a experiência em funcionamento.

Fritz Haber nasceu na Polônia (que na época era a Prússia, e fazia parte da Alemanha) em 1868, e no início trabalhava com o pai no ramo químico.[9] Depois de muitas experiências fracassadas no mundo dos negócios, ele foi catapultado para o mundo acadêmico. Lá ele começou a trabalhar em uma solução para a questão do nitrogênio. O nitrogênio existe na atmosfera na forma de N_2: dois átomos de nitrogênio ligados entre si. Era preciso transformá-lo em amônia (NH_3) para que ele pudesse ser usado pelas plantas. Levar isso a cabo, porém, não era tarefa nada fácil. Muitos acreditavam que era impossível. Mas Fritz Haber não desanimou. O segredo era encontrar a pressão e a temperatura *certas*. O nitrogênio e o hidrogênio tinham de estar altamente pressurizados, e a temperatura entre 400°C e 500°C. Foi preciso passá-los através dos leitos de um catalisador, que quebraria as ligações triplas incrivelmente fortes que mantinham os átomos de hidrogênio unidos. Somente então os átomos de nitrogênio e hidrogênio puderam se ligar para nos fornecer NH_3. Em 1909, Fritz Haber conseguiu reproduzir o processo que ervilhas e feijões realizavam tão facilmente. Ele produziu amônia a partir do ar.

O desafio agora era pôr esse processo em prática. Era preciso retirá-lo do laboratório e colocá-lo em operação para que pudesse alimentar o mundo. A empresa alemã Basf comprou os direitos e colocou uma das suas melhores mentes no projeto: Carl Bosch. O trabalho dele era fazer da invenção de Haber algo que pudesse ser vendido. Ele precisou de apenas um ano. Em 1910, a amônia sintética — do processo Haber-Bosch — estava pronta para ser implementada no mundo real.

Ambos os cientistas acabariam ganhando o prêmio Nobel de Química por seu trabalho, Fritz Haber em 1918 e Carl Bosch em 1931. Não há dúvida de que os dois homens transformaram o mundo, e o avanço revolucionário que trouxeram mudou o setor da agricultura completamente. Várias décadas ainda se passariam antes que a inovação se tornasse eficiente, do ponto de vista energético e de custos, o bastante para ser lançada no mercado global; mas na metade do século a produção aumentou rapidamente. O mercado norte-americano se fartou do produto, que nos anos 1980 se tornou parte essencial da agricultura também nas economias emergentes.

5. ALIMENTO

Adicionar nutrientes ao solo permitiu que as culturas fossem mais produtivas do que jamais haviam sido antes. A produtividade das plantações foi persistentemente baixa durante milênios. E subitamente ela passou a crescer. Os fertilizantes não eram a única inovação na agricultura — havia também irrigação, variedades melhoradas de sementes e a aquisição de maquinário como tratores —, mas eles eram fundamentais para o cultivo de mais alimento. Sem a invenção do fertilizante sintético, cerca de metade do mundo não estaria viva hoje. Vários cientistas calcularam separadamente quantas pessoas o mundo poderia sustentar sem o acréscimo desses nutrientes, e todos chegam a um resultado similar: aproximadamente metade dessas pessoas.[10, 11, 12] Nos trópicos, a contribuição dos fertilizantes pode ser ainda maior.

Por isso é que não faz muito sentido discutir se o mundo deveria ou não se tornar orgânico. A verdade é que o mundo *não pode* se tornar orgânico. Muitos de nós dependem dos fertilizantes para sobreviver. Como veremos mais adiante, muitos países *podem* diminuir a quantidade de fertilizantes que usam sem sacrificar a produção de alimentos, mas isso não pode ser feito em todos os lugares.

METADE DA POPULAÇÃO MUNDIAL DEPENDE DE FERTILIZANTES SINTÉTICOS PARA SE ALIMENTAR
Sem os fertilizantes sintéticos, o mundo só poderia sustentar uma população com a metade do tamanho da atual.

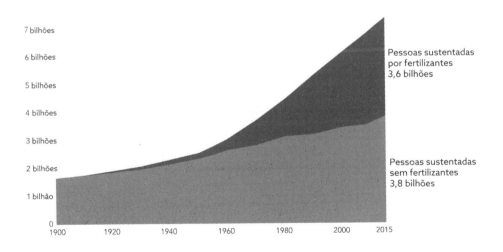

Norman Borlaug: o grande nome da Revolução Verde

Fritz Haber e Carl Bosch foram os heróis da agricultura na primeira metade do século xx. Norman Borlaug foi o herói da segunda metade.

Borlaug foi um cientista norte-americano nascido em 1914, pouco depois que Haber e Bosch descobriram o seu fertilizante.[13] Na década de 1940, foi contratado pela Fundação Rockefeller e enviado ao México para tentar resolver um problema que muitos já haviam desistido de tentar solucionar. Agricultores mexicanos estavam enfrentando o problema da "ferrugem do colmo". Seu trigo estava sendo infectado por um fungo, *Puccinia graminis*, que causa doença na planta. É um problema comum, porém terrível para a produção do cereal. O bolor empobrece bastante a colheita e o rendimento do trigo: ele rouba os nutrientes essenciais dos quais a plantação necessita para crescer.

Borlaug foi encarregado de encontrar uma solução. Ele deu início a uma série ambiciosa de experimentos de melhoramento vegetal, tais como o cultivo do mesmo tipo de trigo em diferentes climas e latitudes — experimento que ia frontalmente contra todas as regras básicas da botânica, para desespero do seu supervisor. As condições do projeto eram difíceis. Os agricultores mexicanos não se mostravam muito receptivos — eles haviam testemunhado antes muitos experimentos que não haviam dado resultado nenhum. Faltavam a Borlaug financiamento e uma equipe para o ambicioso projeto que ele queria, mas no decorrer dos dez anos seguintes ele tentou mais de 6 mil cruzamentos de culturas de trigo. A persistência de Borlaug compensou, e ele fez uma série de descobertas que transformaram as plantações disponíveis aos agricultores em todo o México.

Em 1960, os agricultores mexicanos podiam esperar uma produção de trigo de 1,5 tonelada por hectare. Hoje em dia, com as variedades melhoradas de trigo que Borlaug desbloqueou, eles podem obter 5,5 toneladas por hectare. Os rendimentos do cultivo mais que triplicaram, e o México deixou de ser um importador líquido de trigo para ser um exportador líquido. Antes dependente de outros países, o México agora podia produzir até mais do que necessitava para alimentar a sua população.

O trabalho de Borlaug não termina aí. Ele logo estaria no Sul da Ásia, onde Índia e Paquistão colheram os mesmos resultados que o México: a produtividade inalterável das plantações subitamente disparou. Em 1960 produziam menos de 1 tonelada por hectare. Agora produzem mais de 3 toneladas. Essa mudança transformadora no modo de produzir cultivos no mundo foi mais tarde denominada "Revolução Verde", e Norman Borlaug recebeu o prêmio Nobel da Paz por seu trabalho em 1970. Sua persistência e a pouca importância que dava às regras convencionais salvaram, segundo estimativas, as vidas de mais de 1 bilhão de pessoas. Ele silenciou as alegações de que o mundo logo estaria a um passo da fome. Seus enormes avanços no cruzamento de variedades mostraram que, por mais insuperáveis que pareçam os desafios, quase sempre existe a oportunidade de arquitetar uma solução.

A REVOLUÇÃO VERDE MARCOU O AUMENTO IMPRESSIONANTE DA PRODUTIVIDADE DO TRIGO
Acesso a fertilizantes, variedades melhoradas de sementes e insumos agrícolas levaram a produtividade dos cultivos a dobrar, triplicar ou ir até além disso.

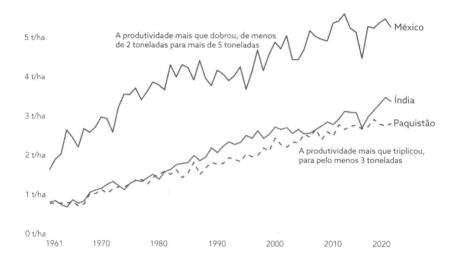

As inovações de gênios como Carl Bosch, Fritz Haber e Norman Borlaug significam que agora podemos cultivar quantidades inimagináveis de alimento — uma produção que supera largamente a quantidade de que necessitamos realmente.* Mesmo assim ainda há pânico envolvendo superpopulação. "Simplesmente há pessoas demais, esse é o problema", é algo que eu escuto o tempo todo. É comum

---

* A alimentação não se resume a calorias. Calorias são uma medida de energia, portanto, mantêm nosso peso corporal, fornecem-nos energia e nos fazem parar de sentir fome física. Mas a saúde vai muito além disso: nós precisamos de proteínas, gorduras e micronutrientes tais como vitaminas e minerais. Precisamos de uma dieta diversificada, não de uma que vise somente uma meta calórica. Talvez você não acredite que o mundo possa produzir todos esses outros nutrientes em quantidade suficiente. Mas ele pode, felizmente. Eu sei disso porque calculei todos os números relacionados ao assunto para o meu doutorado. Com efeito, um dos principais estímulos que tive para o meu doutorado foi avançar para além das calorias e abordar de modo mais holístico o nosso sistema alimentar. Minha conclusão foi que nós podemos todos ter uma dieta completa e nutritiva se assim quisermos.

NÃO É O FIM DO MUNDO

a ideia de que a fome global existe porque há bocas demais para serem alimentadas, e essa ideia motiva até apelos ao despovoamento.

O debate em torno do despovoamento não é algo novo. Durante as décadas de 1950, 1960 e 1970 as preocupações quanto a faltar alimento no mundo fervilhavam. Em 1968, a ONU publicou um relatório intitulado "International Action to Avert the Impending Protein Crisis" [Ação internacional para evitar a iminente crise da proteína].[14] Nesse mesmo ano, o livro *The Population Bomb* [A bomba populacional], de Paul R. Ehrlich, especulou que o crescimento da população estava fora de controle; que jamais conseguiríamos produzir comida suficiente; que haveria fome em larga escala; e que, dentro de décadas, centenas de milhões de pessoas morreriam de fome.

Evidentemente, sabemos que essas previsões não se tornaram realidade. Isso não é nenhuma novidade: quase todos que tentam fazer previsões a respeito do futuro acabam errando. O que torna esse livro particularmente terrível são as políticas desumanas que ele defendeu com base nessa sólida (e equivocada) convicção. A população mundial tinha de ser rigorosamente controlada. Humanos eram câncer — um organismo capaz de se reproduzir que precisava ser controlado. Nas palavras do próprio autor: "Já não podemos mais nos dar ao luxo de apenas tratar os sintomas do câncer do crescimento populacional; o câncer propriamente dito deve ser extirpado".

Para os Estados Unidos e outros países ricos, ele considera a alternativa de adicionar esterilizantes temporários ao suprimento de comida ou de água.* Em lugar de proporcionar apoio financeiro às famílias, "prêmios de responsabilidade" poderiam ser concedidos a casais que chegassem a cinco anos de casamento sem filhos, ou a homens que aceitassem a esterilização irreversível. Outra ideia foi criar loterias especiais cujos bilhetes seriam entregues somente a quem não tivesse filhos.

Tudo isso é repugnante. Mas não é nada diante das suas sugestões para "países subdesenvolvidos". Além de sugerir planos de esterilização, ele propôs também um sistema de "triagem" dos que deveriam ou não ser deixados para morrerem de fome. Alguns países poderiam ser recuperáveis — talvez fossem capazes de encontrar escapatória por si mesmos. Mas outros países eram causa perdida. Os países ricos deveriam retirar toda a ajuda em alimentos e simplesmente deixá-los morrer. Não se sabe ao certo até que ponto Paul R. Ehrlich estava comprometido com essas ideias. Mas muitos — inclusive funcionários graduados no governo dos Estados Unidos — levaram a sério suas sugestões. Ele poderia ter afetado cruelmente as vidas de bilhões de pessoas com base apenas em previsões que acabariam se provando erradas.[15]

---

* Ele menciona que isso provavelmente seria politicamente impraticável, e parece desapontado (quase irritado) com esse fato.

É possível alimentar 8, 9, 10 bilhões de pessoas adequadamente sem arruinar o planeta. Não precisamos de controle populacional para isso; precisamos apenas ter um plano melhor para cultivarmos o que for necessário e usar isso de maneira mais eficiente.

ONDE ESTAMOS HOJE

Gado faminto; carros vorazes

Como se explica o fato de que produzimos de 5 mil a 6 mil calorias* por pessoa por dia — mais que o dobro do que necessitamos — e ainda assim temos problemas para alimentar a todos?

A resposta óbvia é a desigualdade global. Centenas de milhões de pessoas não têm o suficiente para comer, mas bilhões têm alimento demais. Aproximadamente 4 em cada 10 adultos no mundo têm sobrepeso. Durante quase toda a história humana, a maior batalha foi ter comida suficiente. Os famintos agora são minoria. O fato de os índices de obesidade terem aumentado tão rapidamente no mundo todo na verdade mostra quão nova e rara é essa situação: evoluindo num mundo de escassez, fomos programados para tirar proveito máximo de toda a comida de que nos apossamos. Por isso, parte da resposta é sim: no mundo todo comemos mais do que necessitamos. Ainda assim, não chegamos a comer 5 mil calorias por dia. Comemos provavelmente cerca de metade disso. A pergunta mais importante é como conseguimos perder *metade* do alimento que produzimos antes mesmo que ele chegue aos nossos pratos. Esse é um sistema escandalosamente ineficaz.

Isso acontece porque alimentamos gado e carros, não pessoas. O mundo produz 3 bilhões de toneladas de cereais por ano. Menos da metade disso é destinada à alimentação humana, 41% se destina a alimentar o gado, e 11% disso terá aplicações na indústria, como biocombustíveis. Essa distribuição é surpreendente, mas quando levamos em consideração países específicos, o equilíbrio é espantoso.

Países pobres usam quase todo o seu cereal na alimentação humana. Chade, Malawi, Ruanda e Índia, por exemplo, são países que destinam a esse uso mais de 90% da sua produção. Quando você mal consegue produzir o suficiente para todos, não pode se permitir usar a sua produção para abastecer carros ou alimentar outros animais. Desviar o alimento dos humanos é um luxo. Muitos países mais ricos levam esse luxo ao extremo. A quantidade de milho que os Estados Unidos usam em

---

* Por questão de brevidade, quando menciono "calorias" quero dizer "quilocalorias".

biocombustíveis para carros é 50% maior que a quantidade produzida pelo continente africano inteiro.* Isso não é exclusividade dos Estados Unidos: no mundo todo, alimentar humanos com colheitas diretamente está se tornando uma posição minoritária. Os Estados Unidos são incomparáveis no que diz respeito à quantidade destinada a biocombustíveis. Na maioria dos outros países predomina a alimentação animal: nossos cereais vão para frangos, gado e porcos famintos.

APENAS METADE DOS CEREAIS DO MUNDO É DESTINADA DIRETAMENTE À ALIMENTAÇÃO HUMANA.
Os países mais pobres usam quase todo o seu cereal na alimentação humana direta. Os países mais ricos desviam cada vez mais alimento para a alimentação animal e para usos industriais como o biocombustível.

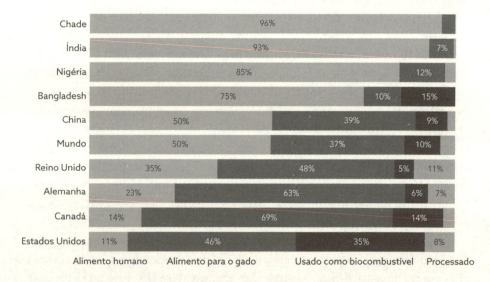

Isso não acontece apenas com os cereais. Outras culturas também seguem esse caminho. Como vimos no capítulo anterior, cerca de três quartos da soja do mundo é transformada em ração e destinada a frangos, porcos e bovinos.**

---

* Em 2019, os Estados Unidos destinaram 121 milhões de toneladas de milho ao uso industrial (quase tudo para biocombustíveis). O continente africano inteiro produziu 82 milhões de toneladas. O Brasil produziu uma quantidade similar.

** A única ressalva com relação a esse dado — que três quartos da soja se destinam à alimentação do gado — é que isso é baseado em *massa*. No modo como são distribuídos os 350 milhões de toneladas de soja que produzimos todo ano. Quando decompomos isso com base no valor econômico — quanto dinheiro ganhamos vendendo esses produtos —, o óleo de soja também tem grande importância. A ração animal e o óleo de soja são muitas

5. ALIMENTO

O dilema da carne: uma maneira ineficaz de fazer comida saborosa

Quando alimentamos animais, algumas das calorias são canalizadas para a formação de tecido magro e gordura que mais tarde podemos comer. Mas a maior parte dessas calorias desaparece. Como se explica isso? Para onde vão essas calorias?

Queremos que os animais ganhem peso, porque assim teremos mais carne. Mas mesmo que eles não ganhem peso precisamos alimentá-los para que permaneçam vivos. Essas calorias são queimadas durante as atividades do dia a dia: movimentação, ato de bicar, ato de mugir, manter todos os órgãos em funcionamento. Com os seres humanos não é diferente. Falando de maneira áspera e até cruel, as calorias com as quais alimentamos animais apenas para mantê-los vivos são um "desperdício". Qual o tamanho do "desperdício"? Depende do animal. Quanto maior o animal, mais comida teremos de fornecer a ele para mantê-lo vivo. Mais uma vez, isso não é diferente do que se passa com os seres humanos. Para manter o seu peso, Arnold Schwarzenegger precisa comer muito mais do que eu como. Simplesmente porque sou uma pessoa menor. Mesmo que copiássemos a rotina diária um do outro e realizássemos todas as mesmas atividades, ele provavelmente queimaria 50% mais calorias facilmente.

Essa associação simples é útil: animais menores são mais eficientes em termos calóricos. Peixes e aves tendem a ser mais eficientes, seguidos por porcos, carneiros e o gado.* Infelizmente isso significa o contrário para o bem-estar animal: seria preciso matar mais deles para obter a mesma quantidade de carne. Equacionar esse dilema moral depende de cada pessoa. A medida da "eficiência calórica" nos indica qual porcentagem das calorias com as quais alimentamos um

---

vezes coprodutos do mesmo processo: pegamos a soja, extraímos o óleo, e os sólidos ricos em proteína são usados para a alimentação animal. O óleo de soja é usado como óleo de cozinha e como ingrediente numa série de alimentos processados, tais como tira-gostos, confeitaria, produtos de panificação, molhos.

É uma tarefa difícil determinar qual desses produtos é "líder" na produção de soja. É algo parecido com a situação do "ovo e da galinha". Somos ávidos por óleo de soja e simplesmente usamos como ração animal os sólidos deixados para trás? Ou os nossos animais são ávidos por proteína e precisamos encontrar utilidade para o óleo? Como sempre, provavelmente são as duas coisas. No que diz respeito ao valor econômico entre óleos e ração animal, pode-se dizer que há um empate. Talvez não haja um "líder" incontestável, e os dois conjuntamente funcionam bem. Também é verdade que se não produzíssemos essa ração animal da soja, teríamos de produzi-la de algum outro lugar. No mundo todo comemos muita carne, e precisamos de algo para alimentar os animais.

* Apesar de serem um pouco menores que os porcos, os carneiros tendem a ser ligeiramente "menos eficientes" que os primeiros porque se movem mais, sua alimentação é de menor qualidade, e eles usam energia na produção de coprodutos como a lã.

animal reverterá em produto "comestível" para os humanos. Esses números são bastante surpreendentes.

No caso da carne bovina, esse número é de apenas 3%.[16, 17]* Isso significa que para cada 100 calorias com as quais alimentamos uma vaca recebemos apenas 3 calorias na forma de carne em nossa mesa; 97 calorias são na verdade desperdiçadas. No caso do carneiro, o aproveitamento é de 4%. Melhor que o dos bovinos, mas ainda assim esmagadoramente ruim. Para a carne de porco o resultado é de 10%. E de 13% no caso da carne de frango. Mesmo para os animais mais eficientes, quase todas as calorias — mais de 80% — são desperdiçadas. É um fato bastante difícil de engolir. Você consegue se imaginar comprando uma fatia de pão, cortando um pedacinho, e atirando o resto — mais de 90% do pão — na lata de lixo? Quando se trata de calorias, é praticamente isso o que fazemos com a carne.

Pelo visto, a equação calórica não é nada boa para a carne. Mas o que dizer da proteína? Ocorre que o gado também é um conversor muito ineficaz de proteína. Quanto à carne de porco, de carneiro e bovina, mais de 90% da proteína que os animais consomem em sua ração se perde. Em cada 100 gramas de proteína consumidas pelos animais, somente 10 gramas chegarão à sua mesa. No caso do frango, essa quantidade é maior, mas mesmo assim teremos somente 20% da proteína de volta na forma de carne.

Convém lembrar que a carne e os laticínios são o que chamamos de fonte "completa" de proteína. Mesmo que os animais percam muito da proteína que lhes damos como alimento, a que eles produzem é de *alta qualidade*, com uma gama completa de aminoácidos essenciais dos quais precisamos para ter boa saúde. Os cereais têm alguns aminoácidos, mas não todos. Você teria deficiência em proteínas se comesse apenas cereais.[18] Isso não acontece com os produtos à base de vegetais. Leguminosas como ervilhas, feijões e soja têm perfil muito bom de aminoácidos. Quem tem uma combinação de cereais e leguminosas em sua dieta pode facilmente suprir as suas necessidades de proteína.

Carne e laticínios são também uma grande fonte de micronutrientes — cálcio e ferro, por exemplo. Escolhendo a combinação certa de alimentos, também podemos obter esses micronutrientes de uma dieta baseada em vegetais. A exceção a isso é a vitamina B12, que é encontrada apenas em produtos de origem animal. Esse é o único nutriente que os veganos devem acrescentar a sua dieta como suplemento. Portanto, tecnicamente, não *precisamos* de carne e de laticínios para uma alimentação

---

* A eficiência da carne e dos laticínios pode variar, pois depende de elementos como qualidade da alimentação do animal, o seu esquema alimentar e o uso de suplementos. Mostro aqui médias globais de eficiência para cada carne, mas os números podem variar mundo afora.

nutritiva. É possível satisfazer as necessidades alimentares com uma dieta baseada em vegetais diversificada e bem planejada. Mas isso não é viável para todos. Eu poderia conseguir isso com facilidade, porque a duas quadras da minha casa há um grande supermercado com todo tipo de comida que se possa imaginar. O mais importante é que tenho o privilégio de poder gastar o que for necessário para comprar uma ampla variedade de alimentos. E posso comprar suplementos se precisar deles. E depois de estudar longamente esse assunto, sei de quais alimentos preciso para cobrir com segurança todas as minhas bases nutricionais.

A MAIOR PARTE DAS CALORIAS É "DESPERDIÇADA" QUANDO ALIMENTAMOS O GADO PARA OBTER CARNE
Somente uma pequena porcentagem das calorias que os animais consomem se converte em carne. Os maiores animais "desperdiçam" mais calorias.

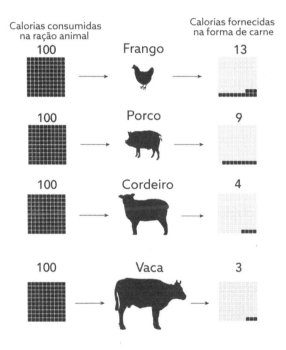

Para a maioria das pessoas no mundo, as coisas não são tão fáceis assim. Nos países mais pobres, mais de dois terços das calorias que as pessoas consomem vêm de alimentos básicos como cereais e tubérculos. Em Bangladesh, por exemplo, quase 80% das calorias vêm desses alimentos. A maioria depende de arroz e de trigo. Para fins de comparação, no Reino Unido apenas um terço vem de cereais e de culturas de raízes. O restante é obtido de uma série de fontes: frutas, vegetais, leguminosas, carnes e laticínios. É um privilégio ter acesso a diferentes alimentos, e ter condições de arcar com eles.

Durante milhares de anos, a carne teve papel fundamental nas dietas humanas. É antieconômica, mas é nutritiva, para não mencionar que é saborosa. Entretanto, se quisermos criar um sistema que alimente *todos* sem levar o planeta à ruína, precisaremos repensar nossa relação com a carne.

Alimentação: o âmago dos problemas de sustentabilidade do mundo

Observe qualquer um dos problemas ambientais do mundo e perceberá que a alimentação está em seu centro. Ela de fato está no âmago da sustentabilidade. Como vimos no capítulo 3, o sistema alimentar é responsável por um quarto das emissões de gases estufa do mundo. Mesmo que fizéssemos desaparecer a mudança climática, porém, precisaríamos ajustar o nosso sistema alimentar para lidar com os nossos outros problemas ambientais.

Está preocupado com a pressão sobre os suprimentos de água? A agricultura responde por cerca de 70% da retirada de água doce do mundo. Em alguns países tropicais, mais de 90% da água é usada na agricultura.[19] Preocupado com o desmatamento? Como já vimos, tire de cena a agricultura e o problema quase desaparece. Preocupado com a perda da biodiversidade? Novamente aqui, a produção de alimento exerce a maior pressão sobre a vida selvagem no mundo.[20] Da caça excessiva de animais pela carne e da ocupação dos seus habitats para o plantio até a aniquilação de ecossistemas com pesticidas e fertilizantes, a maior ameaça aos animais do mundo é a demanda humana por alimento. Preocupado com a poluição da água? Sim, você adivinhou: a agricultura está por trás disso. Quando colocamos nutrientes no solo e nas plantações, a maior parte deles escapa da terra e invade rios, lagos e o oceano. Esses nutrientes devastam os ecossistemas; espécies como as algas tiram vantagem disso e crescem por toda parte. Peixes e outros animais são privados de oxigênio, e a vida desaparece das águas.

Se observarmos o cenário completo perceberemos a escala do impacto que a agricultura teve na transformação do nosso planeta. Atualmente, metade das terras livres de gelo e de deserto do mundo são utilizadas para agricultura. Muito mais terra é destinada à agricultura do que o mundo tem na forma de florestas. Três quartos desse total são utilizados na criação do gado — como terra para

5. ALIMENTO

pastagem dos animais e também como terra para o cultivo de alimentos destinados a eles. O que impressiona é o desequilíbrio que constatamos na comida que chega à nossa mesa no final do processo. A carne e os laticínios fornecem somente 18% de nossas calorias, e 37% de nossas proteínas. Nós investimos uma quantidade enorme de recursos na criação do gado, mas o retorno não é grande coisa.

METADE DAS TERRAS HABITÁVEIS DO MUNDO SÃO USADAS PARA AGRICULTURA
A agropecuária é o maior impulsionador do desmatamento e da perda de habitat. Três quartos das terras agrícolas são usados para a criação de gado.

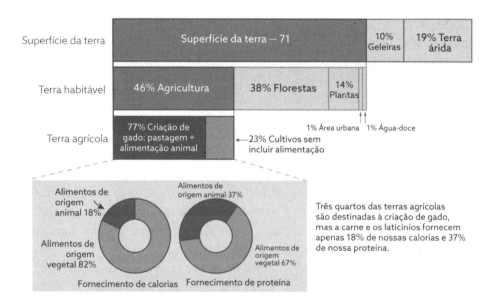

Se criássemos um mapa global dos diferentes usos da terra — agrupando cada um deles — as terras destinadas à criação de animais abarcariam toda a América do Norte, Central e do Sul combinadas, do topo do Alasca até a extremidade do Rio Grande na Argentina.

Muitos dos problemas ambientais associados à agricultura relacionam-se a duas coisas: quanta terra usamos e como administramos insumos como água e fertilizantes. As soluções necessárias para alimentar todos de maneira sustentável se resumem a tentar reduzir o máximo possível a quantidade de terra que utilizamos para a agricultura. Deveríamos devolver à vida selvagem a maior quantidade de terra que pudéssemos. Em termos globais, estamos obtendo progressos nisso, muitas vezes em razão da *intensificação* da agricultura: usando insumos como os fertilizantes para conseguirmos maior produtividade. Aqui também estamos realizando progressos — um fato que tem causado surpresa a muitos.

É possível que o mundo já tenha vivido o pico das terras agrícolas

Com mais pessoas para alimentar, e pessoas adotando dietas que demandam mais terra (quanto mais carne comemos, mais terra tem de ser usada), podemos presumir que a nossa demanda por terra nunca terá fim. Que globalmente essa demanda simplesmente aumentará até que a população pare de crescer. Essa seria uma notícia muito ruim.

Felizmente, isso não acontecerá. Alguns anos atrás, vários pesquisadores previram que poderíamos estar próximos do pico da terra agrícola.[21] Tenho de admitir que quando ouvi isso pela primeira vez considerei um absurdo e duvidei. Isso não era possível, de jeito nenhum. Sim, o rendimento dos cultivos aumentava e poderia apenas estar acompanhando o crescimento populacional, mas o nosso apetite por carne também crescia rapidamente. Parecia improvável que estivéssemos nos tornando tão eficientes que também passássemos a combater isso.

Comecei a examinar dados e a analisar os números. A fonte principal de dados — a FAO, da ONU — indica que ultrapassamos o pico por volta do ano 2000. Outros estudos tomaram esse trabalho como base e constataram a mesma coisa: o mundo já passou pelo pico.[22] O que me faz hesitar em declarar que alcançamos o pico "definitivo" é que os dados nos mostram que as terras de pastagem atingiram o pico, mas as de cultivo, não. Se as terras de cultivo continuam em expansão, é possível que essa vitória seja anulada.

Na pior das hipóteses, o mundo está *próximo do pico* das terras agrícolas. E mesmo assim continuamos a produzir mais e mais comida a cada ano. Globalmente, tem acontecido uma separação entre terras agrícolas e produção de alimento.* Esse é um momento muito importante da nossa história ambiental. A vida selvagem do mundo esperou milhares de anos para que parássemos essa expansão. Surgiu enfim a oportunidade de fazer isso acontecer.

---

* No gráfico, mostrei esse dado em termos de produção de alimento do ponto de vista monetário. Esse valor é ajustado pela inflação. Isso não é verdade apenas em termos de dólares, quando consideramos em unidades físicas de toneladas (o total do que produzimos), isso continua sendo verdade.

5. ALIMENTO

O MUNDO TALVEZ JÁ TENHA PASSADO PELO PICO DA TERRA AGRÍCOLA
As terras de pastagem do mundo já alcançaram o pico, mas as de cultivo, não. Obviamente, o uso da terra agrícola não alcançou o pico no mundo inteiro.

Isso definitivamente não está acontecendo em todos os lugares do mundo. Em muitos países mais ricos, o uso da terra agrícola está em queda. Em outros países, as terras de cultivo e as de pastagem ainda estão em expansão, muitas vezes à custa das florestas. O declínio mais que compensa a expansão. *Globalmente*, o resultado é um declínio. É um sinal poderoso o fato de que podemos produzir mais alimento utilizando menos terra. Se entendermos essas lições e as aplicarmos em todos os lugares, podemos conseguir resultados em todos os lugares. Isso mostra que o futuro da produção de alimentos não precisa seguir o caminho destrutivo que seguiu no passado.

O mundo logo passará pelo pico do uso de fertilizante

Utilizar menos terra é muito certo e bonito. Mas um dos motivos pelos quais podemos produzir muito mais em 1 hectare de terra é que podemos usar insumos tais como nutrientes, pesticidas e irrigação para aumentar a produtividade da plantação. Muitas pessoas receiam que estejamos apenas substituindo uma prática insustentável por outra, e que acabemos numa louca corrida por fertilizantes.

Na verdade, a quantidade de fertilizante que o mundo usa todo ano quase não mudou na última década. O consumo de fertilizantes cresceu rapidamente nos cinquenta anos anteriores — mais que quadruplicou. Mas esse movimento agora está estagnado. É possível que estejamos no ponto crítico no qual o uso de fertilizantes começa a declinar. Mas com mais pessoas para serem alimentadas, como pode ser? O uso de fertilizantes ainda está aumentando em muitos países mais pobres no mundo. Isso é algo bom — já vimos como foi impactante a inovação de Fritz Haber e Carl Bosch.

O MUNDO PODE ESTAR PRÓXIMO DE UM "PICO DO USO DE FERTILIZANTES"
Uma maior eficiência no uso de fertilizantes significa que muitos países estão produzindo mais alimento com menos fertilizante.

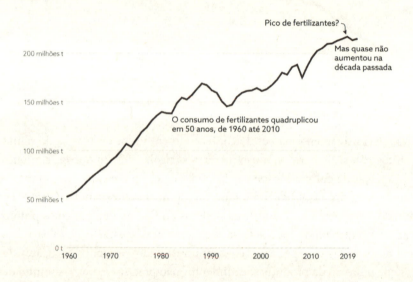

Contudo, o uso de fertilizantes estagnou ou está declinando em muitos países ricos. Nos Estados Unidos, seu uso não aumenta desde a metade da década de 1970. Enquanto isso, a produção de alimento aumentou 75%. A França agora usa cerca de metade da quantidade de fertilizante que usava na década de 1980. O mesmo se deu no Reino Unido e na Holanda. Mesmo nas economias que crescem com mais rapidez, o fertilizante utilizado está alcançando o seu pico. A China já passou por esse pico. Em 2010, usava cerca de 25 vezes mais fertilizante do que usava cinquenta anos antes. Essa linha ascendente acentuada parecia preocupante. Mas o uso de fertilizante na China alcançou seu pico em 2015 e vem caindo desde então.

Essas reduções não aconteceram porque os países fizeram cortes nos alimentos ou optaram pelos orgânicos e eliminaram totalmente os fertilizantes sintéticos. Aconteceram porque estávamos nos tornando mais eficientes no uso desses fertilizantes. Um dos maiores e mais impressionantes estudos do mundo mostra isso com grande clareza.[23] Em uma experiência que durou uma década, pesquisadores trabalharam com 21 milhões de pequenos agricultores na China. Esses pesquisadores queriam saber se poderiam ajudar os agricultores a aumentarem o rendimento do seu plantio ao mesmo tempo reduzindo os impactos ambientais da atividade agrícola. Eles tiveram êxito. De 2000 a 2015, a produtividade média do milho, do arroz e do trigo aumentou cerca de 11%. Ao mesmo tempo, o uso dos fertilizantes azotados *diminuiu* aproximadamente um sexto. Eles estavam literalmente produzindo mais com menos.

Portanto, com o uso de fertilizante temos um padrão consistente. Em primeiro lugar, nos países mais pobres os agricultores usam muito pouco fertilizante. Eles não podem arcar com tal custo. Isso é ruim para eles porque as suas colheitas são fracas e eles ganham menos dinheiro. Também é ruim para o planeta, porque esses agricultores precisam usar mais terra. Quando eles têm uma melhora financeira, começam a usar mais fertilizante. O rendimento do cultivo aumenta. Com o passar do tempo, porém, o foco passa a ser o uso mais eficiente desses insumos. O uso do fertilizante não cai a zero, mas os agricultores aprendem a usar apenas a quantidade certa para dar às culturas os nutrientes de que elas precisam.

COMO ALIMENTAR TODOS SEM DESTRUIR O PLANETA

Como alimentar 2 bilhões de pessoas a mais nesse século sem destruir o planeta?

A essa altura já deve ser óbvio que não podemos retroceder. É tentador pensar que devemos voltar a empregar um modo de produzir alimento que pareça mais enraizado, mais fundamental, como as coisas costumavam ser. Isso pode funcionar numa escala reduzida, mas não alimentará bilhões. A conta simplesmente não fecha.

Fiz os cálculos necessários para saber de quanta terra precisaríamos para sustentar a nossa atual população de 8 bilhões de pessoas empregando diferentes sistemas de alimentação e agricultura. Lembre-se: a quantidade de terra habitável no planeta — que é toda a nossa terra livre de deserto e de gelo — é de cerca de 100 milhões de km^2, e nos dias de hoje usamos metade disso — 50 milhões de km^2 — para a agricultura.

Para sustentar 8 bilhões de pessoas recorrendo à caça e à coleta, precisaríamos de 8000 a 800.000 milhões de km^2 de terra viável. Isso é 100 a 10 mil vezes a quantidade de terra que temos no planeta. Sem mencionar a inconveniente realidade de que exterminaríamos todos os mamíferos pelo caminho.

E quanto à pastorícia? Pequenas comunidades que dependem de rebanhos? Isso não é muito melhor do que as sociedades mais produtivas de coletores. Precisaríamos de 3000 a 8000 milhões de km². Ou de dez planetas Terra.

E que tal se retornássemos aos primeiros métodos de agricultura orgânicos? Todos nós poderíamos ter um pequeno pedaço de terra, arregaçarmos as mangas e voltar à prática da boa e velha agricultura como se costumava fazer? Para retornarmos à cultura itinerante — ao estilo corte e queimada — precisaríamos de uma extensão de terra entre 80 e 800 milhões de km². Melhorou bastante, mas ainda não temos terra suficiente para viver assim. Para praticar a agricultura mais tradicional em apenas um lugar, precisaríamos contar com algo entre 8 e 80 milhões de km², o que — pelo menos na extremidade inferior — é muito mais realista. Mas isso só funcionaria se *todas as pessoas tivessem uma alimentação à base de vegetais*, para que pudéssemos alimentá-las de modo eficiente com terras cultivadas. E provavelmente teríamos de colocar abaixo muitas das nossas florestas ao longo do processo.

Com a agricultura moderna podemos alimentar 8 bilhões de pessoas com muito menos terra. Talvez somente de 4 a 8 milhões de km² se tivermos uma agricultura bastante produtiva no mundo todo e se adotarmos dietas baseadas em vegetais (são "ses" grandes demais).

Portanto, voltar atrás não é possível para nós. Não há simplesmente espaço o bastante para que 8 bilhões de nós façam isso.

Como desenvolver um sistema alimentar mais sustentável

Fico angustiada quando me fazem a temida pergunta "Então, Hannah, o que você faz?". Já sei que dentro de instantes eu estarei mergulhada até o pescoço num debate acalorado sobre o que todos no mundo deviam estar comendo. As pessoas *adoram* discutir isso. Todos têm uma opinião sobre o assunto. Como comemos e o que comemos são escolhas profundamente pessoais. Dietas frequentemente se tornam uma parte importante da nossa identidade. Elas se tornam tribais. As regras são binárias. Vegano é alguém que não consome produtos de origem animal. Se você consome esses produtos, então você não é vegano. Não faz parte da tribo. Para seguir uma alimentação cetogênica correta você tem de manter a ingestão de carboidratos muito baixa. Ultrapasse o nível devido e você sairá da dieta cetogênica. Dieta orgânica e dieta livre de transgênicos são concepções binárias. Ou é certificado como orgânico ou não é. Ou é classificado como livre de transgênicos ou não é. Pregação e vergonha são comuns. *Não quero* dizer às pessoas o que elas

5. ALIMENTO

devem comer. Isso não é da minha conta. Ao mesmo tempo, *quero* dar respostas claras e objetivas às perguntas básicas sobre alimentar-se de modo mais sustentável. Quero dar às pessoas as informações de que elas necessitam para tomarem decisões conscientes, e então deixar que tomem essas decisões segundo o que valorizam. Se elas não se importarem com a pegada de carbono que deixam com sua maneira de se alimentarem, tudo bem para mim. Mas me incomoda bastante quando as pessoas *realmente* se importam e querem se alimentar de modo sustentável, mas fazem escolhas baseadas em informações ruins e acabam depositando todos os seus esforços nos lugares errados. Por mais que elas tentem, nada se torna melhor. Na verdade, algumas vezes elas tornam as coisas até piores.

Quero deixar aqui as minhas principais recomendações quanto a desenvolver um sistema de alimentação mais sustentável. Aceitar ou não minhas recomendações dependerá de você. Algumas vezes elas entrarão em desacordo com outros valores que você tem, o que é natural. Caberá a você ajustar as suas próprias prioridades.

[1] MELHORAR O RENDIMENTO DAS COLHEITAS EM TODO O MUNDO

Agora estamos em uma posição excepcional. Acabamos com esse impasse com a natureza: podemos agora obter mais alimento com menos terra.[24]

Mas há uma exceção. Em sua maioria, os países da África Subsaariana ficaram para trás. O rendimento das suas plantações não aumentou muito, e está persistentemente baixo. A produção média de cereais na África é a metade da produção da Índia, e um quinto da produção dos Estados Unidos. Isso não é ruim apenas para o planeta, mas também para a população. Mais da metade da força de trabalho da África Subsaariana é composta de agricultores, e eles recebem muito pouco dinheiro por seu trabalho. Muitos vivem com o equivalente a menos de alguns dólares por dia.[25]

A África terá de produzir muito mais alimento nas décadas que virão. Nos próximos trinta anos espera-se que acrescente mais 1 bilhão de indivíduos à sua população, e depois outro bilhão em mais trinta anos. Pesquisadores calculam que a quantidade de terra necessária para os cultivos pode quase triplicar até 2050 se o rendimento não melhorar.

Melhorar o rendimento da colheita — sobretudo na África Subsaariana — tem de ser parte do plano. Se isso se concretizar na região — se ela conseguir corrigir os seus "hiatos de rendimento" com o que é biológica e tecnologicamente viável —, então ela poderá se alimentar sem perder nenhuma floresta nem nenhum habitat natural. A boa notícia é que sabemos como fazer isso.

O RENDIMENTO DAS COLHEITAS NA ÁFRICA SUBSAARIANA FICOU PARA TRÁS
As colheitas de cereais são medidas em toneladas por hectare.

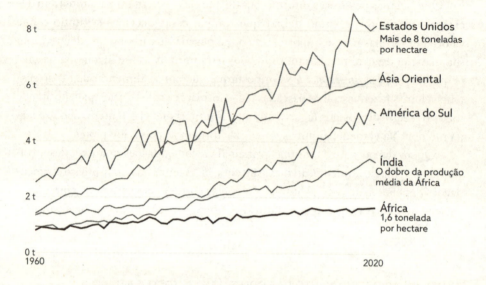

As tecnologias e os investimentos que já funcionaram para tantos países — de fertilizantes a variedades aperfeiçoadas de sementes e à irrigação — se tornarão ainda mais importantes com a mudança climática. Os agricultores precisarão controlar melhor o manejo de nutrientes e da água à medida que as temperaturas subirem e as secas se tornarem mais comuns e mais intensas.

Assim como Norman Borlaug desenvolveu plantações de trigo incrivelmente produtivas no México, na Índia, no Paquistão, no Brasil e em outros países, nós também podemos desenvolver novas variedades de plantas mais resistentes à seca e que podem resistir a temperaturas mais altas. Muitas dessas inovações significam também que podemos ter plantações que necessitem de menos fertilizantes e pesticidas. Plantações que precisam de menos insumos químicos, que são mais resistentes à seca *e que* apresentam rendimentos maiores — como não gostar disso tudo? Isso sem dúvida parece algo que favorece as pessoas e o planeta ao mesmo tempo. No entanto, muitos ambientalistas adotam a estranha postura de se oporem vigorosamente ao cruzamento e às modificações genéticas de plantas, ainda que essas técnicas tenham se mostrado incrivelmente importantes para proteger ecossistemas e habitats no mundo inteiro. Nós precisamos superar essa oposição. Se queremos alimentar 10 bilhões de pessoas sem arrasar mais florestas, o movimento ambientalista precisa aceitar com cautela — e não evitar — os avanços que nos ajudarão a produzir mais com menos terra.

5. ALIMENTO

[2] COMER MENOS CARNE, PRINCIPALMENTE CARNE BOVINA E CARNEIRO
Você já viu essa recomendação.

O capítulo 3 abordou alguns dos impactos climáticos associados a diferentes alimentos. A pegada de carbono da carne — principalmente carne bovina e de carneiro — realmente se sobressai. Mas não se trata somente de mudança climática. Tendo em vista que os alimentos têm um peso tão grande em muitas questões ambientais, uma simples mudança alimentar tem muitos desdobramentos positivos. Quer se trate de emissões de gases estufa, uso da terra, uso da água ou poluição da água,* a hierarquia é quase sempre a mesma: carne bovina e carne de carneiro são as piores escolhas, seguidas por laticínios, carne de porco, de frango, e depois alimentos de origem vegetal, como tofu, ervilhas, feijões e cereais. Isso não muda quando comparamos esses alimentos em quilogramas, calorias ou proteínas. As diferenças aqui não são pequenas. Não são coisas insignificantes, não é fazer tempestade em copo d'água pelo uso de 100 metros quadrados de terra agrícola em vez de 99. É a diferença entre usar 100 metros quadrados e usar 1 metro quadrado. Nada mais, nada menos que uma diferença de 100 vezes.

Por isso, mais uma vez o melhor que podemos fazer é consumir menos carne e laticínios. Se realmente desejamos mudar as coisas em grande escala, será necessário que muitas pessoas embarquem nessa escolha. Se metade da população deixasse de consumir carne duas vezes por semana, diminuiríamos as emissões de carbono, o uso da terra e o uso da água muito mais do que diminuiríamos se o veganismo crescesse alguns pontos percentuais.

Oferecer às pessoas uma alternativa do tipo "tudo ou nada" dificilmente as levará a realizar mudanças. Uma das piores maneiras de convencer uma pessoa a reduzir o seu consumo de carne é dizer a ela que se torne vegana. Isso simplesmente não funciona. Precisamos mostrar que pode ser simples e agradável reduzir um pouco o consumo. Pode-se escolher um dia em que não se comerá carne (por exemplo, Segunda-feira sem Carne), ou lanches sem carne. Muitas vezes as pessoas que iniciam uma dieta mais baseada em alimentos de origem vegetal estão cheias de reservas, mas acabam descobrindo que é mais fácil do que elas esperavam.

Mas o que importa não é somente *quanta* carne e laticínios consumimos. O tipo de carne e de laticínio também importa. Pode fazer uma enorme diferença

---

* A eutrofização ocorre quando nutrientes escapam da terra e caem em sistemas de água como rios, estuários, lagos ou no oceano. Esses nutrientes podem vir de fertilizantes sintéticos ou de insumos orgânicos como o estrume. O excesso de nutrientes nos sistemas hídricos acaba por abalar os ecossistemas próximos. Vemos com frequência grandes "eflorescências algais", em que as algas se espalham e tomam conta do ecossistema, privando de oxigênio outras formas de vida.

simplesmente trocar um tipo de carne por outro. Se você for um consumidor voraz de carne bovina, então substituir um pouco do que você consome semanalmente por frango ou peixe é a melhor coisa que você pode fazer. Na verdade, uma mudança assim faz muito mais diferença do que um grande consumidor de frango se tornar vegetariano.

Podemos constatar isso com muita clareza quando se trata do uso da terra agrícola. O mundo usa aproximadamente 4 bilhões de hectares de terra para o cultivo de alimentos.* Pesquisadores elaboraram cenários das mudanças que teríamos se todos no mundo adotassem dietas diferentes. Ainda assim, isso nos oferece uma perspectiva interessante de como *poderia ser* o nosso uso global da terra. Se simplesmente eliminássemos a carne bovina e a carne de carneiro (mas ainda mantivéssemos vacas leiteiras), cortaríamos quase pela metade a necessidade de terras agrícolas no mundo. Economizaríamos 2 bilhões de hectares, o equivalente a uma área com o dobro da dos Estados Unidos. É disso que vem, de longe, a maior economia. E não significa que todos nós precisamos nos tornar veganos.

Se eliminássemos também os laticínios, diminuiríamos mais uma vez para a metade esse uso da terra, para pouco mais de 1 bilhão de hectares. Três campos de cultivo do tamanho dos Estados Unidos poupados. A partir daí, porém, as reduções são marginais. Claro que uma dieta vegana resultaria na maior redução: se todos adotassem uma dieta vegana, reduziríamos em 75% a quantidade de terra que usamos para agricultura. Uma área do tamanho da América do Norte somada ao Brasil. Contudo, não são economias tão grandes assim em comparação às que obteríamos com uma dieta que incluísse frango, ou peixe, e ovos.

Essa pesquisa também põe por terra outra grande preocupação da qual se ouve muito falar: "Nós não podemos nos tornar todos veganos — não temos terras suficientes para cultivar alimentos!". Conforme já mostrei, se todos se tornassem veganos, precisaríamos de *menos* terras de cultivo que as que usamos atualmente, porque pouparíamos toda a terra utilizada para plantar alimentos destinados à criação de animais. Menos da metade dos cereais do mundo é usada para a alimentação humana diretamente. O restante se destina à criação de animais ou aos biocombustíveis. O mesmo vale para a soja. Poderíamos simplesmente reaproveitar esse alimento, ou reaproveitar essa terra para plantar diferentes culturas.

---

* São 40 milhões de km² — um pouco menor que os 50 milhões de km² que mencionei anteriormente. O motivo disso é que estamos considerando apenas o uso da terra agrícola para produzir gêneros alimentícios. Isso não inclui o uso da terra para a produção de biocombustíveis, têxteis ou plantações de produtos não alimentares.

5. ALIMENTO

QUAIS ALIMENTOS TÊM O MAIOR IMPACTO AMBIENTAL?

Carne e laticínios — principalmente carne bovina e de carneiro — têm impacto ambiental muito maior do que as fontes de proteína vegetal. Os alimentos são comparados por 100 gramas de proteína.

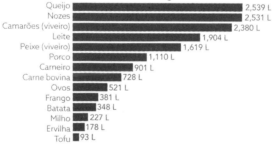

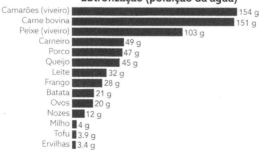

Em um primeiro momento, tudo isso parece muito simples, mas é difícil conseguir que as pessoas mudem de comportamento. Não acredito que um número suficiente de pessoas realizará essa mudança apenas com base no apelo ético. Se queremos que as pessoas modifiquem seus hábitos alimentares mundo afora precisaremos de produtos novos, saborosos e parecidos com carne.

MUDAR PARA DIETAS À BASE DE VEGETAIS PODE REDUZIR O USO DE TERRAS AGRÍCOLAS EM 75%
O uso global de terras agrícolas é dado para terras de cultivo e as de pastoreio para a pastagem de animais, supondo-se que todos os indivíduos no mundo adotaram determinada dieta. Isso se baseia em dietas de referência que satisfazem as necessidades nutricionais de calorias e proteínas.

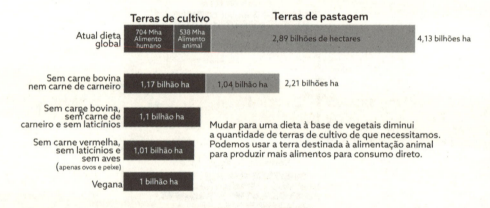

[3] INVESTIR EM SUBSTITUTOS PARA A CARNE: O HAMBÚRGUER DE LABORATÓRIO
Quando me tornei vegetariana, a pegada de carbono da minha família aumentou. Não fui eu a causadora disso, mas o meu irmão: ele quase ao mesmo tempo deu início a uma rotina de exercícios físicos. Ele ia à academia seis vezes por semana e, seguindo os conselhos de praxe para o condicionamento físico, dobrou seu consumo de carne da noite para o dia. Carne e brócolis em todas as refeições. Enquanto eu reduzia a carne ele tomava a direção contrária, anulando assim as minhas boas intenções.

Meu irmão nunca havia comido os hambúrgueres à base de soja e as salsichas vegetarianas Quorn. Ele disse que esse tipo de alimento não tinha gosto de carne de jeito nenhum. Na época, era mais difícil encontrar à venda no mercado produtos que substituíssem a carne. Tentamos misturar esses produtos nas refeições em família esperando que ele não percebesse. Fajitas de frango se tornavam

5. ALIMENTO

fajitas de frango vegetarianas. Espaguete à bolonhesa virava espaguete à bolonhesa com carne de soja moída. Mas o meu irmão nunca se deixava enganar.

Alguns anos mais tarde, ele comeu uma refeição vegetariana e não percebeu — e nesse dia eu soube que o mundo estava trilhando um bom caminho, e que estávamos fazendo progressos reais. A mulher dele misturou sorrateiramente um pouco de "carne à base de vegetais" no chili que "deveria" ser de carne e ele comeu sem nem piscar. Na verdade, ele não conseguia acreditar que não era carne. E ele ainda disse que era o melhor chili que já havia comido. Se o meu irmão pôde ser vencido, qualquer um pode.

Um dos setores alimentares que mais crescem é o de produtos que substituem a carne. Curiosamente, quem compra esses produtos são principalmente consumidores de carne. Noventa e oito por cento dos consumidores norte-americanos que compraram carne de origem vegetal também compraram produtos feitos com carne.[26] Esse é um ótimo sinal: queremos que todos desejem experimentar as carnes de origem vegetal. Elas jamais deveriam ser um produto de nicho para os veganos e vegetarianos do mundo.

Para entrarem de vez no mercado de carnes, esses produtos precisam satisfazer quatro condições: têm de ser saborosos, acessíveis, baratos e fáceis de combinar com refeições-padrão. Se falharem em um desses aspectos, ficarão para sempre em segundo plano.

A maioria das pessoas adora carne, por isso a teoria por trás dos produtos que substituem carne é simples: vamos tentar recriar a experiência de comer carne sem os impactos ambientais e as preocupações com o bem-estar animal. Em alguns anos apenas, o mundo fez grandes avanços. Imitações de hambúrguer e salsicha costumavam ter gosto de cartolina, mas marcas como a Impossible Foods e a Beyond Meat — as maiores empresas de produtos à base de plantas dos Estados Unidos — estão mudando as regras do jogo. Elas estão investindo pesadamente em produtos que tenham gosto e textura idênticos aos da carne real. Essa estratégia está no âmago da sua marca.

Uma declaração da Impossible Foods deixa isso bem claro: "Antes da Impossible Foods, havia carne e havia plantas. No ano de 2011, começamos com uma pergunta simples: 'O que faz a carne ter sabor de carne?'. Então descobrimos como fazer isso com plantas". O segredo do sucesso da empresa é a molécula heme. "Heme é o que faz a carne ter gosto de carne. É uma molécula essencial encontrada em todas as plantas e animais vivos — mais abundantemente em animais —, e algo que comemos e desejamos desde o surgimento da humanidade."

Com o seu "hambúrguer vegetal sangrando", acredito que a Impossible teve sucesso na criação de uma imitação quase perfeita. Alguns anos atrás, a nossa equipe ficou em San Francisco por três meses. Poucos restaurantes na cidade serviam o Impossible Burger, e estávamos hospedados ao lado de um deles. A primeira mordida que dei nesse hambúrguer foi como viajar de volta no tempo. Não acho difícil ser vegetariana — raras vezes me senti tentada a comer carne —, mas essa foi uma contundente lembrança do gosto que tem um hambúrguer de carne. Foi incrível. Fiquei devastada quando tive de voltar ao Reino Unido, porque lá não havia essa marca.* Mas desde então mais produtos inundaram o mercado, todos buscando ficar cada vez mais perto da carne de verdade.

Muitas pessoas perguntaram se esses produtos são de fato tão melhores para o meio ambiente. A resposta é sim. Eles são *muito* melhores do que carne bovina.[27, 28] As emissões dos produtos Quorn são de 35 a 50 vezes menores que as da carne bovina. Quem troca o hambúrguer de carne bovina por um da Beyond Meat ou da Impossible Food reduz as suas emissões em aproximadamente 96%. Isso em comparação com a pegada *média* global para a carne bovina. Os produtos substitutos ainda têm uma pegada aproximadamente dez vezes menor do que a carne bovina dos Estados Unidos e da Europa. E mesmo a pegada da carne bovina com as menores emissões de carbono do mundo ainda é cinco vezes maior do que a da Beyond Meat ou a da Impossible Burger, e dez vezes maior que a da Quorn.

A maioria desses produtos também tem pegada de carbono menor que a da carne de porco e a de frango, embora às vezes não seja muito menor. O que há de diferente a respeito desses alimentos é que eles têm ainda muito espaço para melhorar: uma boa parte da sua pegada de carbono vem da eletricidade necessária para produzi-los. O mundo tende a ter uma matriz energética de baixa emissão de carbono, por isso a pegada desses alimentos deverá melhorar também. Isso não acontece com a carne: estamos rapidamente atingindo os limites da nossa eficiência no que diz respeito à criação de animais.

Se quisermos ter êxito em transferir a carne do campo para o laboratório em nível mundial, o produto terá de ser muito mais barato. Nos países mais pobres, as pessoas simplesmente não podem adquirir esses produtos ainda. Se for possível torná-los mais baratos que a carne, então a realidade da alimentação global poderá verdadeiramente mudar. Poderemos oferecer ao mundo uma alimentação nutritiva e rica em proteínas, reduzindo ao mesmo tempo os impactos ambientais que causamos. Sempre que você compra um novo produto que substitui a carne, você não apenas diminui a sua própria pegada de carbono como também ajuda a reduzir o preço do produto para o restante do mundo.

---

* Na ocasião em que este texto foi escrito o produto ainda não estava disponível no Reino Unido, infelizmente.

A MAIORIA DOS PRODUTOS QUE SUBSTITUEM A CARNE TEM UMA PEGADA DE CARBONO MUITO MENOR QUE A DA CARNE

As pegadas de carbono são mostradas por 100 gramas de proteína para cada produto. Isso se baseia em análises de ciclo de vida, o que inclui emissões na fazenda, mudança no uso da terra, matérias-primas, processamento, transporte e empacotamento do alimento.

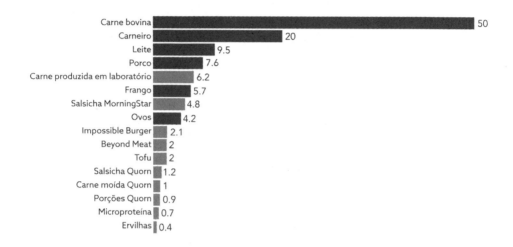

[4] O HAMBÚRGUER HÍBRIDO

Muitas pessoas ficariam felizes por saborear um Impossible Burger de origem vegetal, porém outras vão querer continuar com os hambúrgueres de carne bovina. Bem, talvez esses últimos possam ter a sua carne vermelha, mas também talvez possam poupar uma porção dela.

Uma alternativa é combinar carne bovina com carne de frango, de soja ou de outras fontes de proteína com baixa emissão de carbono, obtendo assim o hambúrguer híbrido. Ele ainda teria gosto de carne bovina. E continuaria com a textura de um hambúrguer de carne bovina normal. Ou seja, ainda *seria* carne bovina. É curioso notar que em testes cegos de gosto as pessoas tendem a *preferir* hambúrguer misturado em vez de hambúrguer 100% de carne bovina ou 100% de outro tipo de carne.[29, 30] Mas quando você revela às pessoas que estão comendo um hambúrguer "misturado", elas tendem a se mostrar menos entusiasmadas. Se esse bloqueio mental fosse superado, os híbridos poderiam fazer uma enorme diferença.

Vamos fazer as contas para avaliar essa diferença: pelos meus cálculos, se o McDonald's e o Burger King fizessem todos os seus hambúrgueres misturando carne bovina e soja numa proporção de 50/50, resultaria em uma redução de 50

NÃO É O FIM DO MUNDO

milhões de toneladas de gases do efeito estufa por ano.* Isso equivale às emissões de Portugal. Essa medida também liberaria uma área de terra maior que a Irlanda e evitaria que 3 milhões de bovinos fossem abatidos pela carne todos os anos.

E são apenas duas empresas. Imagine se fizéssemos isso numa escala muito maior. Poderíamos poupar o equivalente em emissões dos países, o equivalente em terras dos países, e salvar milhões de animais todos os anos. O principal argumento de venda é que os consumidores não teriam de mudar seus hábitos alimentares. Eles mal perceberiam a diferença. Melhor ainda: poderiam achar ainda mais saborosos os hambúrgueres híbridos.

(5) SUBSTITUIR LATICÍNIOS POR ALTERNATIVAS DE ORIGEM VEGETAL

Na dieta típica da União Europeia, os laticínios são responsáveis por pouco mais de um quarto da pegada de carbono, chegando algumas vezes a um terço.[31]

Muitos de nós buscam alternativas de origem vegetal. No Reino Unido, pesquisas indicam que um quarto dos adultos agora bebem leites vegetais,[32] que são ainda mais populares entre os mais jovens: um terço dos indivíduos entre 16 e 23 anos escolhem esse leite. Existem agora diversas opções. Mas qual "leite" é melhor? Essa é uma das perguntas mais comuns que me fazem.

A resposta é simples: qualquer um. Faça a sua escolha. Todas as alternativas de origem vegetal têm impacto ambiental mais baixo que o do leite de vaca. O leite de vaca gera cerca de três vezes mais emissões de gases do efeito estufa, utiliza cerca de dez vezes mais terra, até vinte vezes mais água fresca, e causa níveis muito mais altos de eutrofização (poluição das águas com excesso de nutrientes).[33]

Escolher qual leite vegano seria o melhor para você depende realmente do impacto com o qual você mais se importa. O leite de amêndoas, por exemplo, tem menos emissões de gases de efeito estufa e usa menos terra do que a soja, mas exige mais água. Não existe um vencedor absoluto em todos os critérios. Simplesmente escolha aquele que você mais aprecia.

Tenho de fazer aqui uma ressalva: leites vegetais não têm o mesmo perfil nutricional que o leite de vaca. O leite de vaca tende a ser mais rico em calorias e proteínas. E também contém micronutrientes (como a vitamina B12) que os leites vegetais não têm. Mas os leites vegetais agora costumam ser fortificados com vitaminas D e B12. A substituição do leite de vaca por leites vegetais não deve

---

* Isso inclui não somente as *emissões* resultantes da produção dos produtos, mas também os custos de oportunidade do carbono da terra que liberaríamos. Livrar essa terra da criação de gado permitiria que ela reflorestasse e absorvesse carbono da atmosfera.

176

preocupar as pessoas que têm uma dieta diversificada e aquelas que não dependem do leite como fonte importante de proteína. É possível encontrar essas fontes em outros alimentos. Contudo, para certos grupos — sobretudo crianças pequenas e indivíduos de menor renda com diversidade alimentar insatisfatória — essa troca pode ser ruim.

QUE TIPO DE LEITE É MELHOR PARA O MEIO AMBIENTE?
Os impactos ambientais estão indicados por litro de leite. Nenhum leite vegetal vence em todos os critérios, mas todos têm um impacto muito menor sobre o meio ambiente do que o leite de vaca.

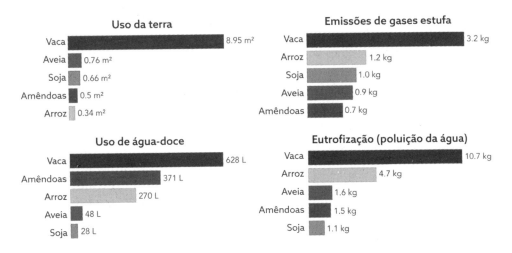

[6] DESPERDIÇAR MENOS COMIDA
Desperdiçamos aproximadamente um terço dos alimentos do mundo.[34, 35] Quando falo em "desperdício" não estou incluindo toda a energia que perdemos quando alimentamos o gado com as plantações ou as colocamos nos carros. Estou falando de comida que acaba simplesmente apodrecendo sem ser usada para nada.

Esse cálculo de um terço corresponde à quantidade de alimentos que desperdiçamos com base no *peso* dos alimentos. Não se trata necessariamente da quantidade que perdemos em termos de calorias ou de proteínas. Com base em calorias essa proporção é menor — cerca de 20% provavelmente. O motivo para essa diferença é que os alimentos que mais desperdiçamos são os pesados e que contêm muita água. São frutas, vegetais, cana-de-açúcar e tubérculos como a mandioca. Eles sofrem danos, facilmente acabam amassados, batidos e machucados, e apodrecem rapidamente. Esses alimentos são excelentes para uma dieta diversificada e são ricos em nutrientes, mas têm menos calorias do que os cereais, os grãos e as carnes.

Quando pensamos em comida "jogada fora", muitas vezes imaginamos pessoas ricas atirando suas sobras na lata de lixo. Em muitos países esse é o cenário dominante. É a comida que jogamos fora em casa e em restaurantes, ou os que ficam nas prateleiras dos supermercados. Em partes, isso é deliberado. Deliberadamente, escolhemos não comer.

Globalmente, porém, e sem dúvida em países mais pobres, a maior parte do desperdício ocorre nas cadeias de abastecimento: são as "perdas". Isso geralmente não é intencional, e é doloroso para agricultores e produtores de alimento porque é dinheiro perdido. Esse alimento é "perdido" das mais variadas maneiras. Agricultores tentam fazer suas colheitas com equipamento inadequado e acabam deixando para trás, nos campos, muito do que foi plantado; os alimentos são recolhidos em sacos velhos de material que deixa escapar o seu conteúdo por toda parte; as plantações são infestadas por pestes e doenças; os alimentos são deixados ao sol, apodrecendo; e muitas vezes não há refrigeração para mantê-los frescos no transporte.

Em uma conversa que tive certa vez com um dos meus ex-chefes — Mike Berners-Lee — sobre perdas de alimentos, ele comentou que era "só usar Tupperware". E eu não me esqueço disso desde então. Ele tem razão. O mundo perderia muito menos comida se tivesse mais Tupperware. E existem estudos que provam isso.[36] Pesquisadores no Sul da Ásia verificaram que diferença faria trocar sacos de tecido por engradados de plástico baratos. Quando agricultores e distribuidores transportam os seus alimentos em sacos, não é difícil imaginar a condição em que seus tomates e mangas se encontram quando chegam ao mercado. De tão batidos, machucados e amassados, cerca de um quinto dos alimentos transportados dessa maneira têm de ser jogados fora. Quando eles usaram engradados de plástico em vez dos sacos, essas perdas foram reduzidas em até 87%; em vez de perderem um quinto dos seus produtos, perderam não mais que 3%.

Essa não é a única mudança que temos de fazer na cadeia de abastecimento. Também precisamos aumentar a refrigeração da fazenda até o mercado, e durante a permanência do alimento no mercado. Embalar produtos em materiais como o plástico pode aumentar a vida útil e proteger contra pestes e doenças. Os alimentos também precisam ser estocados em locais apropriados para não ficarem ao sol. Essas mudanças parecem ser simples, mas fazem uma enorme diferença.

A comida desperdiçada em residências, restaurantes e lojas é um problema diferente. Em tese, deveria ser simples e evidente: compre o que você precisa e se certifique de que vai consumir o produto. Mas é difícil mudar o comportamento

5. ALIMENTO

humano. Algumas coisas podem ajudar. Opte pelas frutas e vegetais mais "feios" dos supermercados, que são deixados para trás como órfãos. Não se deixe atrair por ofertas como "compre um e leve mais um grátis" ou "três pelo preço de dois", a menos que você vá realmente comer o que levar. Não é preciso levar ao pé da letra os avisos de data de validade do tipo "melhor consumir antes de". Vários supermercados estão retirando-os, porque as pessoas muitas vezes confundem "melhor consumir antes de" com "consumir até" e presumem que seja a data do enterro do produto. Na verdade, o aviso significa exatamente isto: provavelmente o alimento estará mais fresco e saboroso até a data indicada, mas continuará bom para consumo também depois disso. É preciso encontrar meios melhores de distribuir alimentos não aproveitados de supermercados e restaurantes. É inaceitável que esses alimentos acabem lançados num aterro sanitário quando poderiam acabar na mesa de casas, sobretudo casas de famílias em dificuldades.

Os benefícios ambientais resultantes da redução do desperdício e das perdas de alimentos são enormes, e não se limitam aos custos ambientais do alimento que apodrece nos aterros sanitários. Sem dúvida, esse alimento desperdiçado emite gases do efeito estufa, mas é apenas uma minúscula fração do seu impacto. O problema maior é o desperdício de toda a terra, toda a água e as emissões de gases do efeito estufa no processo de produção dos alimentos.

(7) NÃO DEPENDER DA AGRICULTURA DE AMBIENTE CONTROLADO

Sou uma entusiasta de novas tecnologias. Talvez você até acredite que eu seja fanática por qualquer inovação que nos permita cultivar alimentos usando muito menos terra. É o que promete a agricultura em ambiente interior, vertical. Infelizmente é uma tecnologia que em minha opinião não vingará.

O conceito de agricultura vertical é bastante simples. Em vez de usar a energia do sol para plantar, podemos usar luzes de LED internas. Em vez de usar solo, podemos acrescentar nutrientes e sementes a bandejas de água — chamadas "hidropônicas". A mágica consiste no fato de que essas bandejas podem ser posicionadas umas sobre as outras. Fazendas verticais são um pouco como arranha-céus. As megacidades se desdobraram para abrigar um enorme número de pessoas sem se alastrarem ao redor. A solução foi construir para cima. Fazendas verticais poderiam permitir que cultivássemos 10, 20, talvez até 100 vezes mais alimento por hectare do que uma fazenda normal ao ar livre.[37]

O uso de água e de fertilizantes é consideravelmente menor.[38] Todas as condições — temperatura, umidade e configurações de luz — podem ser controladas e as plantações não ficam mais à mercê do surto de peste mais recente ou de eventos climáticos extremos. E podemos produzir toda a nossa comida no meio das cidades, bem no lugar em que precisamos dela.

Isso tudo parece bom demais para ser verdade, e é mesmo. O problema com as fazendas verticais é que necessitam de muita energia. A luz do sol é substituída por luzes elétricas que precisam ser muito poderosas para simular a bola de fogo no céu. Mas me pergunto qual seria a quantidade de eletricidade necessária para produzirmos alguns dos nossos alimentos em fazendas verticais. Tomemos como exemplo a alface — um dos mais populares cultivos internos. Se os Estados Unidos produzissem toda a sua alface em fazendas verticais, a demanda de eletricidade seria equivalente a cerca de 2% do consumo total de eletricidade dos Estados Unidos. Se 2% parece pouco para você, considere que a alface proporciona a cada pessoa aproximadamente 5 calorias por dia. Então aumentaríamos em 2% o consumo de eletricidade nos Estados Unidos para satisfazer 0,2% das suas necessidades calóricas.

A fazenda vertical somente é viável para alguns poucos cultivos — e mesmo assim não muito viável. Frutas e vegetais são caros para se cultivar, mas também são rentáveis para os agricultores. Os custos mais altos da fazenda vertical só podem ser respaldados por culturas como alface, cogumelos e tomates, permitindo que alguns produtores cubram os seus custos ou tenham um pequeno lucro. Mas em fazendas verticais não podemos produzir nenhuma das nossas culturas básicas. O mundo retira a maior parte das suas calorias do milho, trigo, arroz, mandioca e soja. Essas culturas são tão baratas que se torna lamentavelmente caro tentar plantá-las usando agricultura interna. Um estudo avalia que custaria 18 dólares produzir uma fatia de pão com trigo cultivado numa fazenda vertical. E isso apenas para pagar a iluminação. A eficiência dessas luzes de LED irá aumentar, mas mesmo considerando que essa iluminação tenha melhoramentos muito generosos, o custo de produzir cereais será no mínimo seis vezes maior do que nós pagamos por eles atualmente.

Outro prego no caixão é que muitos dos benefícios ambientais desaparecem quando consideramos a eletricidade necessária para alimentar fazendas verticais. Levando-se em conta que as redes elétricas ainda não têm carbono zero, acabaremos emitindo algum CO_2 para produzir essa energia. Em alguns casos, emitiremos muito CO_2. Poderíamos argumentar que em breve seremos capazes de fornecer a essas fazendas energia de painéis solares, e eles serão carbono zero. Mas ainda assim precisaremos de terra para os painéis. Quando incluirmos o uso da terra da fonte de eletricidade, a economia de solo proporcionada pelas fazendas pode desaparecer totalmente. Em alguns casos, essas fazendas precisarão na verdade de *mais* terra do que um campo normal.

5. ALIMENTO

Adoraria que essa tecnologia provasse que estou errada, mas, se as coisas continuarem como estão, as fazendas verticais interiores poderão funcionar para algumas poucas culturas específicas, mas jamais alimentarão o mundo.

COISAS QUE DEVERIAM NOS PREOCUPAR MENOS

Comer produtos locais — o mito da comida ecologicamente correta

Alguns anos atrás fui convidada a voltar à minha antiga universidade para receber um prêmio de comunicação científica. Foi uma dessas cerimônias sofisticadas em que todos ficam em volta, bebericando vinho, jogando conversa fora e dando voltas pelo recinto. Caso ainda não tenha ficado óbvio: eventos desse tipo são o meu pior pesadelo.

No jantar, sentei-me ao lado de uma de minhas antigas professoras. Foi estranho ser vista como colega pela minha professora e não como aluna. Quando as nossas refeições chegaram, naturalmente começamos a falar sobre comida. Eu havia pedido um prato vegetariano. Minha professora pediu carneiro. "Sei que carne não é bom para o meio ambiente", ela disse, "por isso não como carne de frango nem de porco. Mas como carneiro, porque é produzida localmente e por isso tem baixa pegada de carbono". Pensei que ela estivesse brincando. Mas não estava. Foi difícil de acreditar: como podia uma acadêmica em assuntos ambientais realmente acreditar numa coisa dessas — que carnes têm baixa pegada de carbono só porque são produzidas localmente?

Se eu estivesse nessa situação hoje, talvez argumentasse ou protestasse um pouco. Mas na ocasião fiquei embaraçada demais. Sorri, não disse nada e comi o resto do meu assado vegetariano.

Mas deixei aquele jantar disposta a encontrar de uma vez por todas a resposta a essa pergunta: comer produtos locais reduz mesmo a nossa pegada de carbono? Quem entendeu errado, eu ou eles? No decorrer do ano seguinte encontrei diversos artigos científicos, e todos, um após o outro, apontavam para a mesma conclusão: *o que* comemos é mais importante para a nossa pegada de carbono do que a distância que o alimento viajou para chegar até nós.

Publiquei esses achados — com todos os dados — em um artigo, e acabei ganhando uma reputação de "garota contra comida local". Não sou contra comida local, de modo algum. As pessoas podem escolher comer localmente por vários

181

motivos; talvez elas queiram apoiar fazendeiros em sua comunidade ou saber onde a sua comida é feita. São motivos perfeitamente válidos. Um motivo que *não é* válido é comer localmente para ter uma pegada de carbono baixa. Principalmente se você estiver escolhendo de maneira seletiva alimentos que emitem mais carbono em vez dos que emitem menos, apenas porque estão mais perto da sua casa. Ainda assim, comer produtos locais é uma recomendação que ouvimos com frequência, até mesmo de fontes respeitadas como a ONU.

Em 2021, a Ipsos entrevistou 21 mil adultos em trinta países a respeito do conhecimento e das opiniões dessas pessoas sobre mudança climática. Uma das perguntas foi:

"Quais dessas duas ações você acha que diminuiriam mais as emissões de gases do efeito estufa de um indivíduo?"
a) Ter uma dieta composta principalmente de alimentos produzidos localmente, incluindo carne e laticínios produzidos localmente.
b) Ter uma dieta vegetariana, mesmo que algumas frutas e vegetais tenham sido importadas de outros países.

Em todos os países — com exceção da Índia, que tem uma culinária mais baseada em vegetais —, as pessoas acreditavam que carne produzida localmente era melhor para o clima do que uma alimentação sem carne com alguns alimentos importados. Em toda a pesquisa, 57% responderam que uma alimentação à base de carne produzida localmente era melhor, 20% responderam que uma alimentação vegetariana era melhor, e os 23% restantes não escolheram nenhuma opção.

A justificativa para comer produtos locais faz sentido; transportar comida emite gases do efeito estufa, portanto, quanto maior a distância a ser percorrida mais gases são emitidos. Parece correto, e é verdade. Mas é preciso colocar em perspectiva a quantidade de CO_2 emitida durante o transporte dos alimentos. Na cadeia alimentar, os transportes contribuem somente com cerca de 5% para todas as emissões de gases do efeito estufa provenientes dos alimentos. A maior parte das emissões associadas aos alimentos vem de mudanças no uso da terra e de emissões *na fazenda*: gado que arrota metano; emissões de fertilizantes e de esterco; a liberação de carbono dos solos.

Como é possível que o transporte seja tão insignificante? Acredito que muitos de nós imaginam que alimentos de outras partes do mundo — bananas da Guatemala, soja do Brasil, abacate do Peru ou grãos de cacau de Gana — que consumimos chegam até nós de avião. Na verdade, quase nenhum alimento chega até nós por transporte aéreo. Voar é caro demais — as empresas não fazem isso se não precisam fazer. Em vez disso, a maior parte do comércio internacional de alimentos é realizada por navio, e a navegação é hoje um modo de viajar com pegada de carbono muito baixa. Transportar alimentos por navio emite cerca de 50 vezes menos CO_2 que transportar alimentos por avião. Quase todos os 5% de emissões provenientes de alimentos associadas a transporte vêm das estradas — a entrega de alimentos em nível regional ou local. As emissões do transporte marítimo de alimentos são de apenas 0,2%, e as da aviação são ainda menores, de 0,02%.[39]

OS TRANSPORTES RESPONDEM POR UMA PEQUENA QUANTIDADE DE EMISSÕES ASSOCIADAS A ALIMENTOS
Os transportes são responsáveis por somente 5% das emissões do sistema alimentar. A maior parte dessas emissões vem do transporte doméstico por estradas, não da navegação nem da aviação internacionais.

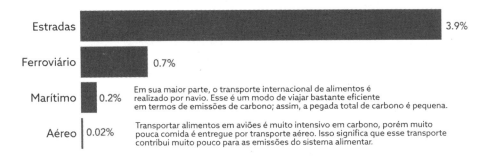

Uma justificativa muito usada para fazer oposição à mudança para uma alimentação à base de vegetais é que os alimentos "veganos" mais popularizados são produzidos muitas vezes no estrangeiro. Abacate, soja, banana. Muitos argumentam que esses produtos são muito piores para o meio ambiente do que a carne produzida "em casa". Isso não é verdade, porque esses produtos são quase sempre transportados por navio.

Não se pode dizer o mesmo, contudo, dos alimentos que são transportados por via aérea. Como saber quais alimentos chegam até nós transportados por avião? É frustrante, mas não há um modo fácil de saber. Há muito tempo defendo a ideia de que os alimentos transportados por via aérea tragam em sua embalagem o pequeno símbolo de um avião. Não é difícil fazer isso, e facilitaria muito as coisas para nós. Sem um selo de transporte aéreo, existem algumas regras gerais que podemos usar.

O ALIMENTO QUE VOCÊ CONSOME É MUITO MAIS IMPORTANTE DO QUE O LUGAR DE ONDE VEIO ESSE ALIMENTO

Emissões associadas a transporte e empacotamento geralmente são uma pequena parte da pegada de carbono do alimento. Consumir uma dieta mais baseada em vegetais é mais benéfico ao clima do que tentar consumir comida produzida mais localmente. As emissões são medidas em quilogramas de dióxido de carbono equivalente por quilograma de comida.*

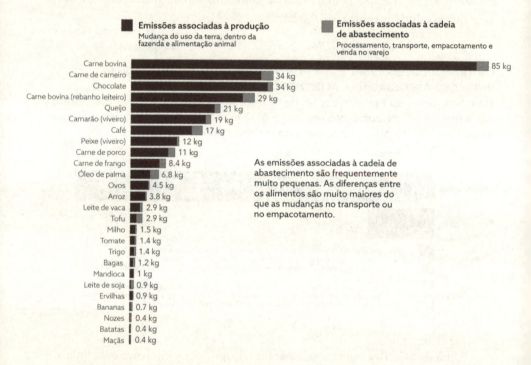

As empresas escolherão o transporte aéreo somente se precisarem fazer o alimento chegar até nós com rapidez. Nesse caso são alimentos que têm vida útil *muito* curta e se estragarão poucos dias após serem colhidos, principalmente frutas e vegetais que começam a apodrecer muito rapidamente: itens como aspargos, vagens e bagas. Frutas e vegetais como bananas, abacates e laranjas não entram nessa categoria. Sendo assim, evite alimentos que têm vida útil muito curta e são

---

* Você deve ter notado que os números totais aqui são ligeiramente diferentes da pegada de carbono dos alimentos mostrados anteriormente neste livro. Isso ocorre porque um é dado como média e o outro como mediana. Para alguns alimentos, esses valores podem ser bastante diferentes. O ideal seria que eu pudesse mostrar a discriminação em toda a cadeia de abastecimento usando exatamente a mesma métrica mostrada anteriormente. Infelizmente esse dado não está disponível na literatura científica subjacente. Os valores exatos podem diferir, mas as classificações gerais e as conclusões são as mesmas.

transportados por longas distâncias (muitos rótulos trazem o país de origem, o que ajuda a identificar esses alimentos).

Também é importante observar que não é que não tenha relevância *o lugar onde* o alimento é produzido — o que é insignificante é a *distância percorrida*. O lugar onde o alimento é produzido pode fazer muita diferença — há no mundo muitas práticas diferentes de agricultura, e variados climas e condições para o plantio de culturas e a criação de gado. Mesmo um tipo simples de alimento pode ter grandes diferenças em sua pegada de carbono, dependendo do modo como é produzido e onde é produzido.

Isso significa que comer localmente pode na verdade ser *pior* para o meio ambiente, sobretudo quando optamos por cultivar alimentos onde não deveríamos cultivar. O Reino Unido jamais será um lugar adequado para se cultivar cacau ou bananas. Podemos criar um ambiente tropical numa estufa, mas isso demandaria uma enorme quantidade de energia — muito mais do que a necessária para trazer esses alimentos de navio da África ou da América do Sul, onde eles crescem maravilhosamente. Há vários exemplos de importação de alimentos que tiveram pegada de carbono menor. A importação de alface da Espanha para o Reino Unido durante os meses de inverno reduz as emissões de três a oito vezes.[40] Tomates produzidos em estufas na Suécia consomem dez vezes menos energia que tomates importados do sul da Europa quando estão na época.[41]

Quando paramos para pensar, é absurdo que "comer produtos locais" possa valer como regra para todas as pessoas no mundo. Para os brasileiros, comer carne bovina local pode significar comer carne que causa desmatamento na Amazônia. Uma regra melhor é consumir alimentos produzidos onde as condições são ideais. Isso significa que você deve comprar alimentos tropicais de países tropicais, cereais de países que têm muito boa produtividade e carnes em lugares onde as terras de pastagem são produtivas e florestas não foram derrubadas para expandir os pastos. Dependendo do lugar onde você vive no mundo, isso pode ou não pode ser local para você. O principal aqui é saber que essa questão realmente não tem importância.

Consumir alimentos orgânicos não é sempre melhor para o meio ambiente

Eis aí uma afirmação bastante indigesta. Quando pensamos em uma classificação alimentar que indica responsabilidade ambiental a toda prova, a palavra "orgânico" nos vem à mente de imediato.

NÃO É O FIM DO MUNDO

Na verdade, porém, não é óbvio que a agricultura orgânica seja melhor para o meio ambiente do que a agricultura "convencional".* A agricultura orgânica tende a promover melhor biodiversidade — particularmente para os insetos. Se comparássemos 1 hectare de terras cultivadas orgânicas e 1 hectare de terras cultivadas convencionais, provavelmente encontraríamos ecossistemas mais saudáveis nas terras de cultivo orgânicas. Mas o grande calcanhar de aquiles da agricultura orgânica é que ela tende a nos dar produtividade menor em suas culturas, o que significa (sim, você já sabe aonde quero chegar) que precisamos usar mais terras. Isso então leva a um dilema e divide opiniões a respeito de como preservar da melhor maneira a biodiversidade: devemos plantar intensivamente em uma área menor ou devemos cultivar organicamente, impactando a biodiversidade em uma área bem maior.[42] Não se bateu o martelo ainda.

Mas o que é melhor para o clima: a agricultura orgânica ou a convencional? A verdade é que não há um vencedor claro aqui. Uma meta-análise reuniu os resultados de 164 estudos publicados e 742 sistemas agrícolas para comparar os seus impactos ambientais. Quanto às emissões de gases estufa, não houve consenso. Em alguns estudos, a agricultura orgânica venceu; em outros, venceu a convencional.

A mesma meta-análise mostrou o resultado unânime de que a agricultura orgânica era pior para o uso da terra, e também constatou que a agricultura orgânica causava mais poluição em rios e lagos. Muitas vezes nos preocupamos com os danos que fertilizantes sintéticos colocados em plantações possam causar aos ecossistemas circundantes, mas é um erro imaginar que isso não acontece na agricultura orgânica. Os agricultores orgânicos ainda colocam nutrientes em seus cultivos — com frequência na forma de esterco. Isso infelizmente significa que muito do excedente de nutrientes do esterco simplesmente é carregado para rios e lagos, onde causa explosão populacional de algas e outros desequilíbrios nos ecossistemas.

Sem dúvida existe um lugar para a agricultura orgânica — em alguns ambientes locais ela pode ser melhor que a alternativa —, mas ela não funciona em escala global. A agricultura orgânica é retratada com frequência como uma panaceia verde, algo que certamente não é.

Enquanto escrevo isso, a agricultura orgânica causa prejuízos aos agricultores do Sri Lanka. Em 2021, o governo do Sri Lanka subitamente proibiu a importação de fertilizantes para o país, pois desejava que o país adotasse um sistema de

---

* "Convencional" aqui tem o sentido de agricultura não orgânica com alguns insumos sintéticos. Algumas pessoas protestam contra o fato de que a adição de insumos sintéticos é considerada um meio "convencional" de agricultura e não o contrário. Mas eles se tornaram os termos que a maioria das pessoas usa para diferenciar os dois tipos de agricultura.

5. ALIMENTO

agricultura orgânica. Foi um desastre. A produção de alimentos em todo o país desabou e os preços dispararam — o custo dos vegetais aumentou mais de cinco vezes. Os vendedores disseram que jamais haviam visto tempos tão ruins. A maioria penava para encontrar vegetais, e quando os encontravam não podiam comprá-los. A maior parte dos agricultores esperava colher apenas metade do que estavam acostumados a colher. O experimento todo fracassou completamente, e o governo do Sri Lanka vem tentando reverter essa situação.

Essa decisão impensada — que teve impactos demolidores para tantas pessoas — deu-nos uma pequena amostra da situação em que o mundo ficaria caso se tornasse orgânico. Não tenho dúvida de que não há nada de inerentemente errado com a agricultura orgânica. Em muitos contextos, com bons solos e nutrientes em abundância, ela pode funcionar bem. Em algumas situações, ela *é* a melhor solução. Mas não pode ser uma solução abrangente e não vai corrigir o nosso sistema alimentar.

As pessoas costumam presumir que a comida orgânica é inerentemente mais saudável do que a não orgânica. Causa bastante preocupação aos consumidores a sua exposição aos pesticidas quando consomem alimentos não orgânicos, e é verdade que alimentos orgânicos tendem a registrar menos pesticidas sintéticos. Em um estudo realizado em três pesquisas nos Estados Unidos, alimentos orgânicos tinham cerca de um terço dos resíduos de pesticida de produtos cultivados do modo convencional.[43] Isso não chega a ser nenhuma surpresa. Porém o importante aqui é saber se devemos ou não nos preocupar com esses níveis de resíduos de pesticida. A Organização Mundial da Saúde estabeleceu níveis "seguros" de ingestão diária, nos quais a exposição não tem efeitos negativos sobre a saúde humana. Os governos e os órgãos de governança em alimentação precisam se manter nesses níveis. E em muitos países eles se mantêm.

Um estudo nos Estados Unidos investigou os dez resíduos de pesticida mais comuns em doze grupos alimentares. Eles descobriram que todos os alimentos tinham níveis de pesticida *bem* abaixo dos limites. A maioria (75%) tinha menos de 0,01% do limite. Isso significa que os níveis de resíduo eram 1 milhão de vezes menores do que o limite que teria efeitos observáveis em nossa saúde. Existem exemplos semelhantes em uma série de países.[44, 45] Contudo, não devemos supor que isso aconteça em todos os lugares. Haverá países nos quais a comida não recebe tratamento adequado depois de ter sido colhida, o que torna difícil garantir que os resíduos de pesticida não estão acima dos limites da OMS. Cada vez mais agricultores têm acesso a pesticidas — sobretudo em países de baixa renda —, por isso precisamos nos certificar de que a regulação e o monitoramento sejam colocados em prática simultaneamente.

Em lugares com bons órgãos de governança alimentar, os alimentos não orgânicos são perfeitamente seguros. E existe pouca evidência sugerindo que o alimento orgânico é mais saudável. E eis aqui a minha recomendação pessoal, caso você se interesse: nunca me senti animada a comprar comida orgânica. Não procuro esse tipo de alimento. Também não o evito. É um pensamento semelhante ao da história de "comer localmente": sei que *o que* eu como importa muito mais que o fato de a comida ser orgânica ou não. Esse é o caso no que diz respeito ao seu impacto ambiental e nutricional. Interessa-me muito mais o que está *dentro* da embalagem do que a presença de um rótulo de aprovação nela.

Embalagem plástica — seu impacto é superestimado

Eu entendo: não há necessidade de embalarem os nossos alimentos em cinco camadas de plástico. As empresas exageram nisso, adicionando com frequência camadas extras de embalagens para deixarem os produtos mais bonitos ou exibirem a sua marca. Porém, mudar para *nenhuma* embalagem seria um desastre. Acabaríamos com ainda mais comida desperdiçada, o que seria pior para o meio ambiente.

Mais uma vez, *o que* você escolhe comer e certificar-se do que está realmente comendo são coisas muito mais importantes do que o que está embalando o produto. A pegada de carbono da embalagem plástica é pequena em comparação com a pegada do alimento que ela envolve. Somente 4% das emissões associadas aos alimentos vêm das embalagens.

O capítulo 7 abordará mais detalhadamente os plásticos e seu impacto sobre o meio ambiente. Por ora, a minha recomendação é que você se livre do excesso de embalagem se for possível. Bananas não precisam ser embrulhadas em plástico — elas já possuem cobertura. No caso de muitos alimentos, porém, existem motivos para o uso do plástico: ele mantém o nosso alimento seguro e fresco, evitando que o joguemos no lixo. Isso faz uma diferença muito maior.

SE FIZERMOS TUDO ISSO, COMO PODERÁ FICAR O MUNDO?

Imagine que estamos no ano de 2060. Todos — por mais incrível que possa parecer — leram este livro e colocaram em prática as recomendações nele contidas. Como ficará o mundo?

5. ALIMENTO

Existem 10 bilhões de nós em 2060. Portanto não fomos eliminados — já é um bom começo. O impressionante progresso nas tecnologias de agricultura e o acesso a variedades melhoradas de sementes significam que a produtividade das lavouras continua a crescer mundo afora.

Também fizemos avanços no sentido de retardar a mudança climática, mas o aquecimento global continua. Felizmente, as inovações nos cultivos nos permitiram desenvolver variedades resistentes a temperaturas mais quentes e a secas periódicas. Mesmo em tempos difíceis, os agricultores ainda conseguem obter uma colheita decente.

Em 2060, a realidade dos países da África Subsaariana é outra: eles não plantam o suficiente para se alimentarem simplesmente; eles também são grandes exportadores para o restante do mundo. Os países ricos repensaram as suas políticas de comércio agressivas e sufocantes e dependem desses países da África para terem o seu cacau, seu café e suas frutas tropicais. Retornos financeiros elevados na agricultura significam que nem todos na família precisam trabalhar na fazenda. Em vez disso, as crianças vão para a escola e depois para a universidade, e se tornam professores ou dão início a negócios na cidade. Os agricultores trabalham menos e recebem significativamente mais por hora trabalhada. E como eles conseguiram aumentar a produção de alimentos melhorando a produtividade dos cultivos, as suas lindas florestas continuam de pé.

Todos no mundo têm acesso a uma alimentação adequada e nutritiva, não apenas em termos de calorias, mas também de proteínas e de micronutrientes essenciais. Consumimos uma ampla variedade de alimentos. Algumas pessoas ainda consomem produtos animais, mas o mundo como um todo consome menos do que consumia nos anos 2020. As dietas são muito mais baseadas em vegetais, temos uma ampla variedade de grãos, frutas, vegetais e leguminosas. Descobrimos como fazer imitações perfeitas de laticínios com produtos de origem vegetal; elas têm exatamente o mesmo gosto dos produtos originais.

A quantidade de terra que o mundo reserva à prática da agricultura é apenas uma fração do que era na década de 2020. Em tomadas aéreas podemos ver florestas crescendo novamente nos locais em que haviam existido um dia. Pastos selvagens estão reaparecendo. Ecossistemas estão retornando à vida.

Isso pode parecer uma visão exageradamente otimista do futuro, uma visão mágica. Mas se tomarmos separadamente cada um dos aspectos que foram mencionados, veremos que não há razão óbvia para que não se realize. Sem dúvida, isso pode não ser simples nem fácil. Mas é possível. Esse pode ser o nosso futuro se quisermos.

6. PERDA DA BIODIVERSIDADE

Protegendo os animais selvagens do mundo

> *Duas gerações de humanos dizimaram mais da metade das populações de vida selvagem do mundo.*
>
> The Washington Post, 2018[1]

Versões dessa manchete surgem a cada dois anos, quando o World Wildlife Fund [Fundo Mundial para a Natureza] publica o seu importante relatório sobre a situação dos animais selvagens do mundo. Todas essas versões interpretam equivocadamente os números. Mas isso não impede que viralizem.

Isso não causa surpresa, e não tenho o direito de fazer zombaria. Muitas vezes é complicado lidar com os critérios que usamos para medir a biodiversidade, e muitos (inclusive eu mesma) ficam enredados em conceitos que interpretam mal. Vários anos atrás fui entrevistada pela National Public Radio, uma rede de rádio norte-americana, sobre algumas das estatísticas mais importantes do mundo. Eu quis destacar o preocupante declínio da vida selvagem, então escolhi os números principais do Relatório Planeta Vivo, da World Wildlife Fund. Não me lembro exatamente do que eu disse — e é doloroso demais para mim voltar a ouvir —, mas entrei em pânico. Eu disse algo parecido com "as populações animais do mundo tiveram um declínio de 68% desde 1970". Isso não é verdade — não é o que esses indicadores mostram. É desconcertante — tendo em vista que parte do meu trabalho é tentar corrigir falhas na comunicação pública de dados — que eu tenha cometido tamanho erro.

Não posso consertar o meu erro, mas posso tentar garantir que interpretemos esse relatório corretamente no futuro. Por que as manchetes erram, e o que o Relatório Planeta Vivo realmente mostra? O relatório tenta medir a mudança na *abundância* das espécies — quantos indivíduos existem — em mais de 30 mil populações de animais. Uma "população" é definida como uma espécie dentro de uma área geográfica. Assim, apesar de serem da mesma espécie, o elefante-africano na

África do Sul e o elefante-africano na Tanzânia são contabilizados como populações diferentes. O Relatório Planeta Vivo estima a mudança *média* no tamanho dessas populações. Para mostrar como é fácil interpretar erroneamente essa estimativa, examinemos um pequeno cenário.

Tomemos o exemplo, tirado da vida real, de duas populações de rinoceronte-negro: uma na Tanzânia e outra em Botsuana. Em 1980 havia 3795 rinocerontes na Tanzânia, e apenas 30 em Botsuana. Nas décadas que se seguiram, uma intensa atividade de caça ilegal na Tanzânia fez a sua população despencar a um nível dramaticamente perigoso: em 2017 restavam somente 160 rinocerontes. Já em Botsuana as coisas acabaram melhorando nesse intervalo de tempo: o número de rinocerontes aumentou de 30 para 50. A situação dos rinocerontes tanzanianos obviamente era das piores: eles haviam perdido 96% da sua população. Em Botsuana, seus números aumentaram 67%.

Se calcularmos a mudança média dessas duas populações chegaremos ao resultado de -15%, significando que os rinocerontes negros tiveram um declínio médio de 15%. Para fins de simplificação, estou usando a "média aritmética". No Relatório Planeta Vivo, os pesquisadores usam a "média geométrica", que é ligeiramente diferente, mas tem o mesmo problema de calcular pela média muitas populações e ser sensível a valores discrepantes. As manchetes podem comunicar que "nós perdemos 15% dos rinocerontes negros", mas isso está errado. Em 1980, o número total de animais era de 3825. Portanto perdemos 3615 deles. Isso significa que perdemos 95% dos rinocerontes! O Relatório Planeta Vivo é uma medida muito diferente do número ou da porcentagem de animais individuais perdidos.

Isso evidencia um perigo ainda maior quando se revela o Relatório Planeta Vivo. O cálculo da média dessas duas populações não nos dá nenhuma ideia da situação de cada uma delas. O rinoceronte-negro na Tanzânia perdeu 96% da sua população e se tornou seriamente ameaçado. Por outro lado, algo vai muito bem em Botsuana. Isso pode significar que não priorizamos o rinoceronte-negro da Tanzânia, coisa que sem dúvida precisávamos fazer. E podemos deixar de aprender lições importantes de Botsuana sobre aumentar populações seriamente ameaçadas.

Desse modo, o que o Relatório Planeta Vivo na verdade nos diz é que em 2018 *em média* esses números declinaram 69% desde 1970. Não há dúvida de que para muitos animais está ocorrendo um preocupante e acelerado declínio. Mas se olharmos um pouco mais atentamente veremos que as coisas vão bem para alguns animais também. Do ponto de vista da mudança, temos um cenário bastante ambíguo diante de nós. Quase metade das populações animais estava aumentando, e metade estava diminuindo.[2] Quarenta e sete por cento das populações de mamíferos aumentaram, 43% diminuíram e 10% não tiveram nenhuma mudança. Entre a população de pássaros, 41% aumentou, 52% diminuiu e 7% não tiveram nenhuma mudança. A mesma quantidade de populações aumentou e diminuiu em tamanho. Um declínio *médio* tão grande em todas as populações faz supor que aquelas que estão em declínio seguem por esse caminho com muito mais rapidez ou numa extensão muito maior do que as que estão aumentando.

Esses resultados não indicam que não devemos nos preocupar com a situação da vida animal. Não há dúvida de que estamos destruindo a biodiversidade em níveis recordes — muitas espécies se encaminham rapidamente para a extinção. Mas para resolver esse problema precisamos dar um grande destaque àqueles que estão lutando tão penosamente.[3] Para contarmos a história real da biodiversidade, precisamos ter consciência da maneira como as manchetes são comunicadas.

Como veremos mais adiante, perder 69% das espécies do mundo no intervalo de décadas significaria que estamos a um passo da extinção em massa. Felizmente ainda estamos muito longe desse ponto, e temos tempo mais que suficiente para mudar as coisas.

O rinoceronte-branco-do-norte está à beira da extinção. Najin e sua filha Fatu são os únicos dois restantes. Sudan, o último macho que restava, morreu em 2018. O desaparecimento desse magnífico animal é uma tragédia. Nos idos de 1960 existiam mais de 2 mil deles, a maioria vivendo no Sudão, na República Democrática do Congo. Desde então, a caça ilegal desenfreada fez sua população desabar em número.

Tendo em vista que os dois últimos rinocerontes são fêmeas, as perspectivas de reprodução parecem ínfimas. Mas isso não impediu que cientistas e conservacionistas empenhassem tempo e dinheiro para salvar os animais. Najin e Fatu vivem no Ol Pejeta Conservancy, uma área de vida selvagem protegida no Quênia. Elas são vigiadas por guardas armados o dia inteiro, todos os dias. Seus chifres foram serrados para deter os caçadores ilegais. Em laboratórios por todo o mundo, cientistas tentam desenvolver tratamentos reprodutivos — células-tronco, embriões híbridos, implantes de embrião — para trazer esses animais de volta da extinção. É um esforço internacional com poucas chances de sucesso.

Por que tantas pessoas se dedicam a salvar uma única espécie? Isso realmente não faz sentido. É caro proteger apenas dois indivíduos; tanto tempo e dinheiro poderiam ser empregados em uma série de outras finalidades. Sobretudo para tentar recuperar populações de rinoceronte-branco-*do-sul* — seus parentes que

6. PERDA DA BIODIVERSIDADE

continuam fortes, mas sob ameaça. Cientistas e conservacionistas não foram os únicos que investiram nesse projeto. Muitos de nós fomos atraídos para a história.

NÃO PERDEMOS 69% DOS ANIMAIS SELVAGENS, MAS MUITAS POPULAÇÕES PASSAM POR DIFICULDADES

O Relatório Planeta Vivo de 2022 comunicou um declínio médio de 69% nas populações de animais selvagens desde 1970. Cerca de metade dessas populações está aumentando, e metade está em declínio.

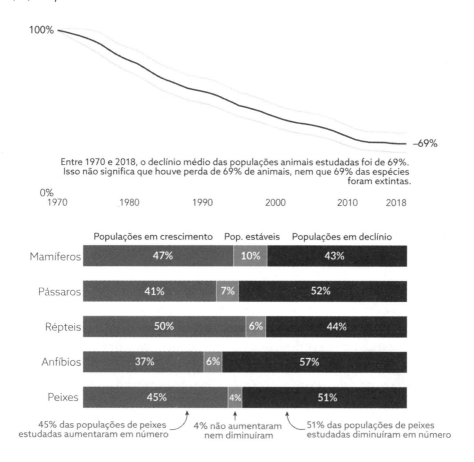

Isso conduz a uma questão mais importante: por que nos importamos com a biodiversidade? A cientista em mim quer um argumento prático que mostre por que eu me importo com os rinocerontes. Humanos dependem de ecossistemas equilibrados. Precisamos da biodiversidade para sobreviver. Isso é verdade na maioria das vezes, mas nem sempre. Existem algumas espécies nas quais esse valor funcional é óbvio. E em outras esse valor é menos nítido. Ecossistemas são complexos: as necessidades e dependências entre espécies são intrincadas. Reconhecidamente, não somos bons em compreendê-las. Existem, ao longo da história, inúmeros relatos sobre a nossa interferência nos ecossistemas e nossa bagunça. Como afirmou o economista e ecologista Garrett Hardin na Primeira Lei da Ecologia: "Não se pode fazer uma coisa só". Se você não levar em conta os efeitos de segunda ordem (os efeitos dos efeitos), então estará procurando problemas.

Assim, em muitas das espécies, o valor funcional não está claro, mas sim oculto numa complexa rede de presa, predador e conexões ecológicas. Não percebemos isso até que as coisas deem errado. Isso ocorre porque não está bem definido o significado de espécies que "precisamos" e de que não precisamos. O que torna isso ainda mais difícil é que diferentes medidas de biodiversidade nos dizem para "proteger" diferentes espécies e partes do mundo.[4] Devemos sempre ser despretensiosos a respeito disso quando nos sentirmos tentados a interferir.

Contudo, ainda existem casos nos quais a importância — ou a falta de importância — de uma espécie é óbvia. O rinoceronte-branco-do-norte é um bom exemplo de espécie "sem importância". Najin e Fatu não são essenciais para a sustentação da vida da qual dependemos. Mantidas em uma área cercada e protegida, elas na verdade estão isoladas dos ecossistemas de vida selvagem. Se desaparecessem não haveria um colapso ecológico. Nós ficaríamos perfeitamente bem. Para falar francamente: não *precisamos* delas. Se Najin e Fatu morressem amanhã, nenhum abalo ocorreria a não ser em nosso coração.

Existe então mais em nossa conexão do que o argumento do proveito. A vida selvagem é linda e nos faz feliz. Na natureza encontramos alegria: contemplando abelhas ou borboletas nos jardins, procurando esquilos numa floresta ou peixes ao mergulhar no mar. Mesmo quando não vemos animais selvagens com os nossos próprios olhos (eu nunca vi um rinoceronte), basta-nos saber que eles estão por aí em algum lugar.

Em seu livro *Do We Need Pandas? The uncomfortable truth about biodiversity* [Nós Precisamos de Pandas? A incômoda verdade sobre a biodiversidade], o ecologista Ken Thompson argumenta — o que provavelmente o título do livro deixa óbvio — que nós damos atenção desproporcional a espécies que oferecem o menor valor funcional (os pandas) e ignoramos as espécies que são realmente importantes para a nossa sobrevivência (os vermes e as bactérias).[5] Por muito tempo, tentei lutar contra essa desconexão, mas por fim aceitei que não há problema em ser motivado por uma ou por outra, ou pelas duas ao mesmo tempo. Se alguma coisa, seja qual for, nos leva a agir de maneira positiva, devemos aproveitá-la. Para algumas pessoas será principalmente a contribuição ecológica para a sobrevivência humana. Para outras será a celebração da beleza da vida que nos cerca, ou a defesa dos direitos das outras espécies.

Para algumas pessoas, entre as quais eu me incluo, isso será uma combinação de elementos. Uma combinação que nem sempre terá sentido lógico. No prefácio ao livro de Thompson, Tony Kendle capta lindamente o meu dilema cientista/humana:

> Esse desconforto em relação à subjetividade denuncia uma questão que atinge o âmago do desafio da conservação e do papel da ciência. Às vezes lutamos com mais vigor para proteger determinada coisa porque essa coisa nos comove, não porque tenha havido uma avaliação objetiva da sua importância funcional... Para nos mantermos vivos, precisamos das bactérias mais do que precisamos dos ursos, mas os ursos fazem a nossa vida valer mais a pena.

COMO CHEGAMOS ATÉ AQUI

Podemos gostar muito mais dos grandes animais do que de bactérias e de vermes, mas isso não nos impede de caçá-los. O mais visível e profundo impacto que os humanos causaram na vida animal do mundo está na transformação do seu próprio reino: o dos mamíferos.

Em que momento os humanos saíram da África e fincaram raízes nos continentes do mundo é uma questão acaloradamente debatida e contestada. Agora contamos com muitos indícios arqueológicos sobre esses períodos. Mas há outra maneira de rastrear a jornada dos humanos pelo planeta: investigar quando os mamíferos foram extintos. Onde quer que haja mamíferos desaparecendo, encontraremos rastros dos nossos ancestrais.

Algum tempo depois que os humanos chegaram à Austrália, espécies de canguru-gigante foram dizimadas. Quando chegamos à América do Norte, o mastodonte norte-americano foi extinto. A nossa chegada à América do Sul decretou o fim das preguiças-gigantes. Essa onda de extinções de mamíferos se estendeu pelo globo de aproximadamente 52.000 a 9000 a.C., num evento denominado Extinção da Megafauna do Quaternário.[6]

"Megafauna" são os grandes mamíferos — aqueles que pesam mais de 44 quilos e que compreendem tudo, desde ovelhas até mamutes. Pelo menos 178 das maiores espécies de mamíferos do mundo desapareceram.

A EXTINÇÃO DOS GRANDES MAMÍFEROS SEGUE OS PASSOS DA MIGRAÇÃO HUMANA

A Extinção da Megafauna do Quaternário dizimou mais de 178 espécies dos maiores mamíferos do mundo de 52.000 a.C. até 9000 a.C. Essas extinções mapearam rigorosamente as migrações humanas pelos continentes do mundo.

África
Os hominídeos evoluíram junto com grandes mamíferos, por isso eram mais resistentes à pressão humana. **20% foram extintas.**

Europa
Chegada dos humanos: de 35.000 a 45.000 anos atrás. Extinções: 23.000 a 45.000 anos atrás; depois de 10.000 a 14.000 anos atrás. **36% foram extintas.**

 O leão europeu foi extinto há 14.000 anos.

Austrália
Chegada dos humanos: 40.000 a 50.000 anos atrás. Extinções: 33.000 a 50.000 anos atrás. **88% foram extintas.**

 Muitas espécies de canguru-gigante foram extintas durante esse período.

América do Norte
Chegada dos humanos: 13.000 a 15.000 anos atrás. Extinções: 11.000 a 15.000 anos atrás. **83% foram extintas.**

 O mastodonte norte-americano foi extinto 11.000 anos atrás.

América do Sul
Chegada dos humanos: 8000 a 16.000 anos atrás. Extinções: 8000 a 12.000 anos atrás. **72% foram extintas.**

 Todas as espécies de preguiça-gigante foram extintas de 11.000 a 12.000 anos atrás.

6. PERDA DA BIODIVERSIDADE

Algumas pessoas argumentam que foi uma mudança climática que aniquilou esses animais. Mas existem agora evidências irrefutáveis indicando que os nossos ancestrais também desempenharam um papel crucial nessa derrocada.

O rastro final de evidências nesse mistério de assassinato vem do registro fóssil. Observando o tamanho dos mamíferos no decorrer da história humana percebemos uma tendência clara: eles ficaram menores.[7] A evidência dessa diminuição é encontrada em muitos registros no mundo todo.

No Levante — o Mediterrâneo Oriental — pesquisadores reconstituíram a massa de mamíferos que remontam a mais de 1 milhão de anos atrás e descobriram que a massa média de mamíferos caçados diminuiu mais de 98%.[8] Um milhão e meio de anos atrás, os ancestrais do nosso *Homo erectus* vagavam pela terra com mamíferos que pesavam várias toneladas. Havia o "elefante-de-presas-retas" (que pesava entre 11 e 15 toneladas), o mamute-do-sul e hipopótamos inacreditavelmente grandes. Espécie após espécie, esses majestosos animais começaram a desaparecer. Quase todos os mamíferos que foram extintos eram grandes. *Somente* os maiores mamíferos foram atingidos, então não faz muito sentido que o clima tenha sido o único responsável. Grandes mamíferos têm taxas de reprodução mais baixas, e isso os torna mais vulneráveis; mas seria de se esperar que mamíferos menores também tivessem sido parcialmente afetados. O clima não discrimina, mas os humanos sim.

É provável que dezenas de milhares de anos atrás os nossos ancestrais tenham desempenhado um papel ativo na extinção de centenas dos maiores mamíferos do mundo. Possivelmente eles fizeram isso por meio de caça excessiva; mas o fogo e outras pressões sobre habitats naturais podem ter tido também algum peso.

Em nenhum momento, ao longo desse período, houve mais de *5 milhões* de pessoas vivas. Quase 2 mil vezes menos do que as que vivem na Terra hoje. Uma população mundial que era a metade da população da minha cidade natal — Londres — levou à extinção centenas dos maiores mamíferos. É algo difícil de imaginar. Isso contraria a narrativa ambiental comum que vemos hoje: que os danos ecológicos resultam do crescimento incontrolável da população. Isso não é verdade, já que meros 5 milhões conseguiram transformar todo o reino dos mamíferos.

A reformulação dos mamíferos do mundo não parou aí. Antes do início da agricultura, há 10 mil anos, caçávamos os animais diretamente e essa era a maior ameaça a eles. Quando a agricultura começou, foi a destruição do seu habitat. Pouco a pouco, as terras agrícolas se expandiram. Muita terra era necessária para cultivar até mesmo uma quantidade pequena de alimento. Como vimos no capítulo 4, isso aconteceu com um grande custo ambiental. Várias extensões de floresta foram derrubadas. Os campos foram tomados. Ecossistemas inteiros foram completamente transformados. O habitat e os caminhos de muitas grandes espécies foram inicialmente encolhidos, e depois eliminados por completo.

A CAÇA LEVOU OS MAIORES MAMÍFEROS À EXTINÇÃO
Exemplares fósseis da região do Levante nos mostram que os mamíferos se tornaram cada vez menores ao longo do tempo.

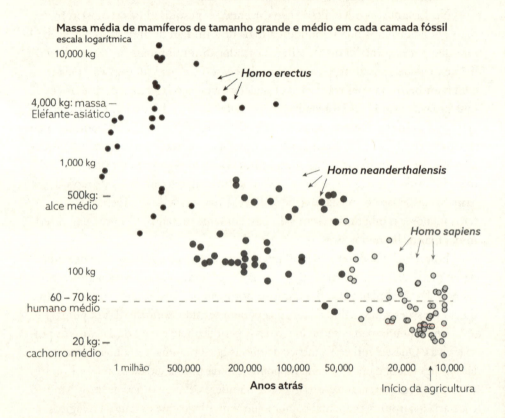

Essa série de eventos foi como um gancho de esquerda seguido por um cruzado de direita. Isso aniquilou o reino mamífero. Houve um declínio de 85% na biomassa de mamíferos selvagens na terra desde o surgimento dos humanos.[9, 10, 11] Basicamente, a biomassa é a quantidade de "matéria" de que somos feitos. Cada animal é medido em toneladas de carbono, o alicerce fundamental da vida. Para contextualizar: uma tonelada de carbono é igual a cerca de cem humanos ou dois elefantes.

Pesquisadores estimam que 100 mil anos atrás os mamíferos selvagens terrestres pesavam aproximadamente 20 milhões de toneladas de carbono. A

6. PERDA DA BIODIVERSIDADE

Extinção da Megafauna do Quaternário aniquilou um quarto dessa biomassa, reduzindo os mamíferos selvagens a 15 milhões de toneladas. No ano de 1900, quando a agricultura se expandiu pelo mundo, essa biomassa foi reduzida em mais 5 milhões de toneladas. Os mamíferos selvagens haviam sido reduzidos pela metade, ainda antes do início do século XX e do seu rápido crescimento populacional e industrialização global.

A taxa de declínio durante os últimos cem anos foi ainda mais rápida. A biomassa de mamíferos selvagens caiu para 3 milhões de toneladas de carbono. Apenas 15% da que existia no planeta 100 mil anos atrás.

OS HUMANOS VÊM CAUSANDO O DECLÍNIO DOS MAMÍFEROS SELVAGENS HÁ MUITO TEMPO
Estimativas da biomassa total de mamíferos selvagens terrestres. A biomassa de mamíferos selvagens diminuiu 85% desde o surgimento dos humanos.

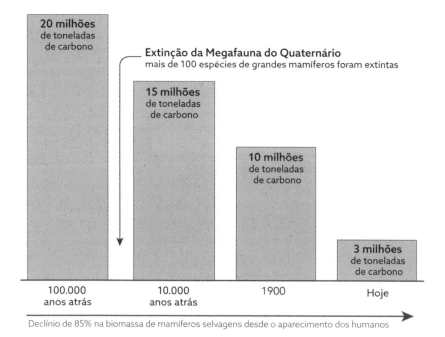

Declínio de 85% na biomassa de mamíferos selvagens desde o aparecimento dos humanos

Mas não foi somente esse *declínio* gigantesco que mudou. Trata-se também do que foi acrescentado em seu lugar. Todo o equilíbrio dos mamíferos do mundo foi subvertido, e humanos e os seus rebanhos tomaram conta do cenário.

Constatamos isso quando calculamos a biomassa de humanos e das vacas, porcos, cabras, carneiros e outros mamíferos de fazenda.*

Em 1900, os mamíferos selvagens representavam somente 17% da biomassa total de mamíferos. Os humanos representavam 23%, e os nossos rebanhos uma colossal parcela de 60%. Esse desequilíbrio é ainda mais acentuado hoje. Mamíferos selvagens alcançam minúsculos 2%, humanos 35%, e os nossos rebanhos 63%.

Ainda que acrescentássemos a vida marinha — sobretudo as baleias, que acumulam muito carbono —, os mamíferos chegariam a apenas 4% do total. O reino dos mamíferos é hoje dominado por humanos. Pesam um bocado 8 bilhões de nós. Quase dez vezes mais do que os mamíferos selvagens. Mas quem realmente mudou o cenário foram os animais que criamos para comer. O gado pesa, sozinho, mais que dez vezes todos os mamíferos selvagens juntos. A biomassa de todos os mamíferos selvagens do mundo é quase a mesma que a das nossas ovelhas.

A MAIORIA DOS MAMÍFEROS SÃO AGORA OS HUMANOS E SEUS REBANHOS
Os mamíferos estão comparados com base em sua biomassa, no ano de 2015. Mamíferos selvagens são apenas 4% do total de mamíferos.

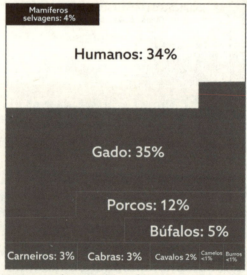

---

* Sempre que compartilho esses números alguém me pergunta por que eu não incluí os frangos. E as pessoas que me perguntam isso ficam constrangidas quando revelo que frangos são aves, não mamíferos.

6. PERDA DA BIODIVERSIDADE

OS MAMÍFEROS SELVAGENS FORAM DESBANCADOS POR HUMANOS E SEUS REBANHOS
Os mamíferos do mundo estão comparados em função de sua biomassa. Medido em toneladas de carbono.

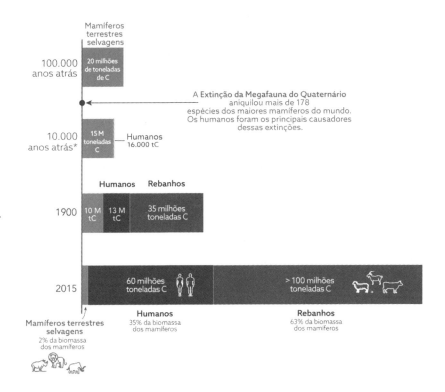

Embora a *diversidade* do reino dos mamíferos tenha diminuído, o seu tamanho total aumentou bastante. Há 10 mil anos, todos os mamíferos terrestres do mundo — incluindo os humanos e seus rebanhos — pesavam, segundo estimativas, 20 milhões de toneladas. Agora esse número é aproximadamente nove vezes maior. Os humanos aumentaram em quase dez vezes o tamanho do reino dos mamíferos.

Nós nos concentramos em mamíferos aqui, por isso pássaros selvagens ou aves não foram incluídos. Mas a história é a mesma para os pássaros: a biomassa de frangos é duas vezes maior que a de pássaros selvagens.

Os humanos compõem uma pequena fração de toda a vida na Terra: somente 0,01% dela.* Mas fomos os responsáveis por remodelar essa vida a ponto de

---

* Quando medido em comparação com todas as formas de vida — incluindo plantas, fungos, bactérias e animais — e apresentado em termos de biomassa.

NÃO É O FIM DO MUNDO

torná-la irreconhecível. Nas palavras do ambientalista Stewart Brand: "Nós somos como deuses, podemos até ficar bons nisso".

ONDE ESTAMOS HOJE

Com quantas espécies compartilhamos o planeta? Trata-se de uma pergunta fundamental para que compreendamos o mundo que nos cerca, e que no entanto continua a escapar dos taxonomistas do mundo.

O ecologista Robert May resumiu isso muito bem num artigo publicado na revista *Science*:

> Se uma versão alienígena da nave Enterprise visitasse a Terra, qual poderia ser a primeira pergunta dos visitantes? Eu acho que seria esta: "Quantas formas de vida distintas — espécies — tem o seu planeta?". Para o nosso constrangimento, nossa melhor resposta seria na faixa de 5 a 10 milhões de eucariontes (quem liga para vírus e bactérias), mas poderíamos argumentar em defesa de números que superam 100 milhões ou não passam de 3 milhões.[12]

Uma das estimativas mais amplamente citadas é de aproximadamente 8,7 milhões de espécies na Terra atualmente: 2,2 milhões no mar e 6,5 milhões na terra.[13]* Os pesquisadores tendem a concordar quando se trata da maioria dos grupos taxonômicos bem estudados — mamíferos, pássaros e répteis. Mas discordam quando são levadas em conta todas as minúsculas e inacessíveis formas de vida que não podemos ver: insetos, fungos e outras espécies microbianas.

A resposta honesta para a pergunta "quantas espécies existem?" é que na realidade não sabemos. Mas estimativas recentes situam-se numa faixa que vai de 5 a 10 milhões.

Sabemos muito pouco sobre a maior parte dessas 10 milhões de espécies. A Lista Vermelha de Espécies Ameaçadas da União Internacional para a Conservação da Natureza (UICN) rastreia o número de espécies descritas e atualiza esse número anualmente. Em 2020 foram listadas 2,12 milhões de espécies. Ainda há muitas espécies ausentes nessa lista.

---

* Esses números são para organismos multicelulares. Não incluem organismos unicelulares, um grupo denominado "procariontes". Procariontes incluem bactérias e vírus.

6. PERDA DA BIODIVERSIDADE

VIDA NA TERRA

Os humanos constituem somente 0,01% da vida na Terra, medida por biomassa. Porém o seu impacto é muito, muito maior.

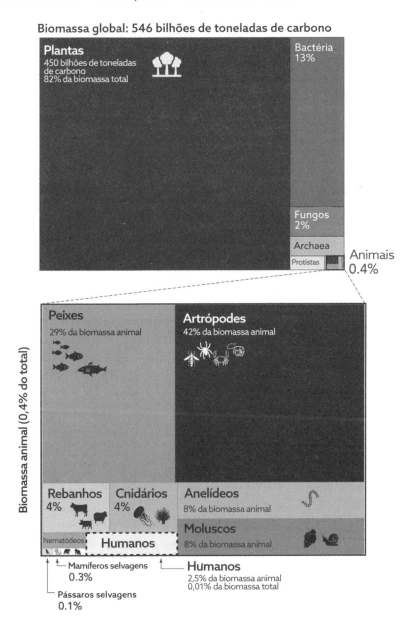

NÃO É O FIM DO MUNDO

Os humanos representam somente 0,01% da vida na Terra

Em um estudo, pesquisadores avaliaram como a biomassa se distribui por todos os organismos da Terra. Ficou claro que a Terra é um planeta de plantas. Ou mais especificamente (apesar dos nossos rápidos índices de desmatamento) um planeta de árvores. As plantas dominam a vida na Terra, representando mais de 82% da biomassa. Surpreendentemente, em segundo lugar está a vida que não podemos ver: as minúsculas bactérias constituem 13% da biomassa. E embora a nossa atenção esteja voltada quase totalmente para o reino animal, este último representa apenas 0,4% da biomassa.

Se observarmos o reino animal com atenção, veremos que ele é dominado por insetos e peixes. Raramente vemos esses animais porque eles estão entocados em árvores ou no solo, ou habitam as águas profundas do oceano. Os humanos representam uma fração muito pequena da vida na Terra: 0,01% do total, e 2,5% dos animais.

O apocalipse dos insetos

"O apocalipse dos insetos chegou" foi uma manchete do *New York Times* que tomou o mundo de assalto.[14] Desde então a expressão se popularizou. E agora temos como certo que eles estejam em vias de desaparecimento. Mas — como você talvez já desconfie a essa altura — as coisas não são tão simples assim.

Silent Spring [Primavera Silenciosa], livro de Rachel Carson de 1962, foi uma das inspirações que me impulsionaram para o campo da biodiversidade. Ela foi pioneira em sua época, uma das primeiras vozes a alertarem sobre a aniquilação dos ecossistemas em consequência da pulverização indiscriminada do inseticida DDT. Carson foi uma pessoa à frente do seu tempo e colocou a ciência e a integridade acima da popularidade. Isso mostra que os cientistas se preocupam com essa questão há bastante tempo. Mas foi apenas nos últimos cinco anos que termos como *insectaggedon* ou *apocalipse dos insetos* tornaram-se de fato parte do vocabulário dos cientistas. O mundo começou a falar realmente do assunto em 2017, quando um estudo na Alemanha revelou que a biomassa de insetos voadores havia diminuído mais de 75% em apenas 27 anos.[15] Esses resultados foram recebidos com espanto. Se 75% haviam desaparecido, em uma década eles poderiam desaparecer completamente. E se *todos* os insetos estivessem mesmo minguando nesse ritmo, talvez o mundo logo acabasse ficando sem insetos.

204

6. PERDA DA BIODIVERSIDADE

Nas palavras de Edward O. Wilson, "Insetos são as 'pequenas coisas que comandam o mundo'".[16] Sabemos que os insetos constituem uma das bases dos ecossistemas saudáveis. Alguns deles — como as abelhas e as borboletas — são importantes para a produção de alimentos. Eu costumava pensar que o nosso sistema alimentar era completamente dependente dos polinizadores do mundo; que sem eles nós passaríamos fome. Mas isso não é verdade. Aproximadamente três quartos das nossas plantações dependem em algum grau dos polinizadores, mas apenas um terço do alimento total que produzimos depende deles.[17, 18, 19] Isso ocorre porque muitas das plantações que mais produzem — alimentos de primeira necessidade como trigo, milho e arroz — não dependem deles de modo algum. Esses cultivos básicos são polinizados pelo vento. Pouquíssimas plantações dependem inteiramente de polinizadores. A maioria sofreria uma redução na produção se as abelhas desaparecessem, mas não entrariam em completo colapso.

Levando tudo isso em consideração, estudos sugerem que a produção agrícola declinaria cerca de 5% em países de mais alta renda, e 8% em países de renda média a baixa se os insetos polinizadores desaparecessem. Não digo isso para menoscabar a importância dos insetos. Eles são essenciais. Eles decompõem matéria orgânica para tornar nutrientes disponíveis para as plantas. Eles mantêm os nossos solos saudáveis. Eles se encontram perto da base da cadeia alimentar, permitindo que os ecossistemas que se formam acima deles se desenvolvam. Eles desempenham um papel crucial na diversidade dos nossos cultivos, e são *essenciais* para alguns alimentos: nozes do Brasil, frutas como kiwi e melão, e o cacau não cresceriam sem eles. Um mundo sem polinizadores seria um mundo sem chocolate. Eu não gostaria de viver num mundo assim. Portanto, é evidente que conseguiríamos obter calorias suficientes sem eles, mas a nossa alimentação perderia em variedade, e agricultores por todo o mundo teriam problemas para ganhar a vida.

Sendo assim, até que ponto deveríamos nos preocupar quanto à situação dos insetos do mundo? A preocupação existe, mas as coisas não são *tão* ruins como muitos acreditam. Não temos uma resposta clara para o que está acontecendo com os insetos do mundo porque quantificá-los é difícil. Contar formigas é muito mais difícil que contar elefantes. Lutamos para descobrir quantos insetos temos *atualmente*; imagine o desafio de tentar calcular quantos insetos havia décadas atrás. Quando se trata de outros animais podemos obter excelentes pistas de restos de esqueletos ou de registros históricos. Mas no século XIX ninguém contava minhocas de maneira séria, e elas não deixaram muitos indícios ambientais da sua passagem.

NÃO É O FIM DO MUNDO

É por esse motivo que muitas vezes nos agarramos aos achados de um único estudo, como esse que chegou às manchetes da Alemanha. Aproveitamos a tendência de uma espécie de inseto em uma única localidade e a generalizamos para o restante do mundo. Esses estudos são informativos, mas devemos ter cautela para não os generalizar demais. Achados relacionados a uma única espécie de besouro numa determinada área em Cheltenham não nos revelam a situação dos insetos no restante do mundo.

Quando analisamos um leque mais amplo de estudos, o quadro se torna mais complexo. A maior meta-análise sobre populações de insetos feita até hoje é a do cientista Roel van Klink e seus colegas, publicada na *Science*.[20] Eles reuniram os resultados de 165 estudos distribuídos por 1676 diferentes locais, e que foram realizados entre 1925 e 2018. Os estudos variaram em duração — mas a média foi de vinte anos.

Eles descobriram um cenário bastante diverso, e não havia um padrão constante. Algumas populações de insetos estavam de fato caindo vertiginosamente. Outras estavam muito bem. Na verdade, algumas estavam prosperando. Quando reuniram os resultados, os pesquisadores perceberam que a tendência média para insetos terrestres era descendente. As populações estavam declinando em média 0,9% ao ano. O declínio era mais acentuado na América do Norte, onde alguns locais exibiam declínio médio de 2% ao ano.

Ocorria o contrário com insetos de água doce — eles estavam *aumentando*, a uma taxa média de 1,1% ao ano. Esse aumento é compatível com outros estudos. Uma análise abrangente feita no Reino Unido mostrou a recuperação de muitas espécies de insetos no decorrer das últimas décadas;[21] uma análise realizada na Holanda constatou o mesmo.[22]

Isso parece quase inacreditável. Como é possível que populações de insetos de água doce tenham *aumentado*? Bem, a qualidade da água melhorou. Os Estados Unidos colocaram em prática a Lei da Água Limpa na década de 1970, e a poluição da água diminuiu significativamente. As regulamentações para a poluição também alcançaram êxito na União Europeia. São boas notícias: políticas ambientais eficazes *podem* reverter situações. Vale notar que essas regulamentações não baniram insumos químicos completamente. Os Estados Unidos e a União Europeia não pararam de usar fertilizantes e pesticidas; eles colocaram em prática políticas para que esses insumos fossem utilizados de maneira mais eficiente e cuidadosa. Não é necessário que seja tudo ou nada, apesar do que defendem muitos ambientalistas.

Estudos realizados na América do Sul, África e Ásia revelaram que a tendência de declínio dos insetos terrestres é igualmente ruim nos trópicos, se não

6. PERDA DA BIODIVERSIDADE

pior.[23] Isso não deveria nos causar surpresa; nesses lugares os índices de desmatamento são maiores, a agricultura está em expansão, e os habitats naturais estão desaparecendo mais rapidamente. Nessas regiões também se encontram as áreas mais ricas em biodiversidade. Há ainda mais a se perder.

Não estou afirmando que os insetos do mundo estão prosperando. Em muitos lugares não estão: eles estão em declínio acentuado. Mas não é verdade que isso esteja acontecendo em todo lugar, e com todas as espécies.[24, 25]

Ainda há muitas coisas que podemos fazer para proteger os insetos que estão em sérios apuros. A parte complicada é que eles não estão enfrentando apenas uma dificuldade. Como afirma um artigo, o declínio dos insetos provocado por humanos é "morte por mil facadas".[26] Os insetos têm de enfrentar muitas pressões, da mudança climática até a perda de habitat, dos pesticidas à introdução de novas espécies; isso significa que não há uma coisa que possamos simplesmente "consertar". Em alguns casos, isso provavelmente forçará algumas concessões.

A resposta imediata de muitas pessoas quando ouvem falar do "Apocalipse dos Insetos" é "Proíbam fertilizantes e pesticidas totalmente". Compreendo esse pensamento, mas seria uma decisão terrível. No capítulo anterior vimos quão vitais são os nutrientes. Eles são essenciais para a alimentação do mundo, mas também reduzem a quantidade de terra de que necessitamos para plantar, aumentando o rendimento dos cultivos. Essa terra nos teria custado florestas, savanas e habitats naturais. Transformar um ecossistema vicejante e próspero numa propriedade agrícola é uma das piores coisas que podem acontecer para a biodiversidade dos insetos.

Odeio admitir isso, mas acredito que a perda de uma parcela de insetos seja inevitável. Mas, se minimizarmos a quantidade de terras agrícolas *e também* usarmos fertilizantes e pesticidas com mais cautela e eficiência, poderemos reduzir esses impactos. Existem muitas soluções no âmbito da biotecnologia que nos ajudam a utilizar insumos agroquímicos de forma inteligente: podemos planejar cultivos que são naturalmente mais resistentes a pestes e doenças, e sendo assim necessitamos de menos pesticidas; podemos tornar as culturas mais produtivas para precisarmos de menos terra para cultivar alimentos; podemos utilizar tecnologias de digitação para localizar *com precisão* onde precisamos acrescentar fertilizantes, e onde estamos desperdiçando recursos.

Estamos caminhando para uma Sexta Extinção em Massa?

É doloroso ver diminuírem as populações dos nossos animais mais queridos. Ano após ano, encontramos menos ninhos nas árvores, menos pegadas no solo e manadas menores em imagens por satélite. Por mais trágico que o *declínio* populacional seja, está a uma enorme distância da perda completa de uma espécie. Quando observamos uma espécie em declínio — quando temos um gráfico com tendência descendente —, nos agarramos à esperança de chegarmos ao nível mínimo e vermos os números subirem novamente. Com efeito, isso aconteceu muitas vezes. O elefante-africano, o elefante-asiático e a baleia-azul estavam todos fadados à extinção. Mas freamos esse processo bem na hora, e as populações começaram a se recuperar.

Na última década, o número de elefantes-africanos na Namíbia dobrou.[27, 28] Em Burkina Faso, a sua população cresceu 50%. Na Zâmbia, África do Sul, Angola, Etiópia, Malawi e vários outros países, as populações estão em alta. Na Índia, depois de um acentuado declínio, restavam somente 15 mil elefantes-asiáticos em 1980. Mas eles voltaram a crescer em número, e hoje são quase 30 mil.

Quer seja uma tendência ascendente ou descendente, não há motivo para acreditar que vá continuar assim. Quase sempre temos a chance de reverter as coisas. Mas quando uma linha de queda chega a zero — como ocorre num evento de extinção — nossas esperanças de reviravolta desaparecem. Não há mais volta. Está acabado. O impacto dessa perda é diferente. Entretanto, o planeta já experimentou essa perda muitas vezes antes.

Dos 4 bilhões de espécies que já viveram na Terra, 99% já não existem mais.[29] Extinções são parte natural da história evolucionária do planeta.[30] Sem elas não estaríamos aqui hoje. Algumas espécies se extinguem, e novas surgem. É a evolução em ação.

O fato de que os eventos de extinção são uma parte "natural" da história do planeta fornece a justificativa perfeita para aqueles que buscam negar que os humanos estão destruindo os ecossistemas do mundo. Se as extinções acontecem o tempo todo, quem poderá afirmar que os humanos são a causa delas? E se eles são uma parte natural do processo de evolução, por que nos preocuparíamos com isso?

O problema não é o processo de extinção de muitas das maravilhosas espécies do mundo. O problema é que elas estão se extinguindo muito mais rapidamente do que esperávamos. Tão rapidamente, na verdade, que muitos acreditam que rumamos para um evento de extinção em massa. A Sexta Extinção em Massa.

As manchetes da mídia são bastante sombrias: "Segundo pesquisadores, nós não conseguiremos impedir o próximo evento de extinção em massa do nosso planeta" (CTA News); "Alerta de fim do mundo à medida que a Terra entra no

6. PERDA DA BIODIVERSIDADE

'sexto evento de extinção em massa'" (*Daily Express*). Faça uma busca no Google por "Sexta Extinção em Massa" e você encontrará milhares de resultados desse tipo. Nenhum deles transmite muita esperança. Mas existe alguma verdade nessas alegações? Nós realmente estamos caminhando para outro evento de extinção em massa? Ou tal evento pode já estar acontecendo na Terra?

Em primeiro lugar é necessário compreender o significado de "extinção em massa". Um evento de extinção em massa é quando 75% de todas as espécies são extintas em um período relativamente curto de tempo.* Quando digo "curto" eu me refiro a algo em torno de 2 milhões de anos. Um período de tempo absurdamente longo para nós humanos, mas um piscar de olhos na história de 4,5 bilhões de anos do planeta.

Por que é importante analisar a *velocidade* desses eventos de expansão? Bem, é desse modo que diferenciamos essas mudanças drásticas das extinções que sabemos que acontecem de forma constante e natural no decorrer do tempo, no que é conhecido como "taxa de fundo". Nesse ritmo, 10% das espécies são perdidas a cada milhão de anos; 30% delas a cada 10 milhões de anos; e 65% a cada 100 milhões de anos.[31]

Podemos identificar períodos da história nos quais as extinções estavam acontecendo muito mais rápido do que essa taxa de fundo. Essas são extinções em massa. A Terra passou por cinco delas até agora.[32]

Em todos esses eventos, pelo menos 75% das espécies do mundo foram extintas. No terceiro dos Cinco Grandes eventos — o evento do Fim do Permiano, 250 milhões de anos atrás — aproximadamente 96% das espécies foram aniquiladas.

O que causou mudanças tão radicais? Para que a maioria das espécies do mundo acabe extinta, o equilíbrio do planeta tem de ser forçado ao extremo. Para isso é necessária uma força impulsionadora de mudança poderosa e persistente. A maior parte desses eventos foi desencadeada por grandes guinadas no clima da Terra, ou por mudanças na química da atmosfera e dos oceanos.

O primeiro dos Grandes Cinco — 444 milhões de anos atrás — viu grandes guinadas entre os períodos glacial e interglacial. Isso causou mudanças intensas no nível do mar e transformou as massas terrestres do mundo a ponto de torná-las irreconhecíveis. Ao mesmo tempo, as placas tectônicas estavam mudando

---

* Podemos enxergar de duas maneiras uma redução de 75% nas espécies: altas taxas de extinção ou taxas de especiação muito baixas. Quando a especiação — a criação de novas espécies — desacelera demais, a taxa de extinção não precisa ser tão alta quanto esperaríamos para reduzir o número de espécies em 75%. Esses eventos são às vezes denominados "depleção em massa", mas tratados como se fossem extinções em massa.

— juntando-se para formar as Montanhas Apalaches, causando o desgaste das rochas, extraindo dióxido de carbono do ar e alterando a química dos oceanos que haviam sido um lar estável para muitas espécies. A Terra esfriou, tornando-se fria demais para a maioria da vida selvagem do planeta.

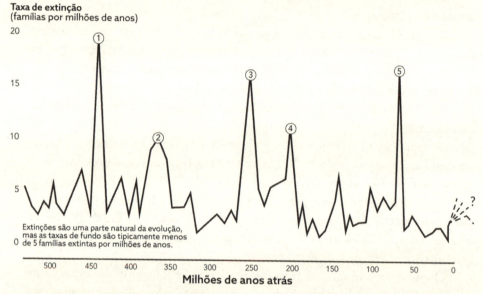

CINCO GRANDES EXTINÇÕES EM MASSA NA HISTÓRIA DA TERRA
Uma extinção em massa é definida pela perda de pelo menos 75% das espécies em um intervalo curto de tempo (cerca de 2 milhões de anos geologicamente)

① **Fim do Ordoviciano (444 milhões de anos atrás)**
86% das espécies, 57% genera, 27% famílias foram extintas

② **Devoniano Superior (360 milhões de anos atrás)**
75% espécies, 35% genera, 19% famílias foram extintas

③ **Fim do Permiano (250 milhões de anos atrás)**
96% espécies, 56% genera, 57% famílias foram extintas

④ **Fim do Triássico (200 milhões de anos atrás)**
80% espécies, 47% genera, 19% famílias foram extintas

⑤ **Fim do Cretáceo (65 milhões de anos atrás)**
76% espécies, 40% genera, 17% famílias foram extintas

O terceiro evento de extinção — 250 milhões de anos atrás — aconteceu quando o planeta se tornou uma sopa ácida. Uma intensa atividade vulcânica na Sibéria causou o aquecimento do planeta, que despejou ácido sulfúrico (na forma de H_2S) na atmosfera. Os oceanos tornaram-se banhos ácidos, chuva ácida caiu sobre as paisagens do mundo e a química do planeta foi transformada. A maior parte da sua vida selvagem não teve chance de sobreviver a isso.

6. PERDA DA BIODIVERSIDADE

Por fim, a extinção mais recente: o famoso evento de extinção que dizimou os dinossauros. Um asteroide caiu em Yucatán, no México. Quando o asteroide invadiu a atmosfera, houve provavelmente um intenso, porém breve, lampejo de radiação infravermelha — produzindo um calor tão forte que alguns organismos teriam sido cozidos imediatamente.[33] Quando o asteroide atingiu o solo, o impacto teria arremessado grandes quantidades de poeira e enxofre na atmosfera, bloqueando a luz do sol e gerando ar carregado de enxofre. As terras teriam congelado, a chuva e os oceanos teriam ficado saturados de ácido e as plantas teriam morrido com um reflexo apenas da luz do sol.

Esses eventos foram marcados por mudanças drásticas nos sistemas atmosférico, oceânico e terrestre existentes. Animais e plantas foram lançados em um mundo que não reconheceram e para o qual não estavam adaptados. A maioria deles não conseguiu se adaptar. Mas alguns deles conseguiram, e se adaptaram. A maioria pereceu, e isso é impressionante, mas o mais surpreendente talvez seja o fato de que alguns sobreviveram. E não sobreviveram apenas: recuperaram-se. Entre cada um dos picos houve um período de recuperação no qual a vida não apenas persistiu, mas prosperou. O desaparecimento de algumas espécies abriu caminho para que novas espécies surgissem.

Passemos então à pergunta crucial: estamos rumando para uma Sexta Extinção em Massa? Já estamos no meio de uma Sexta Extinção?

Para tentar responder a essa questão precisamos nos concentrar nos dois critérios que definem uma extinção em massa: 75% das espécies, e um período de cerca de 2 milhões de anos.

Desde o ano de 1500, aproximadamente 1,4% dos mamíferos foram extintos.[34] Outros tipos de animais bem estudados tiveram um destino semelhante: foram extintos 1,3% de pássaros, 0,6% de anfíbios, 0,2% de répteis e 0,2% de peixes vertebrados. É um número muito grande de animais. Nada que sequer se aproxime dos 75% de espécies do mundo, mas essas extinções aconteceram numa velocidade que nos coloca em alerta.

Mesmo levando em conta que 1% das espécies desapareceram desde cerca de 1500 — há quinhentos anos — nós já podemos perceber que as taxas são altas. Um cálculo rápido nos mostraria que se em quinhentos anos 1% foi extinto, seriam necessários apenas 37.500 anos para que 75% fossem extintos — presumindo-se que as espécies continuarão a se extinguir na mesma velocidade.

Também podemos comparar as taxas de extinção recentes com a taxa de extinção de fundo. As pesquisas mostram com bastante clareza que os vertebrados

— mamíferos, pássaros, anfíbios — têm sido extintos de cem a mil vezes mais rápido do que esperávamos.[35] Na realidade, os pesquisadores acreditam que esses números podem ter sido subestimados porque algumas espécies foram pouco estudadas — algumas podem ter desaparecido antes mesmo que soubéssemos que existiram.[36] Mas fica ainda pior. Quando comparamos as taxas modernas de extinção com as taxas durante as Cinco Extinções em Massa, percebemos que até as superamos.

Tudo isso configura uma perspectiva sombria. Por isso, quando as pessoas perguntam "Estamos caminhando para uma Sexta Extinção em Massa?", a resposta parece ser "sim".

Mas não é tarde demais. Esse quadro desolador depende da hipótese de que as espécies continuem a se extinguir com a mesma rapidez com que se extinguiram nos últimos séculos. É uma hipótese gigantesca. E equivocada. Esse evento de extinção em massa é diferente de todos os outros, porque nesse há um freio. *Nós* somos o freio. Os eventos de extinção anteriores foram provocados por grandes mudanças geológicas ou climáticas: um asteroide, um enorme vulcão e colisões de placas tectônicas. Uma vez que aquelas reações em cadeia atmosféricas e oceânicas foram iniciadas, nada poderia detê-las. Dessa vez, contudo, a força impulsionadora somos nós. E temos a opção de parar, de reverter as coisas. Se tomarmos as decisões corretas hoje, então poderemos retardar — ou até mesmo reverter — esse prejuízo. Em alguns lugares já estamos fazendo isso.

A vida selvagem está retornando em algumas regiões

O bisão-europeu é o maior herbívoro do continente. Evidências arqueológicas sugerem que o bisão era abundante em número, e se espalhava da França à Ucrânia, até a extremidade do Mar Negro.[37] Seus fósseis mais antigos datam do período do Holoceno Inferior — aproximadamente 9000 a.C.

As populações de bisões diminuíram em ritmo constante ao longo dos milênios, mas experimentaram a queda mais drástica nos últimos quinhentos anos. O desmatamento e a caça desse mamífero icônico quase o levaram à extinção. Eles foram extintos na Hungria no século XVI, na Ucrânia no século XVIII, e no início do século XX estavam completamente extintos em estado selvagem, restaram apenas algumas dezenas de animais mantidos em cativeiro. O bisão esteve à beira da extinção. Mas reapareceu de maneira impressionante nos últimos cinquenta anos. No final de 2021 havia quase 10 mil deles. Em todo o mundo encontramos exemplos de projetos de conservação bem-sucedidos que recuperaram as populações

6. PERDA DA BIODIVERSIDADE

animais. Uma associação de organizações de conservação — entre as quais a Zoological Society of London [Sociedade Zoológica de Londres], a BirdLife International e a Rewilding Europe [Reabilitando a Europa] — publica periodicamente relatórios a respeito da mudança das populações animais na Europa. Em seu último relatório examinaram a mudança em populações de 24 espécies de mamíferos e uma espécie de réptil — a tartaruga-cabeçuda — que estão voltando a surgir.[38]

Populações de texugo-euroasiático aumentaram 100% em média — dobraram. As lontras-euroasiáticas triplicaram em média. O veado-vermelho aumentou 331%. O castor-euroasiático teve a recuperação mais notável: estima-se que a sua população tenha aumentado em média 167 vezes. Na primeira metade do século XX restavam provavelmente alguns milhares de castores apenas na Europa, hoje existem mais de 1,2 milhão.

Como a Europa conseguiu isso tudo? Para começar, ela cessou muitas das atividades que dizimavam mamíferos. O uso da terra para fins de agricultura vem diminuindo na Europa ao longo dos últimos cinquenta anos. Isso permitiu o retorno dos habitats naturais. Outro avanço essencial foi a adoção pelos países de políticas de proteção eficientes, tais como a proibição total de caçadas ou cotas de caça, a designação de áreas com proteção legal, patrulhas para prender caçadores ilegais e esquemas de compensação para a reprodução de certas espécies. Por fim, alguns animais — como o bisão-europeu e o castor — alcançaram o seu reaparecimento por meio de programas de reprodução e de reintrodução.

A Europa não é exceção. O bisão norte-americano tornou-se um ícone nacional dos Estados Unidos. Antes que os europeus colonizassem o continente americano havia mais de 30 milhões de bisões. O século XIX foi um período de extermínio rápido e impiedoso. Na década de 1880 restavam somente algumas centenas de bisões. Parques de proteção conseguiram manter a salvo de caçadores os últimos animais que restaram, e melhores leis contra a caça deram-lhes a possibilidade de ressurgirem no último século. Hoje existem aproximadamente meio milhão de bisões na América do Norte — um aumento de mil vezes o seu patamar mais baixo.

Muitas das histórias de sucesso acontecem em países ricos. Mas não devemos nos deixar levar pela suposição de que um país tem de ser rico para proteger a sua vida selvagem. Histórias de sucesso vêm de todos os países, independentemente da distribuição de renda.

Na década de 1960, existiam somente cerca de quarenta rinocerontes indianos no mundo. Eles haviam sido extintos no Paquistão, e os poucos que restavam estavam espalhados pela Índia e pelo Nepal. Desde então, eles aumentaram cem vezes em número. Existem agora quase 4 mil deles. A África Subsaariana é

A VIDA SELVAGEM ESTÁ RESSURGINDO NA EUROPA
O gráfico a seguir mostra a mudança relativa média na quantidade (número de indivíduos) das populações de animais estudadas na Europa. Por exemplo, os números para os castores-euroasiáticos mostram a mudança relativa média na quantidade de castores entre 1960 e 2016 em 98 populações estudadas.

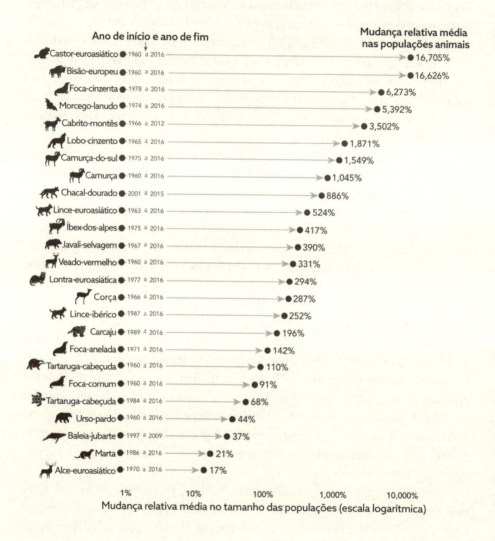

palco de uma das maiores histórias de sucesso em conservação do mundo. Rinocerontes-brancos-do-sul já existiram em abundância por todo o continente. Mas a intensa caça ilegal realizada por europeus e a matança na conversão da terra para fins agrícolas empurraram esse lindo animal para perto da extinção no final do século XIX. Em 1900 restavam apenas vinte animais. Todos estavam no parque Hluhluwe-iMfolozi, na África do Sul — agora uma reserva natural. No decorrer do século XX, a proteção extrema a esses animais — principalmente nas reservas naturais africanas — levaram a um aumento rápido e expressivo nas populações desses animais para mais de 21 mil. Existem agora mil vezes mais rinocerontes-brancos-do-sul do que um século atrás.

A ideia de que teremos de assistir impotentes à extinção de animais mundo afora simplesmente não é verdadeira.

Por que perdemos biodiversidade?

Antes de mais nada, se quisermos salvar a vida selvagem do mundo precisaremos saber por que ela está desaparecendo. Pergunte às pessoas quais são as maiores ameaças aos animais selvagens, e muitas responderão algo como "mudança climática" ou "plásticos". Nós nos acostumamos a ver imagens de um urso-polar faminto, um coala queimado ou um pássaro com o bico preso nos anéis de plástico de uma embalagem de cervejas.

Sem dúvida essas coisas oferecem ameaça para alguns animais selvagens. Mas a maior dessas ameaças muitas vezes é esquecida: o modo como nos alimentamos. Sempre foi assim. Embora novas ameaças tenham surgido, as maiores ameaças hoje são as mesmas do passado. A caça excessiva e a agricultura foram responsáveis por 75% de todas as extinções de plantas, anfíbios, pássaros e mamíferos desde 1500. Na realidade, como já vimos, isso vem acontecendo há mais tempo ainda — a nossa competição direta com os mamíferos levou à extinção centenas dos maiores desses animais. As coisas não mudaram muito.

Desmatamento, caça, pesca e agricultura são todas ameaças diretas aos nossos animais selvagens. Essas atividades colocaram milhares de espécies em risco de extinção. Muitas espécies enfrentam mais de uma ameaça. A boa notícia é que as soluções são abrangentes: consumir menos carne reduziria não só a quantidade de terra que utilizamos para o cultivo, mas também a mudança climática *e* a perda da biodiversidade. Cessar o desmatamento reduziria a perda de habitat e as emissões de gases do efeito estufa.

O QUE ESTÁ LEVANDO AS ESPÉCIES DO MUNDO À EXTINÇÃO?

O gráfico mostra a parcela de espécies avaliadas que estão ameaçadas de extinção por um agente específico de perda de biodiversidade. Isso se baseia em um estudo de 8688 espécies que estão ameaçadas de extinção ou quase ameaçadas de extinção na Lista Vermelha de Espécies Ameaçadas da UICN. Aproximadamente 80% das espécies avaliadas estão em risco por mais de uma ameaça.

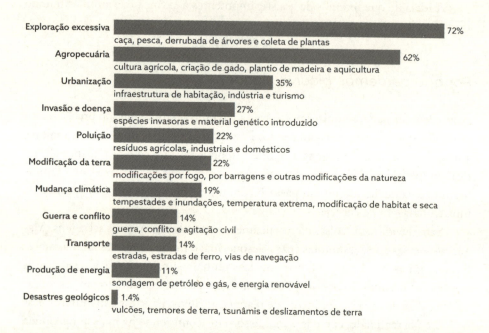

COMO EVITAR UMA SEXTA EXTINÇÃO EM MASSA?

A perda de biodiversidade é o problema ambiental mais complexo que abordo neste livro, embora eu ainda acredite que podemos mudar as coisas.

No centro de todos os outros desafios ambientais está a força impulsionadora de tornar a vida melhor para os seres humanos. Existe uma necessidade muito real e tangível de solucionar esses desafios se quisermos vidas longas e saudáveis. Queremos enfrentar a poluição do ar porque ela afeta a nossa saúde. Queremos enfrentar as mudanças climáticas para que as nossas cidades não sejam alagadas. Agimos conjuntamente na questão da diminuição da camada de ozônio porque nos preocupamos com o câncer de pele. Há um egoísmo em nossa motivação para lidar com esses problemas. Eu me refiro a um egoísmo em nível de *espécie* — como

6. PERDA DA BIODIVERSIDADE

humanos. Coletivamente, existe uma razão egoísta para que melhoremos o ambiente que nos cerca. Nossa prosperidade depende disso.

As coisas são diferentes quando se trata de biodiversidade. Quero deixar claro mais uma vez que *não* acredito que os humanos não dependam de ecossistemas saudáveis para sobreviver. Nós dependemos. Do alimento que consumimos e da água fresca que bebemos até a regulação do clima: dependemos do equilíbrio das espécies que nos cercam. O problema óbvio é que muitas vezes não sabemos o que essas espécies são (lembre-se da Primeira Lei da Ecologia de Hardin: "Não se pode fazer apenas uma coisa").

Como se não bastasse, as pessoas ainda se veem muito distantes dos outros animais. Elas não se dão conta das verdadeiras codependências. A vida selvagem parece menos importante do que reduzir a poluição do ar ou o impacto das mudanças climáticas. Enxergamos a perda de biodiversidade mais como uma causa de caridade do que como um elemento central do nosso desenvolvimento.

Não acredito que buscaremos solucionar a perda de biodiversidade com o mesmo empenho com que lidamos com os outros problemas ambientais. Ainda assim, vejo a situação com otimismo, pois enfrentando todos os outros problemas conseguiremos reduzir a perda de biodiversidade indiretamente. Uma maravilhosa consequência secundária da proteção dos oceanos, do abrandamento das mudanças climáticas, do ajuste dos nossos sistemas alimentares e do fim do desmatamento e da poluição por plástico é que deixamos de impactar as espécies que nos rodeiam.

Proteger da exploração os locais com maior biodiversidade

A única solução que não tem ligação com os outros problemas mencionados neste livro é proteger a biodiversidade utilizando as chamadas áreas protegidas. Elas são essencialmente áreas de terra cujo uso humano tentamos reduzir, deixando que habitats naturais se desenvolvam nelas. Espera-se que nessas áreas os ecossistemas possam ser restaurados em nossa ausência.

Até onde chega essa "proteção" varia bastante. Existem sete categorias, englobando desde reservas naturais rígidas — nas quais tudo é proibido exceto o uso humano reduzido ao mínimo — até áreas nas quais se permite o uso "sustentável" dos recursos naturais, como explorar madeira ou pescar.

Em 2021, cerca de 16% da terra do mundo estava em "área protegida".[39] Trata-se de áreas de terra classificadas como locais de proteção científica. Isso significa que o mundo atingiu a meta da ONU de 2020 para a quantidade de terra que é protegida. Em dezembro de 2022, no COP15 — o equivalente em biodiversidade aos Acordos Climáticos de Paris —, os países assinaram um acordo para assegurar que essa área protegida aumente para 30% até 2030 (o que eles chamam de "30 por 30").[40]

Alguns grupos conservacionistas querem levar isso mais longe — e lutam por uma meta "50 por 50": proteger metade das terras do mundo até 2050.[41] Essa campanha leva o apropriado nome de "A natureza precisa da metade". Essa não é uma visão isolada — Edward O. Wilson escreveu um livro inteiro sobre o conceito, intitulado *Half-Earth: Our Planet's Fight for Life* [*Da Terra metade: o nosso planeta luta pela vida*][42] Segundo ele, "Somente deixando de lado metade do planeta ou mais nós conseguiremos salvar a parte viva do meio ambiente e alcançar a estabilização necessária para a nossa própria sobrevivência".

Porém nem todos concordam com essa abordagem. Atribuir a uma área a designação de "protegida" é uma coisa, mas garantir que leis sejam implementadas e monitoradas, e os resultados avaliados, é outra bem diferente. Um tópico mais espinhoso é o nosso modo de ver o relacionamento com a vida selvagem: nós o vemos como parte de um ecossistema conjunto no qual todos coexistimos ou como sistemas separados nos quais temos as nossas "zonas" e outras espécies têm as suas? Comunidades humanas sempre conviveram com animais. Populações rurais e indígenas ainda convivem, e muitas desempenham um papel ativo nos esforços de conservação.[43] Terras indígenas ocupam mais de um quarto da superfície terrestre do mundo, e fazem parte de cerca de 40% de todas as áreas terrestres protegidas e com regiões de natureza ecologicamente intactas nos dias atuais.[44] Expandir as áreas protegidas de 16% para 50% aumentaria isso ainda mais.

Áreas protegidas bem administradas podem realmente fazer a diferença. Elas podem garantir que não perturbaremos os ecossistemas com atividades agrícolas, de extração de materiais ou outras atividades destrutivas. Mas quais áreas proteger e como essas regulamentações são estabelecidas são questões que demandam muito cuidado.

COISAS QUE DEVERIAM NOS PREOCUPAR MAIS, NÃO MENOS

Para a maioria das crises que investiguei existem exemplos claros de coisas com as quais as pessoas deveriam se preocupar menos. Mas isso não se aplica à biodiversidade: muitas pessoas não dão a menor importância à biodiversidade. E quando dão, elas demonstram isso patrocinando pandas ou ursos-polares. Não há nenhum problema nisso: não tenho nada contra a fazer doações para organizações de conservação.

6. PERDA DA BIODIVERSIDADE

Mas essas pessoas fazem isso e com frequência se esquecem das coisas com as quais deveriam se preocupar *mais*. Você reconhecerá esta lista: ela reúne as soluções mencionadas em todos os outros capítulos deste livro. Precisamos:

- Aumentar o rendimento dos cultivos para reduzir a terra usada para fins agrícolas;
- Cessar o desmatamento;
- Comer menos carne, e reduzir a nossa necessidade de criar gado;
- Aumentar a eficiência no uso de insumos químicos como fertilizantes e pesticidas (em vez de eliminá-los);
- Retardar a mudança climática global;
- Parar de despejar plásticos nos oceanos.

Se realizarmos todas essas ações, os ecossistemas do mundo poderão voltar a prosperar. Não em detrimento de nós, mas junto conosco. A nossa batalha de longa data contra a natureza finalmente chegaria ao fim. Assim como acontece com os outros problemas, o tempo é essencial. Quanto mais tempo perdemos, mais risco corremos de perder outra espécie para sempre.

7. PLÁSTICO NOS OCEANOS

Um mar de lixo

> *Em 2050 haverá mais plástico do que peixes nos oceanos do mundo, diz estudo.*
>
> The Washington Post, 2016[1]

Você pode ter tomado conhecimento dessa estatística repetida como fato. Ela viralizou depois que foi publicada num relatório da Fundação Ellen MacArthur em 2016.[2] Mas isso é mesmo verdade? Para provar essa alegação precisamos saber de duas coisas: quantos peixes existem no oceano e quanto plástico haverá em 2050.

Comecemos com os peixes. Quantos peixes há no oceano? Não sabemos. Eles são reconhecidamente difíceis de contar. Em vez de fazer isso, os pesquisadores usam satélites para estimar quanto fitoplâncton — algas microscópicas — existe. Esses plânctons se mostram como matizes brilhantes de verde e azul no mar, que podemos ver do espaço. As algas estão quase na base da cadeia alimentar, por isso os pesquisadores podem avaliar quanta vida oceânica é sustentada por elas.

Em 2008, com base em estudos usando imagens por satélite, o pesquisador Simon Jennings estimou que havia 899 milhões de toneladas de peixe no oceano.[3] Esse é o número que a Fundação Ellen MacArthur usa.

Só há um problema: Simon Jennings não trabalha mais com esse número. Vários anos depois, ele revisou o estudo e concluiu que o fitoplâncton sustenta muito mais vida oceânica do que se pensava. Suas últimas estimativas apontam para a existência de algo entre 2 bilhões e 10 bilhões de toneladas de vida marinha nos oceanos. Isso supera em duas a dez vezes o que ele havia afirmado originalmente. Também não é possível determinar exatamente quanto dessa vida marinha são peixes.

A verdade é que não sabemos quantos peixes existem, mas provavelmente a quantidade deles é muito maior do que a Fundação Ellen MacArthur acredita.

7. PLÁSTICO NOS OCEANOS

E quanto ao plástico? Aqui também os números não resistem a uma análise mais cuidadosa. Um estudo de 2015 calculou quanto plástico poderá ser produzido no mundo — e lançado no mar — em 2025.[4] Então a Fundação simplesmente projetou até 2050 esse aumento de plásticos no oceano. Trata-se de uma suposição equivocada. A autora principal do estudo original, Jenna Jambeck, disse à BBC que "não se sentiria confiante para projetar o seu trabalho para além de 2025 e até 2050".[5]

O problema é que a Fundação presume que as coisas continuarão a piorar sem parar por décadas. Ela presume que não faremos nada para deter a poluição por plásticos, o que não é verdade: em 2050 não teremos as mesmas quantidades de plástico sendo lançadas no oceano.

Nenhuma das fontes originais — nem para peixes nem para plásticos — dá respaldo aos números que a Fundação produziu. É uma alegação questionável. Embora eu goste de me aprofundar nos números para verificar os fatos, a comparação é irrelevante. É uma estimativa arbitrária. Qual é a importância da proporção específica do peixe em relação ao plástico? Todo e qualquer plástico nos oceanos é ruim; como isso se compara aos peixes é pouco importante. Isso seria um problema se fosse metade, um quarto, um décimo do peso do peixe.

Resíduos plásticos são um problema nos mares do mundo todo, não há necessidade de exagerar esse problema.

É difícil encontrar um lugar na Terra que esteja livre da influência do homem. Até o ponto mais alto da Terra — o pico do Monte Everest — está cheio de lixo. O único lugar que poderíamos acreditar que talvez estivesse intocado é o mar. É claro que na linha costeira e nas áreas de pesca a nossa marca está em toda parte. Mas no *meio* do oceano?

Imagine então o choque do capitão Charles Moore quando ele se viu navegando em meio ao maior aglomerado de plástico do mundo. Moore nasceu para o mar — ele foi surfista e marinheiro — e em 1997, depois da regata da Transpac, ele voltava para a sua casa na Califórnia, uma rota que se estende de Los Angeles ao Havaí. Como mais tarde ele recordaria:[6]

> Eu estava no convés, e, ao olhar para a superfície do que deveria ser um oceano límpido, me deparei, até onde a vista podia alcançar, com a visão de plástico. Parecia inacreditável, mas não se via um pedaço de mar livre disso. Durante a semana que levamos para cruzar a alta subtropical, a qualquer hora do dia que olhasse eu via restos de plástico flutuando por toda parte: garrafas, tampas de garrafa, embalagens, fragmentos.

NÃO É O FIM DO MUNDO

Ele foi a primeira pessoa a comunicar a existência dessa gigantesca sopa de plástico. Moore cunhou muitos termos para esse amontoado de resíduos — "esgoto em redemoinho", "super-rodovia de lixo" — mas é de um de seus colegas a expressão que ficou: "Grande Mancha de Lixo do Pacífico".

A "Grande Mancha de Lixo do Pacífico" — GMLP para abreviar — situa-se entre o Havaí e a Califórnia. As correntes oceânicas formam um redemoinho — o Vórtice do Pacífico — no qual resíduos flutuantes se acumulam e são sugados na direção do centro. A maior parte desse lixo é de plástico. Alguns desses restos têm mais de cinquenta anos, uma cápsula do tempo de hidrocarbonetos para quem esbarrar neles.

Essa mancha de lixo se estende por 1,6 milhão de quilômetros quadrados.[7] Uma área três vezes maior que o território da França. E essa é somente a parte densa no centro, não o plástico espalhado pelas extremidades. Trata-se de uma das imagens mais claras da extensão da marca que deixamos sobre o meio ambiente.

Esse é o lado negativo do plástico: o refugo que acaba no estômago das baleias e estrangula as tartarugas. Por mais que me custe admitir, porém, o plástico tem também um lado bom, lado esse que não tem o merecido reconhecimento.

Comecei a escrever este livro durante a pandemia de covid-19. Parece estranho dizer que escrever sobre mudança climática, poluição do ar e desmatamento serviu como válvula de escape, mas essa é a verdade. Sou cientista ambiental por formação, mas recentemente desempenhei uma função bem diferente. Eu me tornei uma cientista de dados em epidemiologia — um trabalho para o qual eu não sabia bem que estava sendo recrutada. Desde os primeiros dias de pandemia, a minha equipe na Our World in Data coletou, examinou e compartilhou dados globais sobre a evolução da pandemia, atualizando-os diariamente para todos os países, com o maior número de indicadores possível. Nos tornamos rapidamente referência em meio à crise pandêmica para políticos, jornalistas, pesquisadores e o público em geral. Até Donald Trump pegava impressões amassadas dos nossos gráficos para mostrar para as câmeras da Fox News.

As pessoas foram os pilares desses indicadores do coronavírus. Pacientes sofrendo, entes queridos em luto, médicos, enfermeiros, voluntários e cientistas heroicos salvando vidas com tratamentos e vacinas. Mas o plástico também foi um pilar para todas essas pessoas. Ele estava nas máscaras que usamos para deter a disseminação do vírus, nos testes que fizemos para checar se estávamos infectados, nas ampolas que continham as vacinas e nos tubos de oxigênio que mantiveram respirando as pessoas hospitalizadas. É impossível imaginar como teríamos enfrentado a pandemia sem o plástico.

O plástico é realmente um material maravilhoso. É estéril, à prova d'água, versátil e barato. "Plástico" vem do grego *plastikos*, que significa "passível de ser moldado", e faz jus ao seu nome, pois podemos fazer quase tudo com ele. Lamentamos que ele tenha se tornado tão presente em nossa vida, mas isso é uma evidência de que se trata de um material muito útil para nós.

Embora tenha os seus defeitos ambientais, o plástico também tem alguns trunfos em matéria de meio ambiente. Como já vimos, se ficássemos sem plástico amanhã, o mundo desperdiçaria mais comida. Essa comida desperdiçada tem um custo ambiental enorme: todas as terras utilizadas para produzir a comida, a água utilizada na irrigação do solo, os gases do efeito estufa emitidos para a produção de um alimento que nem sequer chegará às nossas bocas.

Ou então pense no uso do plástico nos transportes. O transporte — seja pelo ar, por terra ou pela água — envolve o deslocamento de produtos pesados de um lugar para outro. Por esse motivo, o transporte consome muita energia e tem um grande peso na mudança climática. O plástico é fundamental na produção de veículos mais leves. Sem ele usaríamos materiais ainda mais pesados, e assim acabaríamos emitindo ainda mais gases do efeito estufa.

Do desperdício de alimentos aos medicamentos, dos transportes aos equipamentos de segurança, o plástico se tornou um elemento essencial em nossa vida. Nem sempre foi assim, é claro. O plástico é diferente dos outros problemas abordados neste livro. Todos os outros problemas têm uma história longa. A história do plástico é recente.

COMO CHEGAMOS ATÉ AQUI

Em 1907, o químico belga Leo Baekeland criou o primeiro plástico totalmente sintético do mundo, a baquelite (inspirada em seu próprio nome).[8] Mais tarde, ele se tornaria o "Pai da indústria de plásticos". Baekeland era diferente de muitos pioneiros mencionados neste livro. Crutzen, Molina e Rowland queriam recuperar a camada de ozônio. Haber, Bosch e Borlaug queriam alimentar o mundo. Baekeland foi honesto e direto: ele trabalhou em materiais sintéticos para ganhar dinheiro. Em suas próprias palavras, ele queria trabalhar em problemas que tivessem "a melhor chance para os resultados mais rápidos possíveis".[9] Os outros cientistas mencionados neste livro geralmente têm poucas chances de obter algum resultado positivo, muito menos resultados que sejam rápidos.

Antes da baquelite o mundo tinha goma-laca, uma resina secretada da fêmea do inseto kerria lacca. A resina era raspada dos troncos das árvores na Índia e na

Tailândia e aquecida para formar goma-laca líquida. Esse material era então utilizado de várias maneiras: como verniz de madeira para proteger produtos, moldado em ornamentos e molduras, como cobertura protetora e até na fabricação de discos de gramofone antes da transição para o vinil. Leo Baekeland viu aumentar o preço da goma-laca — um sinal claro de que esse tipo de material tinha grande procura e os insetos da floresta não conseguiriam suprir essa demanda. Baekeland se perguntou se seria possível reproduzir esse processo em laboratório. Seria ele capaz de imitar o trabalho do inseto kerria lacca e criar resinas do nada?

Baekeland começou a fazer experiências. Estava convencido de que a reação de dois componentes orgânicos — o fenol e o formaldeído — lhe daria o que ele buscava. Baekeland tentou essas reações em uma série de temperaturas, pressões e proporções dos dois componentes. Seu primeiro "sucesso" não resultou em nada de significativo. Ele obteve um produto que chamou de "Novolak". Não estava distante do que ele queria, mas não tinha ainda as propriedades extraordinárias que ele buscava.

Depois de muitas tentativas e ajustes, finalmente ele conseguiu produzir a baquelite. E era exatamente o que ele buscava obter. Baquelite, "o material de mil utilidades", como alguns cientistas se referem a ele atualmente. Baekeland registrou a sua patente para a baquelite em 1907, e ela lhe foi concedida em 7 de dezembro de 1909. O aniversário do plástico como nós o conhecemos.

A baquelite era perfeita para muitas indústrias que surgiam na época, particularmente a de eletrônicos e a de transportes. O fato de que esse material era resistente à eletricidade, ao fogo e ao calor significava que podia ser usado para fios, invólucros de proteção e aparelhos, e também se tornou o material ideal para diversos itens sofisticados.

Em comparação aos dias atuais, na época o mundo usava muito pouco plástico. Esse produto era ainda relativamente exclusivo, limitado aos Estados Unidos e à Europa. Em 1950, o mundo ainda produzia somente 2 milhões de toneladas de plástico por ano.[10] Mas à medida que a sua popularidade crescia e a indústria se desenvolvia, uma série de outros protótipos chegou ao mercado. Plásticos com diferentes propriedades — alguns podiam ser flexíveis, outros poderiam ser mais simples. Ele logo deixou de existir em um setor específico para se tornar um item essencial.

A produção de plástico explodiu. No ano 2000, o mundo produzia 200 milhões de toneladas por ano. Em 2010 eram 300 milhões de toneladas. E em 2019 eram 460 milhões de toneladas.[11]

7. PLÁSTICO NOS OCEANOS

ONDE ESTAMOS HOJE

As propriedades mágicas do plástico, que o tornam tão celebrado, também são o seu calcanhar de aquiles. O plástico é tão resistente e durável que se somarmos *a quantidade total acumulada* de plástico que geramos desde 1950 o resultado passará de 10 bilhões de toneladas. Mais de 1 tonelada para cada pessoa que está viva hoje. A maior parte desse plástico ainda continua por aí, sob alguma forma.

Quanto plástico usamos e para que usamos?

Quanto resíduo plástico *você* produz em um ano? Pense e dê um palpite.

O britânico médio produz cerca de 77 quilos. Esse é o peso médio de um homem. O americano médio produz aproximadamente 124 quilos. Isso parece muito até que relativizamos esse total em base diária. No Reino Unido essa quantidade seria de 200 gramas por dia. Continua sendo bastante, mas não tanto que escape à nossa compreensão.

Embora o plástico tenha se tornado um material essencial para nós, ele não é essencial em todos os lugares. Algumas pessoas no mundo têm pouquíssima interação com ele, ou nenhuma. Na Índia, a média é de somente quatro quilos por ano. O norte-americano médio produz em menos de uma hora a mesma quantidade de lixo plástico que o indiano médio leva um dia para produzir.

Os padrões de desperdício no mundo são bastante homogêneos. Os países mais ricos tendem a produzir mais resíduos por pessoa, o que também acontece em países com muitas cidades. Nações insulares como Barbados e a República das Seicheles produzem muito refugo plástico porque são construídos em torno de centros urbanos. Isto faz sentido: se você vive no meio de lugar nenhum e tem poucos meios de transporte para cidades, vilas ou centros de distribuição, como conseguiria obter plástico? Isso provavelmente explica por que países como Índia, Quênia e Bangladesh têm uma média tão baixa de resíduos por pessoa. Entre 60% e 70% das suas populações vivem em áreas rurais, ao passo que no Reino Unido e nos Estados Unidos menos de 20% vivem em áreas rurais.[12]

No mundo todo o plástico é usado principalmente para fins de embalamento. Isso não é nenhuma surpresa: as pessoas ouvem a palavra "plástico" e na mesma hora pensam em garrafas de plástico ou em embalagens de comida. Quarenta e quatro por cento do plástico do mundo se destina a embalagens. O restante vai para edificações, têxteis, transporte e outros aparatos de consumo. E quando se trata de *resíduo* plástico, não de *uso* de plástico, as embalagens se tornam ainda mais predominantes. Isso ocorre porque a "duração" de uso de uma embalagem é muito curta, geralmente metade de um ano. Nós a usamos uma ou duas vezes (se ela for reciclada) e então a descartamos. Já em áreas como a da construção, as coisas são diferentes: os plásticos que usamos para construir e reformar casas e escritórios podem ficar no mesmo lugar por mais de três décadas. E em carros eles podem permanecer por treze anos. Em eletrônicos, cerca de oito anos.

A solução parece óbvia. Se queremos deter a poluição por plástico, os países ricos deveriam parar de usar embalagens descartáveis de plástico se elas não puderem ser recicladas. De qualquer modo, deveríamos reciclar toda a quantidade desse material que pudermos. Infelizmente as coisas não são tão simples assim.

O "esquema" da reciclagem sem fim: onde vai parar o nosso plástico?

No caso da poluição por plástico, o que importa é saber onde o plástico vai parar. Dizer que o problema do plástico se resume simplesmente à quantidade que *usamos* equivaleria a dizer que uma garrafa para prática esportiva usada por alguém nos últimos cinco anos é tão ruim quanto um pedaço de plástico engolido por uma baleia no meio do Pacífico. São coisas diferentes, e se quisermos enfrentar a poluição por plástico não podemos considerar todos os casos como iguais.

Vamos primeiro falar da quantidade de plástico que termina como *lixo*, e então nos preocupar com os lugares onde esse lixo vai parar. Alguns plásticos são usados por muito tempo: anos ou mesmo décadas. Dos 8 bilhões de toneladas que o mundo produziu desde 2015, pouco menos de um terço continua em uso. Quanto ao restante disso, existem três destinos possíveis: pode ir direto para o aterro sanitário, pode ser reciclado ou pode ser incinerado (processo no qual é queimado e, felizmente,* transformado em energia). A maior parte do plástico acaba em aterros sanitários.

Mesmo que o plástico seja reciclado, é raro que ele reencarne mais de uma ou duas vezes. Acreditamos que a reciclagem seja o santo graal da ação ambiental. Consideramos ecologicamente correta toda embalagem que traga o rótulo de ser "reciclada". Sem dúvida é bom dar às coisas uma segunda vida. Certamente é melhor do que queimar mais óleo do nada para produzir uma nova versão. Mas

---

* Digo "felizmente" porque em alguns países de baixa renda o plástico é simplesmente queimado e não é convertido em energia.

7. PLÁSTICO NOS OCEANOS

não podemos simplesmente reciclar plástico várias e várias vezes — pelo menos quando se trata de reciclagem *mecânica*, que a maioria dos países adota. Quando as pessoas reciclam uma garrafa de plástico elas acreditam que se tornará outra garrafa de plástico. Estão enganadas. Ela se degrada e é usada para algo de menor qualidade. A maioria dos plásticos pode ser reciclada apenas uma ou duas vezes, e depois é enviada para o aterro sanitário. A reciclagem não elimina o resíduo que será gerado, apenas retarda um pouco o processo. É algo bom, mas não é a panaceia que poderíamos imaginar.

A reciclagem *química* nos oferece a oportunidade de reciclar plásticos interminavelmente. Na reciclagem química, os plásticos são decompostos em suas partes moleculares básicas.[13] Esse processo muito puro impede que os plásticos sejam contaminados ou degradados. O problema é que se trata de um processo espantosamente caro.[14] Muito mais caro do que simplesmente produzir mais plástico desde o princípio. Por esse motivo, empresas e países não realizam a reciclagem química. Se pudéssemos tornar a reciclagem química muito mais barata, então poderíamos ser capazes de quebrar o ciclo da produção de novos plásticos. Essa é uma possibilidade bastante distante atualmente, mas talvez chegue o tempo em que se torne realidade.

Portanto, mesmo que todos no mundo reciclassem o seu plástico (mecanicamente), ainda teríamos refugo. Se quiséssemos eliminar o refugo, a nossa única alternativa seria abrir mão do plástico completamente. Alguns poderiam argumentar que esse deveria ser o nosso objetivo, mas isso seria um equívoco. Sem dúvida há maneiras de reduzir o uso do plástico. Podemos e devemos reduzir o seu consumo, mas ele desempenha um papel importante demais em nossa vida em inúmeros usos — de suprimentos médicos à proteção para alimentos.

A boa notícia é que, embora não esteja ao nosso alcance, na prática, eliminar totalmente o refugo, podemos eliminar a *poluição* plástica. O maior problema com o plástico é *o modo como* o descartamos. Quando não lidamos adequadamente com os resíduos, eles se transformam em poluentes. E esses vazam para o meio ambiente, causando estragos na vida selvagem.

Isso significa que não solucionaremos o problema simplesmente usando menos plástico. Até podemos cortar pela metade a quantidade de plástico que utilizamos globalmente — tarefa bastante difícil —, e ainda assim teríamos milhões de toneladas do material passando para rios e oceanos todos os anos. Até aprendermos a lidar corretamente com os plásticos depois que os usamos, esse problema não terá fim. Então, o que temos de fazer para resolver isso?

Nesse momento, a nossa atenção está voltada para o plástico que polui os rios, e depois os mares. Os plásticos também se acumulam em terra firme, prejudicando

NÃO É O FIM DO MUNDO

os animais selvagens que os engolem ou ficam presos neles. Mas é na água corrente que a maior parte dos nossos resíduos plásticos acaba indo parar. Esses resíduos acabam chegando ao oceano, onde se acumulam. Aí é que está o grande problema. De qualquer maneira, a maioria das soluções que examinaremos buscam deter a poluição na sua origem, antes que ela escape para a terra ou invada o mar.

Quanto plástico vai parar no mar?

Quando Charles Moore velejava pelo Pacífico, ele navegou por uma superfície coberta de plástico que havia se acumulado ali, proveniente de todas as partes do mundo. Parte desse plástico vinha de fontes marinhas — redes, linhas e varas de pesca —, mas ele também estava navegando entre refugo que havia vindo da terra.

A organização Gapminder realizou uma pesquisa na qual perguntava às pessoas: "Que parcela de todo o lixo plástico do mundo acaba nos oceanos?".[15]

A. Menos de 6%
B. Cerca de 36%
C. Mais de 66%

Para 86% das pessoas a resposta certa era a alternativa B ou a C. A resposta correta, como você já deve imaginar, é a alternativa A: menos de 6%. Na verdade, é provavelmente um pouco menos de 6%. Cerca de 1 milhão de toneladas acaba no oceano todos os anos.

O mundo produz cerca de 460 milhões de toneladas de plástico por ano, e 350 milhões de toneladas disso se torna resíduo. Para que esse resíduo invada o mar ele tem de ser despejado sem contenção. Quando é depositado em aterros sanitários, é improvável que o plástico escape. O plástico também precisa estar próximo o bastante da costa para ser levado pelos rios para o mar. A nossa melhor estimativa é que 1 milhão de toneladas invade o oceano todos os anos. Isso representa 0,3% dos nossos resíduos plásticos.*

Não pretendo, com a minha argumentação, diminuir a importância do problema do plástico — 1 milhão de toneladas jamais deixará de ser uma enorme

---

* Não se sabe com total certeza quanto plástico chega ao oceano todos os anos. A maioria dos estudos revela resultados que variam de 1 milhão a 8 milhões de toneladas. Isso representa 0,3% a 2% dos nossos resíduos plásticos. O ponto é o mesmo: uma pequena fração do nosso refugo polui o mar. Certamente muito menos que a marca de um terço ou dois terços que muitas pessoas imaginam.

228

7. PLÁSTICO NOS OCEANOS

quantidade. Imagine jogar 1 milhão de toneladas de garrafas de plástico no mar, ano após ano. Mas temos de compreender o problema — a sua dimensão e de onde ele vem — para conseguir combatê-lo. Evitar que 1 milhão de toneladas de resíduos mal administrados chegue aos rios é um problema bem diferente de lidar com dezenas ou até centenas de milhões de toneladas. Muitas pessoas talvez mostrassem mais otimismo com relação à nossa capacidade de lidar com a poluição plástica se soubessem que apenas uma pequena porcentagem dos resíduos de plástico chega ao mar. Quem acredita que mais de dois terços, ou até mesmo um terço, dos plásticos são descartados no mar pode facilmente sentir que esforçar-se para enfrentar o problema é perda de tempo. Felizmente não é isso que acontece.

APENAS UMA PEQUENA FRAÇÃO DO LIXO PLÁSTICO GERADO NO MUNDO ACABA NO OCEANO
Cerca de 0,3% dos resíduos plásticos do mundo vai parar no oceano.

O mundo produz 350 milhões de toneladas de resíduos de plástico por ano

80 milhões de toneladas são mal geridas, com risco de que poluam o meio ambiente

8 milhões de toneladas invadem rios e litorais, com risco de que passem para o oceano

1 milhão de toneladas entram no oceano. Isso representa 0,3% dos nossos resíduos plásticos.

De onde vem o plástico que acaba no oceano?

O documentário de sucesso da Netflix *Seaspiracy* provocou polêmica ao culpar a indústria pesqueira pelo problema do plástico no mundo. Muito do que se afirmou no documentário estava comprovadamente incorreto — no próximo capítulo abordaremos algumas das suas outras alegações absurdas. Mas ele acertou em uma coisa — bem, acertou com ressalvas.

O documentário alegou que mais da metade do plástico da Grande Mancha de Lixo do Pacífico vinha de fontes marinhas — de linhas de pesca abandonadas

NÃO É O FIM DO MUNDO

e de redes descartadas. Isso é verdade: o mais recente estudo de alta qualidade que temos calcula que cerca de 80% do plástico na Grande Mancha vem das indústrias de pesca, e os 20% restantes vêm da terra.[16]*

Embora isso seja verdadeiro no caso da Grande Mancha de Lixo do Pacífico, não se estende aos oceanos como um todo. Uma parcela do plástico que vem dos rios alcança o mar aberto, mas a maior parte desse plástico permanece nas costas. A Grande Mancha localiza-se em uma parte do Pacífico com muita atividade de pesca industrial, motivo pelo qual arrasta para si uma quantidade desproporcional de restos de materiais de pesca.

De onde vem esse plástico? Seria de imaginar que os países que descartam a maior quantidade de plástico são aqueles que *usam* a maior quantidade de plástico — os países mais ricos do mundo. Mas não é nesse indicador que estamos interessados. Queremos saber *onde* o plástico está poluindo o mar. A questão aqui não é saber quanto plástico usamos, mas *para onde* vai esse plástico depois que o descartamos.

O plástico de uma pessoa que vive no Reino Unido, ou em qualquer outro país rico similar, provavelmente não irá parar no oceano, a não ser que essa própria pessoa atire o seu plástico deliberadamente em um rio ou na praia.** No Reino Unido, o plástico vai para um aterro sanitário, para a reciclagem ou é queimado de modo seguro para a obtenção de energia. Tudo isso acontece sem que precisemos sequer pensar: colocamos o nosso resíduo plástico na lata de lixo — provavelmente uma lata de lixo reciclável — e ele é tratado. É verdade que muitos países de alta renda também despacham ao menos parte dos seus resíduos plásticos para terras estrangeiras — veremos mais adiante os números relacionados a isso —, mas, de modo geral, a quantidade transportada para países mais pobres é bastante pequena e não muda em quase nada a quantidade que invade os oceanos. Talvez uma porcentagem diminuta, na pior das hipóteses.

Em países ricos, um bom sistema de gerenciamento de resíduos significa que é pequena a quantidade de resíduos *mal gerida*, e também pequeno o risco de que invadam o oceano. As coisas não são assim em todos os lugares. O gerenciamento de resíduos é tedioso e nada glamuroso, mas também bastante caro. Quando as cidades se expandem com rapidez, como acontece em muitos países de renda

---

* Estudos anteriores estimaram que cerca de 60% do plástico da Grande Mancha de Lixo do Pacífico vinha de atividades de pesca. Isso foi o mais próximo da estatística de "mais da metade" citada no *Seaspiracy*.

** A exceção é se houver um evento extremo, como um furacão ou uma enchente. Vimos, por exemplo, que durante o terremoto e o tsunâmi de Tohoku, no Japão, em 2011, grandes quantidades de plástico foram arrastadas para o mar.

7. PLÁSTICO NOS OCEANOS

média, é necessário muito investimento para manter o número de latas e centros de reciclagem em sincronia com o ritmo de megacidades em crescimento.

Em alguns países não existe um serviço regular de coleta de resíduos para aterro sanitário ou reciclagem. Quando os resíduos chegam a um local de controle, *se* chegarem, são armazenados em aterros abertos, de onde poderão alcançar o meio ambiente circundante. Um mapa global da quantidade total de plástico utilizada por pessoa daria destaque à Europa e à América do Norte. Mas o mapa do plástico *mal gerenciado* por pessoa é o contrário. Os países ricos não ganham nenhum destaque nesse mapa, enquanto América do Sul, África e Ásia se destacam muito. Os resíduos plásticos mal geridos por pessoa na Malásia superavam em 50 vezes os do Reino Unido — 25 quilos em comparação com apenas 500 gramas por ano.[17] Como já vimos, nem todo esse refugo mal gerenciado vai parar no mar, mas é bem mais provável que isso aconteça.

Vejamos por onde os plásticos estão entrando no mar. Boyan Slat é um dos meus ambientalistas favoritos. Na verdade, ele talvez se opusesse a ser chamado de ambientalista, porque o empreendedor holandês é um homem de ação, não de palavras. Ele não estuda apenas os problemas, ele tenta solucioná-los. A sua obsessão em resolver o problema do plástico começou quando ele tinha apenas dezesseis anos. Quando ele encontrou, enquanto mergulhava, mais plástico do que peixe, soube que algo precisava ser feito. Começou a cursar engenharia aeroespacial, mas, como acontece nas melhores histórias de empreendedores, ele deixou o curso de lado para iniciar o seu próprio empreendimento.

Em primeiro lugar, Boyan e sua equipe desenvolveram modelos de alta resolução para entender onde os plásticos entravam nos rios do mundo e como migravam dos rios para o oceano. Acadêmicos tendem a fazer esse tipo de coisa por curiosidade, ou por diversão. Mas esse estudo tinha consequências práticas para Boyan e sua equipe. Eles se empenharam numa luta usando soluções de engenharia não somente para *retirar* o plástico do oceano, mas para impedir que ele *chegasse* ao oceano. Para conseguir isso eles precisavam saber de onde vinha o plástico e quanto plástico teriam de conter.

Eles calcularam que em 2015 o mundo despejou aproximadamente 1 milhão de toneladas de rejeitos plásticos no mar. Um terço das 100 mil desembocaduras de rio que eles supervisionaram estavam lançando plástico no mar. Isso por si só indica um ponto importante. Poderíamos supor que a maioria dos rios acumula plástico e piora o problema. É o contrário. A *maioria* dos rios contribui muito pouco para esse processo. Essa também é uma boa notícia para Boyan Slat e sua equipe: eles "só" precisarão lidar com um terço dos rios do mundo, não com todos os rios. Na verdade, o problema é ainda mais concentrado que isso. Embora dezenas

NÃO É O FIM DO MUNDO

de milhares de rios lancem alguma quantidade de plástico no oceano, a maior parte desse refugo se concentra em um número muito menor de rios. Oitenta por cento dos plásticos no oceano vieram de 1656 rios.* Oitenta e um por cento do plástico despejado no oceano vem da Ásia. Essa porcentagem parece alta demais, mas em estudos anteriores calculou-se uma quantidade similar.[18]

É uma porcentagem espantosa, mas tem fundamento. A Ásia abriga 60% da população do mundo. Muitas dessas populações são densas e se localizam perto de rios importantes. O continente também abriga algumas das economias que mais rapidamente crescem no mundo — países como China, Índia, Malásia, Filipinas e Bangladesh, que têm saído da pobreza para se tornarem economias em expansão rápida. Quando os países deixam de ser de baixa renda e passam a ser de renda média, os consumidores começam a produzir e usar mais plástico. Eles se aproximam dos hábitos de consumo dos ricos. O problema é que a infraestrutura de resíduos para lidar com tudo isso não está à altura desse aumento de consumo.

Quanto aos outros continentes, aproximadamente 8% dos plásticos vêm de rios africanos, 5% da América do Sul, 5% da América do Norte. Da Europa e da Oceania juntas vem menos de 1%. É difícil aceitar esses números. Eles nos contam uma história que realmente não queremos ouvir. Como europeia, quero acreditar que podemos desempenhar um papel importante na solução desse problema reduzindo as embalagens plásticas, abandonando as sacolas de compras descartáveis e reciclando as caixas de leite usadas. Infelizmente isso não é verdade. Se todas as pessoas na Europa parassem de usar plásticos amanhã, os oceanos do mundo nem mesmo notariam a diferença.

Os plásticos nos rios podem não ter grande impacto sobre os oceanos do mundo como um todo, mas ainda podem ser um grave problema nas linhas costeiras da Europa, onde tendem a se acumular e a permanecer.

Quase todo o plástico em torno das linhas costeiras europeias vem de rios europeus. O mesmo acontece em outras regiões. Assim, a situação nos oceanos do mundo pode não mudar muito se a Europa abandonar o uso de todos os seus plásticos, mas a situação das linhas costeiras europeias sem dúvida mudará. Isso vale

---

* Estudos anteriores estimaram que a concentração foi ainda maior. Um estudo estimou que os maiores cinco rios foram responsáveis por 80% dos plásticos no oceano! Outro estudo estimou que eram os maiores 162 rios. Esses estudos de modelagem tinham resolução muito menor do que a da atualização recente. Eles presumiram uma relação simplista demais, qual seja, a de que foram sobretudo as dimensões do rio e da população com gerenciamento insatisfatório dos resíduos ao seu redor que determinaram o despejo do plástico. Isso significa que constavam como principais responsáveis grandes rios como o Yang-Tsé, o Xi e o Huangpu, na China; o Ganges, na Índia; o Cross, na Nigéria; e o Amazonas, no Brasil. Ao que parece, a dinâmica dos plásticos nos rios é um pouco mais complexa que isso.

7. PLÁSTICO NOS OCEANOS

principalmente para o mar Mediterrâneo. É uma bacia fechada, e quase todo o seu plástico vem dos países em torno dela.

Se a Europa quiser ter litorais livres de poluição, conseguir isso depende quase totalmente da própria Europa.

Os países ricos estão despejando o seu plástico no exterior?

Chegou o momento de abordarmos uma difícil questão: saber se os países ricos estão ou não "lidando" com os seus resíduos plásticos simplesmente enviando-os para fora dos seus domínios. Fazem-me essa pergunta com frequência. Essa questão é similar à das emissões de carbono que os países estariam diminuindo ao transferi-las para outro lugar. Se isso se aplicasse ao refugo plástico, essa poderia na verdade ser uma boa notícia. A solução para a poluição global por plásticos seria simples: bastaria proibir que países exportassem o seu resíduo plástico.

Infelizmente as coisas não são tão simples assim. O resíduo plástico que os países ricos enviam para o exterior é uma pequena parte do todo. Eliminar esse refugo dessa maneira poderia evitar que cerca de 5% — talvez mais de 5% — dele escapasse para dentro do mar. Sem dúvida uma contribuição, mas não uma solução mágica.

O Reino Unido tem jogado sujo no que diz respeito a resíduos plásticos. É comum que países comprem plástico reciclado de outros. Sendo assim, o Reino Unido deveria vender resíduos recicláveis limpos, que outros países pudessem reutilizar na produção de outras coisas. Porém sucessivos escândalos chegaram às manchetes sobre países que enviaram de volta o nosso refugo plástico porque estava cheio de amostras contaminadas que não podiam ser recicladas. Estávamos quase literalmente despejando o nosso lixo no exterior.

O Reino Unido não é o único a fazer isso. Outros países também têm sido parceiros ruins de negócios. Alguns países que recebiam plástico reciclado resolveram dar um basta na situação. Em 2017, a China anunciou que não importaria mais resíduos plásticos e proibiu essa atividade.[19] A China era o maior importador do mundo, e a sua saída desse mercado significava que havia plástico aos montes que precisaria ser enviado para algum lugar. E foi enviado para países vizinhos na Ásia, como Vietnã, Malásia e Tailândia. Mas esses países também não demoraram a dar um basta nessa negociação. Em 2021, a Malásia enviou de volta mais de 300 contêineres de refugo plástico contaminado para o país de origem desse material, e por fim baniu as importações de plástico. Recentemente, a Turquia também comunicou ao Reino Unido que não aceitaria mais o seu plástico.

NÃO É O FIM DO MUNDO

Essas negociações duvidosas fazem parecer que o comércio mundial de resíduos plásticos é um grande problema. Mas para conseguirmos entender *quão* grande esse problema é precisamos verificar os dados relacionados a ele.

Todos os anos, cerca de 5 milhões de toneladas de resíduo plástico são comercializados ao redor do mundo.[20] Esse número parece impressionante. Pelo menos até ser comparado com a quantidade de refugo plástico que geramos: 350 milhões de toneladas aproximadamente. Isso significa que cerca de 2% do refugo plástico global é comercializado.* Os outros 98% recebem destinação internamente.

Mesmo assim, se houver risco de esses 5 milhões de toneladas acabarem no oceano, talvez a solução para o problema seja proibir o negócio de refugo plástico. Para saber se isso é viável precisamos considerar de onde o refugo está sendo enviado e para onde está indo. Em 2018, os cinco principais exportadores de plástico eram os Estados Unidos, a Alemanha, o Japão, o Reino Unido e a França.

Quanto desses resíduos plásticos os países ricos negociam? Tomemos o exemplo do Reino Unido. Em 2010, o país gerou aproximadamente 4,93 milhões de toneladas de resíduos plásticos. Exportou 838 mil toneladas, cerca de 17%. Trata-se de uma fração significativa — perto de um quinto do total de refugo plástico. O Reino Unido é um dos maiores exportadores. A título de comparação, os Estados Unidos exportaram cerca de 5% do seu refugo plástico em 2010, a França exportou 11% e a Holanda exportou 14%. Em sua maioria, os países ricos exportam mais refugo plástico do que importam.

Para onde vai esse refugo plástico? É aqui que as surpresas começam a aparecer. Alguns anos atrás, a Ásia era de longe o maior importador de resíduos plásticos: de 70% a 80% desse plástico ia parar lá. Mas, quando os países da Ásia se cansaram de receber o refugo do mundo rico, essa proporção caiu rapidamente. Agora a Europa é a maior importadora de resíduos plásticos.[21]

A Europa importa mais da metade do refugo plástico negociado no mundo. Embora os países europeus sejam os maiores *exportadores*, quase três quartos dos resíduos plásticos vão para outros países na Europa. Alguns dos países que mais exportam são também os que mais importam. A Alemanha exporta plástico para vizinhos europeus como Holanda, Turquia, Polônia, Áustria e República Tcheca. Mas, por sua vez, também recebe grande quantidade de diferentes tipos de plástico.

---

* Um dos motivos pelos quais as negociações com refugo plástico envolvem uma porcentagem tão pequena desse refugo no mundo é que o ritmo de reciclagem mundial é muito lento. Na maioria das vezes trata-se de plásticos reciclados que são tratados. Portanto, o limite máximo da quantidade de plástico que será tratado é a quantidade total de resíduos a serem reciclados.

7. PLÁSTICO NOS OCEANOS

A ÁSIA COSTUMAVA IMPORTAR QUASE TODO O REFUGO PLÁSTICO COMERCIALIZADO NO MUNDO, MAS ISSO MUDOU
A participação de cada região na importação de refugo plástico no mundo.

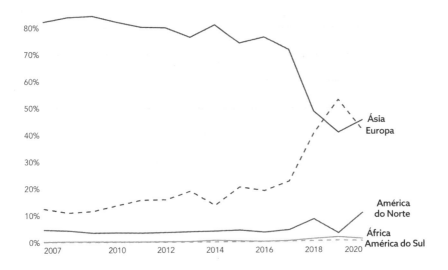

A redução drástica das importações pela Ásia nos mostra quão rapidamente as regulações podem modificar as coisas. China, Malásia e vários outros países proibiram a importação de resíduos plásticos, e esse mercado acabou tendo o seu equilíbrio abalado. Essa mudança é uma boa notícia. Como já vimos anteriormente, a Europa despeja muito pouco plástico nos oceanos. Como a Europa é agora a maior importadora de resíduos plásticos, isso significa que a maior parte dos resíduos plásticos negociados no mundo oferece pouco risco de terminar no mar.

Isso nos leva a uma pergunta fundamental: com os resíduos plásticos que exportam, qual é a contribuição dos países ricos para o agravamento da poluição por plástico?

Em 2020, países com renda média e baixa — nos quais os resíduos plásticos apresentavam "risco mais alto" de invadir o oceano — importavam cerca de 1,6 milhão de toneladas de resíduos plásticos dos países ricos. Os "países ricos" mencionados aqui incluem todos os países da Europa e da América do Norte, além de Japão, Hong Kong e países da Organização para a Cooperação e Desenvolvimento Econômico (OCDE) de outras regiões. Quanto desse refugo plástico vai parar nos oceanos?

Não sabemos com certeza — a probabilidade de que os resíduos mal geridos acabem no oceano varia bastante de país para país —, mas podemos pensar em termos de melhor e pior cenário. Fiz alguns cálculos aproximados e concluí que os países ricos responderiam por algo entre 1,6% (no melhor caso) e 10% (no pior caso) de plásticos no oceano em razão do envio de resíduos para o exterior. A porcentagem mais provável deve se situar em algum número intermediário a esses.

A proibição do comércio de resíduos plásticos poderia de fato reduzir a quantidade desses resíduos no oceano? Provavelmente sim, um pouco. Mas solucionaria o problema? Infelizmente, não. Apenas uma pequena fração do refugo plástico do mundo é negociada, e a maior parte desse plástico acaba em países que deixam muito pouco desse refugo escapar para o mar.

Ainda assim, há outros motivos para termos rigor quanto aos resíduos de plástico comercializados. É ultrajante que países ricos tratem outros países como um lixão. Apenas por essa razão já deveríamos deter esse comércio. Mas se estivermos em busca de uma solução rápida para o problema do plástico no oceano, ou se esperarmos que os países ricos resolvam sozinhos esse problema, isso não bastará.

Quais são os impactos da poluição por plástico?

Todos os dias surge uma nova manchete a respeito de lugares onde indícios de plástico foram encontrados. Em nossas redes de esgoto, em nossa comida, em nosso sangue; até mesmo na Antártida.[22, 23, 24, 25] Isso parece assustador. Mas até que ponto deveria nos preocupar?

Comecemos conosco mesmos. A maioria de nós não engole deliberadamente grandes pedaços de plástico, portanto são os pedaços menores — partículas tão pequenas que nem as percebemos — que preocupam. Podemos ingerir essas partículas na água que bebemos, por meio do peixe ou da carne que comemos, e podemos inalá-las e engoli-las pelo ar.[26]

O que acontece a essas partículas quando entram no corpo humano? Não sabemos, mas é possível que não permaneçam muito tempo em seu interior.[27, 28] O peixe nos fornece uma prova de que isso é verdade: estudos sugerem que partículas microplásticas não ficam por muito tempo dentro do corpo depois que foram ingeridas. Elas o deixam rapidamente. A maior parte dessa evidência — ou talvez da *falta* de evidência — sugere que as partículas plásticas em si mesmas não são uma grande preocupação para a saúde humana.

Existe também a possibilidade de que essas partículas se tornem veículo para outros poluentes. Poluentes plásticos são pegajosos: outras moléculas aderem a eles com facilidade. Isso significa que eles podem permitir que compostos como o bifenil policlorado entrem no nosso corpo. As indústrias também usam aditivos em seus plásticos. Eu ainda não soube de nenhuma evidência concreta de que isso tenha algum efeito sobre a saúde humana, mas é cedo demais para ter certeza. No momento, não estou *muito* preocupada com os impactos que os plásticos possam ter sobre a saúde humana, mas admito que a evidência não é clara o bastante para permitir uma opinião sólida. Posso facilmente mudar minha opinião a esse respeito.

É mais preocupante para mim o dano que o plástico causa aos animais selvagens. Isso está documentado em décadas de pesquisa.[29] Os animais podem ser expostos de várias maneiras. Eles podem ficar enroscados no plástico, casos de emaranhamento foram documentados em mais de 340 espécies diferentes, a maioria delas de tartarugas, focas e baleias.[30] O emaranhamento ocorre mais comumente com cordas e materiais de pesca, motivo pelo qual precisamos ser muito mais rigorosos com a indústria da pesca. Os animais também podem ingerir o plástico, tanto diretamente, junto com a água que engolem, como indiretamente, alimentando-se de organismos que já haviam ingerido plástico. Isso também é frequente: a ingestão já foi registrada em mais de 230 espécies diferentes.[31] Ela pode ter vários impactos sobre a saúde dos animais. Um dos principais impactos é a redução da capacidade do estômago, que os leva a deixar de buscar alimento — o estômago cheio de plástico lhes transmite a sensação de que estão bem alimentados. E há por fim os choques e abrasões. Pedaços de plástico afiados podem cortar peixes e animais marinhos. E os equipamentos de pesca podem danificar recifes de corais.

O plástico também tem o poder de perturbar o equilíbrio de ecossistemas inteiros. Plásticos flutuando podem funcionar como bote salva-vidas para diversas espécies, levando-as do seu ambiente natural para outro ambiente marinho, no qual pode ter de lidar com uma espécie "invasora" completamente nova.[32]

O público provavelmente pensa que o plástico é uma das maiores ameaças à vida marinha. Certamente está na lista de ameaças, mas não no topo dela. No próximo capítulo veremos que os peixes enfrentam problemas bem mais urgentes. Ainda assim, a poluição dos litorais e oceanos com plástico é sem dúvida ruim para os animais selvagens. É um impacto negativo que podemos eliminar. Precisamos fazer algo a respeito.

COMO PODEMOS IMPEDIR QUE OS OCEANOS SEJAM POLUÍDOS POR PLÁSTICO?

De todos os problemas ambientais mencionados neste livro, a poluição por plástico é o mais simples de deter. Sabemos como fazer isso. Não precisamos esperar por novas invenções nem por descobertas tecnológicas. Com alguns investimentos básicos, o mundo poderia resolver esse problema amanhã.

É preciso esclarecer que me refiro ao problema da *poluição* por plástico: impedir que ele chegue aos nossos rios e oceanos, onde causa danos aos animais selvagens. Não queremos eliminar completamente o uso do plástico. Devemos conservá-lo para os usos essenciais. Quanto ao restante, podemos encontrar alternativas ou parar de usá-lo.

Não é justo que os países ricos se safem

Seria fácil deixar a responsabilidade de pôr fim à poluição por plástico para os países de baixa e média renda, onde a maior parte dos resíduos plásticos vai parar no oceano.

Mas os países ricos não deveriam se livrar da responsabilidade tão facilmente. Eles contribuem para o agravamento da poluição por plástico de diversas maneiras. E devem parar imediatamente de enviar plásticos para o exterior, *a menos que* se comprometam a investir em boas práticas de gestão do refugo plástico no país para o qual enviam os seus resíduos.

Mesmo que o fim do comércio de resíduos plásticos não resolva o problema da poluição, é uma vitória que podemos alcançar muito rapidamente. Não podemos nos esquecer de que os países pobres não são a lata de lixo dos países ricos.

A contribuição dos países ricos para a piora da poluição por plástico não se limita ao comércio do refugo. Eles também compram com satisfação produtos plásticos dos países mais pobres. Ou exportam seus produtos plastificados para esses países, sabendo que esses não possuem infraestrutura para lidar mais tarde com os resíduos. A poluição por plástico é um complexo problema mundial, e para enfrentá-lo da maneira apropriada é necessário um conjunto integrado de soluções. Todos os países — dos mais ricos aos mais pobres — precisam colaborar para dar fim a esse problema.

Investir em mais gestão de resíduos

A principal solução para dar fim à poluição por plásticos não é algo glamuroso. Não é um veículo elétrico da Tesla nem uma inovação em fusão nuclear. É o sujo, porém necessário, investimento em gestão do lixo. Se todos os países tivessem os sistemas de gestão de resíduos que os países ricos têm, quase nenhum plástico chegaria ao mar.

7. PLÁSTICO NOS OCEANOS

Os países necessitam de aterros sanitários com a parte de cima absolutamente fechada, para que nenhum resíduo escape. Necessitam de bons sistemas para coletar e armazenar o lixo das milhares de ruas das megalópoles. Precisam de sistemas e centros de reciclagem nos quais os plásticos possam receber uma nova destinação.

Não há como disfarçar a gestão de resíduos. É coleta de lixo e nada mais. É difícil defender a ideia de investir em lixeiras e aterros sanitários quando os países têm tantas outras prioridades para resolver. É justamente por esse motivo que chegamos à situação em que estamos. O padrão de vida das pessoas se elevou rapidamente. As pessoas se mudaram para cidades, onde adquirem muito mais mercadorias prontas para consumo. Elas agora podem usar plástico à vontade. É uma coisa boa, é sinal de que as pessoas estão enriquecendo e podem desfrutar de uma vida melhor. Mas a gestão de resíduos continua na parte inferior da lista de prioridades.

Nesse sentido, a questão do resíduo plástico é semelhante à da poluição do ar. Com o tempo, as pessoas alcançam um estágio de desenvolvimento no qual as suas prioridades mudam. No início, as pessoas estão dispostas a aceitar o lixo. Não é agradável, mas é uma concessão que elas aceitarão fazer em troca dos benefícios que determinados materiais lhes trarão. Então, mais à frente no tempo, as pessoas percebem que querem rios e litorais sem resíduos plásticos. Elas esperam que as autoridades locais tenham um plano para coletar e cuidar do refugo da cidade. Quando essa transição acontece, o resíduo plástico para de chegar ao oceano. Simples assim.

Países de renda baixa e média podem acelerar essa transição investindo agora em gestão de resíduos. Os países ricos podem apoiá-los financiando essa iniciativa. Os que não se dispuserem a investir em gestão de resíduos deixarão clara a sua posição: eles querem aparentar que estão tomando alguma providência, mas acabam enveredando pelo caminho mais fácil.

Devemos reciclar os resíduos plásticos?

Pergunte às pessoas o que elas estão fazendo para "salvar o planeta" e quase sempre a resposta será "eu separo o lixo reciclável". A reciclagem é a marca universal da consciência ambientalista. Como vimos no capítulo 3, as pessoas costumam pensar que a reciclagem tem um impacto enorme em sua pegada de carbono. Mas a verdade é que o impacto é minúsculo.

Por que a reciclagem não tem o impacto que imaginávamos? Reciclar não acontece magicamente, do nada. Requer energia, e essa energia tem um custo.

Muitas vezes requer um pouco menos de energia do que a gasta para produzir plástico novo, portanto, com a reciclagem, ainda poupamos alguma energia — mas não tanto quanto esperamos ou imaginamos. Além do mais, nossas expectativas quanto à reciclagem são altas demais. Acreditamos que a nossa garrafa de água se transformará em outra garrafa de água, e esse processo de "reencarnação" acontecerá inúmeras vezes. Ele atrasa a chegada do plástico ao lixo, mas não a impede. Por fim, fabricar coisas com plástico — sobretudo plástico descartável — é tão eficiente que torna muito menos atrativa a reciclagem de material velho. Em comparação com outros materiais, costuma ser um modo de produzir coisas com emissões baixas de carbono.

Não quero dar a entender que devemos desanimar com o processo de reciclagem. Ainda aconselho meus amigos a separarem o lixo reciclável. E eu também faço isso. Mas não tenho ilusões de que isso salvará o planeta. Meu conselho a você, portanto, é reciclar. Reciclar é bom. Mas se for a *única* coisa que você faz, ou se for uma das suas principais ações em prol do meio ambiente, então você precisa aumentar os seus esforços.

Esperar mais cooperação e inovação da indústria

Um dos motivos pelos quais as taxas de reciclagem mundiais são tão baixas é que em termos de custo muitas vezes não compensa para os países reciclar. As coletas para reciclagem são com frequência uma mistura de diferentes tipos de plástico. Alguns podem ser reciclados, outros, não. O fluxo da reciclagem acaba contaminado, e é caro limpar a bagunça.

A indústria — as empresas que produzem plásticos e produtos que usam plásticos — não ajudam muito. Elas despejam plástico sobre nós em grandes quantidades, misturando vários tipos diferentes. E depois temos de nos encarregar — indivíduos, comunidades locais e municípios — de construir a infraestrutura e sistemas para lidar com esse plástico. Os governos precisam pressionar mais a produção industrial, impondo-lhe uma regulamentação mais rigorosa. As indústrias precisam otimizar os plásticos que utilizam. Eles têm de ser recicláveis. As indústrias precisam investir em soluções químicas recicláveis que nos ajudem a quebrar o círculo vicioso dos plásticos. E é necessário também que elas ajudem as comunidades locais a construírem a infraestrutura adequada para a destinação dos resíduos plásticos.

7. PLÁSTICO NOS OCEANOS

Políticas rigorosas para os plásticos na indústria da pesca

Já vimos que a maior parte dos plásticos que chegam ao mar vem da terra. Mas em certas partes do oceano a maior parte dos plásticos vem de fontes marinhas. Quando Charles Moore navegou pela Grande Mancha de Lixo do Pacífico, provavelmente ele viu muito mais redes e cordas de pesca do que canudos de plástico e garrafas de refrigerante.

Resolver esse problema pode ser muito simples. Os oceanos do mundo não são o nosso parque de diversões com entrada franca — pelo menos não legalmente. Na maioria dos países, os barcos comerciais de pesca precisam de permissão. Eles costumam ter cotas para controle da quantidade de peixes que lhes é permitido pescar (saiba mais sobre isso no próximo capítulo). Seus movimentos e padrões de navegação podem ser monitorados por meio de tecnologia GPS básica. A solução, portanto, é bem fácil: alguém verifica quanto equipamento tem no barco quando ele sai para o mar, e quando o barco retorna checa novamente a quantidade de equipamento. Se cordas, redes e linhas tiverem sido perdidas ou abandonadas em condições climáticas severas, ou propositalmente atiradas ao mar, os pescadores receberão uma grande multa, uma proibição temporária ou perderão sua licença. É preciso levar em consideração a possibilidade de que os pescadores percam pequenos pedaços de equipamento — pareceria duro demais puni-los porque um peixe grande arrancou das suas mãos uma linha.

Ou podemos usar a "teoria da cenoura". Os pescadores poderiam ser incentivados a trazer resíduos plásticos de volta para terra firme. Não apenas os seus próprios materiais, mas qualquer refugo com que se deparassem durante sua viagem.

A indústria da pesca depende de ecossistemas marinhos saudáveis para viver. É insano que estejamos numa situação em que alguns tratem o oceano como um depósito de lixo.

O Interceptor

Políticas comerciais, mais aterros sanitários e centros de reciclagem, e alguém que conte o número de redes nos barcos de pesca. Essas soluções não parecem muito empolgantes. Não há nada um pouco mais imaginativo, mais tecnologicamente sofisticado, que possa nos dar mais ânimo?

É evidente que serão necessários muitos anos para que seja construída a infraestrutura de que o mundo necessita para impedir a poluição por plástico nos oceanos. Podemos simplesmente ficar sentados — com as mãos na cabeça

NÃO É O FIM DO MUNDO

— assistindo enquanto todo o plástico é despejado. Ou podemos encontrar uma solução temporária. Uma solução brilhante e de alta tecnologia.

O Interceptor Original é uma tecnologia desenvolvida pelo projeto Ocean Cleanup, de Boyan Slat. Trata-se de um equipamento tecnológico movido a energia solar — pense em uma pequena embarcação com uma longa fileira de tubos infláveis ao redor dela — que é posicionado no escoadouro dos rios.* Ele pode interceptar os detritos flutuantes que saem dos rios, reter os plásticos, juntá-los e processá-los, e transportar tudo para um local apropriado para a gestão dos resíduos. Reter o plástico no início da sua jornada pelo oceano — bem na porta de entrada para o mar — é aprisioná-lo antes que ele se disperse. Até o momento, o projeto posicionou oito Interceptors na Indonésia, na Malásia, no Vietnã, na República Dominicana e na Jamaica.

O Ocean Cleanup é somente um dos projetos que buscam transformar essa meta em realidade. Existem vários outros. Alguns usam "barragens de rio" — longas barreiras curvas — cuja função é bloquear e aprisionar o plástico. O Seabin Project — que teve início na Austrália, mas se espalhou pelo mundo — instala estruturas semelhantes a lixeiras que se movimentam com as marés e sugam qualquer plástico que esteja boiando ao seu redor. Mr. Trash Wheel, de Baltimore, é uma máquina curiosa com grandes olhos engraçados que mastiga o refugo plástico que passa pelo rio. Não é diferente do jogo Hungry Hippos. A Great Bubble Barrier, projetada na Holanda, funciona com a colocação de um tubo ao longo de toda a extensão do rio, no seu leito. Esse tubo faz bolhas na direção da superfície, criando uma barreira que não deixa o plástico seguir o seu curso. O plástico não pode *atravessar* a barreira, e em vez disso ele é empurrado para a superfície, onde é recolhido por um sistema de coleta.

Ainda é muito cedo para afirmar quão eficazes e quão expansíveis são essas soluções, mas elas parecem valer uma aposta. Todos os dias mais plásticos vão parar nos rios e oceanos, partindo-se em fragmentos cada vez menores. Esses serão ainda mais difíceis de remover do meio ambiente no futuro. Podemos ficar parados, angustiados, esperando que alguém feche as torneiras. Ou podemos dar o nosso melhor enquanto isso: juntar as mãos e tapar as fendas para diminuir o vazamento.

---

* Costumava haver somente um Interceptor, mas com o tempo a organização sem fins lucrativos elaborou um portfólio com diferentes tecnologias. Então o primeiro deles se tornou o Interceptor Original.

7. PLÁSTICO NOS OCEANOS

Limpando as praias e os litorais

A maior parte dos plásticos nos oceanos do mundo passa por ciclos de ficarem retidos ao longo das linhas costeiras — talvez até enterrados nos sedimentos — e depois serem levados novamente nas ondas. Esse processo dos plásticos de enterrar-se e soltar-se pode ocorrer muitas vezes.[33] Isso é bom. Retirar plástico do *meio* do oceano é realmente difícil. Mas a maior parte do plástico não está no meio do oceano — está bem mais perto de nós, onde podemos alcançá-lo. Você encontrará mundo afora pessoas realizando o ingrato trabalho de limpar as praias. Mas, na verdade, não é um trabalho ingrato, é recompensador. Se você vive perto de uma praia ou do litoral e pode ajudar participando dessa limpeza, pode contribuir diretamente para evitar que o plástico invada o mar.

JÁ HÁ MILHÕES DE TONELADAS DE PLÁSTICO NO MAR. COMO CONSEGUIREMOS RETIRAR TODO ESSE LIXO?

Até aqui discutimos o que pode ser feito para impedir que o plástico acabe nos oceanos. Mas o que faremos com o plástico que já se encontra em alto-mar? Nós o deixamos onde está? Ou podemos retirá-lo?

A respeito dessa questão há boas e más notícias. Vamos começar com as más: há plástico no oceano que não seremos capazes de retirar. Não são novidade para nós as estatísticas relacionadas ao tempo que os plásticos permanecem no meio ambiente — décadas, ou até mesmo séculos. Isso em parte é verdade. Alguns compostos levam muito tempo para se degradarem. Mas alguns plásticos se decompõem bem mais rapidamente, gerando microplásticos.[34] O problema com os microplásticos é que eles agora estão praticamente por toda parte, e não podemos nos livrar deles.

Contudo, sou mais otimista a respeito das partes maiores dos plásticos — os restos que o capitão Charles Moore viu. Nem sempre sou tão otimista — você pode descobrir um pouco sobre o meu ceticismo nos arquivos da internet. A internet nunca decepciona quando se trata de desencavar antigas e constrangedoras opiniões nossas.

O canal Kurzgesagt, no YouTube, publica alguns dos melhores vídeos da internet. Eles explicam ciência de uma maneira espantosamente acessível. A voz do narrador é de uma serenidade incomparável, e nós a ouvimos em meio a um cenário de animações ricamente elaboradas. Os vídeos têm milhões de visualizações. Tenho a grande sorte de colaborar nos roteiros e na pesquisa para alguns vídeos do Kurzgesagt.

NÃO É O FIM DO MUNDO

Fizemos há alguns anos um vídeo sobre o problema da poluição por plástico. Foi um grande sucesso. Fiz a pesquisa e escrevi o roteiro. Perguntaram-me se eu participaria, como especialista no assunto, de uma sessão de "Ask Me Anything" (AMA) [pergunte-me o que quiser] no Reddit mais tarde. As sessões de perguntas pareciam exaustivas, então fiquei relutante. Mas o Kurzgesagt tinha dois outros especialistas disponíveis para me ajudar, um deles do Programa das Nações Unidas para o Meio Ambiente. Ótimo: eu estaria em boa companhia.

No final das contas, porém, não tive a companhia de ninguém. Os outros dois especialistas não apareceram. Foi um dos dias mais frenéticos da minha vida. Milhares de pessoas fizeram-me perguntas on-line e se envolveram na discussão. Todas as perguntas foram excelentes: ponderadas, sutis e formuladas com interesse genuíno em aprender. Mereceram respostas à altura e completas.

O tema central do vídeo original era "Como impedir que o plástico poluidor *chegue* ao oceano". Essa era a parte do problema que eu havia estudado até não mais poder — eu conhecia os dados a respeito do assunto como a palma da minha mão. Eu não tinha dado muita atenção ao problema do plástico que já se encontrava no mar. Acho que acabei presumindo que era uma causa perdida.

E inevitavelmente as pessoas começaram a me fazer perguntas sobre isso. Mas que droga: eu devia ser a especialista ali e não sabia o que dizer. Constrangida, recorri ao Google: *"Como se remove plástico do oceano?"*, digitei no buscador. O projeto Ocean Cleanup foi o primeiro resultado a surgir.

Li rapidamente o resultado. Devo ter levado cinco minutos no máximo, mas a cada minuto surgia uma nova pergunta na lista do Reddit. Honestamente, quando examinei na época o projeto Ocean Cleanup o considerei absurdo. Mas optei por uma abordagem diplomática: expliquei o problema, indiquei o projeto às pessoas e disse que era muito cedo para afirmar algo.

Depois de terminada a minha maratona na sessão de perguntas, parei de pensar em plásticos por algum tempo. Um ou dois anos mais tarde, porém, voltei novamente a minha atenção para o assunto para saber se havia alguma atualização. Examinei de novo o projeto Ocean Cleanup — dessa vez de maneira aprofundada e cuidadosa — com um olhar renovado. Não que eu tenha passado subitamente a considerar o projeto uma solução óbvia e ideal. Eu ainda o via com uma dose saudável de ceticismo. O que havia mudado era o meu apreço pelas pessoas — não raro, pessoas incrivelmente inteligentes — que realmente tentavam *fazer* alguma coisa. Pessoas como Boyan Slat. Em vez de simplesmente se afligir e reclamar da situação, ele decidiu enfrentar o problema do lixo plástico que se acumulava aos montes no oceano. A propósito, ele tinha apenas dezoito anos quando fundou o projeto. Portanto, você está enganado se acredita que é jovem demais para fazer a diferença.

244

7. PLÁSTICO NOS OCEANOS

Sempre há espaço para que empreendedores assumam por iniciativa própria um problema e busquem resolvê-lo. Mas isso vale principalmente para problemas imensos e globais, como o dos plásticos no mar. Quem se responsabiliza pelos plásticos que estão boiando no meio das águas do Pacífico? Para que governo devemos mandar a conta por essa sujeira? A imensidão do mar aberto não pertence a nenhum país. Sairia caro para qualquer governo abraçar a missão de resolver a questão. Isso significa que nenhum país toma essa atitude. As coisas só mudarão com a interferência de indivíduos corajosos e empresas privadas.

Boyan Slat e sua equipe concentraram-se na limpeza do plástico nas grandes manchas de lixo do oceano. Eles monitoram e rastreiam as grandes concentrações de plástico para saber onde elas vão dar. Essa é a zona-alvo. Eles então posicionam os seus equipamentos de limpeza (que são diferentes do Interceptor): barreiras flutuantes — parecidas com as longas balizas flutuantes das piscinas — que recolhem e aprisionam o plástico num grande cercado. Quando o cercado fica cheio, o plástico pode ser retirado e levado para um barco. E depois ele é transportado para o local onde será selecionado e reciclado.

A tecnologia pode não ser perfeita ainda, mas há sinais de que funciona. A cada tentativa é possível ver montes de plástico sendo tirados do oceano. Um dos problemas que o projeto enfrenta é garantir que a coleta não apanhe vida marinha junto com o refugo. Os dados mais recentes sugerem que cerca de 0,1% da massa recolhida pelos equipamentos é "efeito colateral" — vida marinha que infelizmente acaba presa nas barreiras. Isso é pouco para os padrões oceânicos em atividades de pesca, mas, com o aperfeiçoamento da tecnologia, a expectativa é de que se possa eliminar essa ocorrência quase completamente.

Ainda não sei se essa tecnologia fará diferença no combate ao problema do plástico já acumulado no oceano. Espero que faça. Seria muito bom celebrar o fato de que um pequeno grupo de indivíduos teve a coragem de lidar com um problema que a maioria considerava impossível de resolver.

COISAS QUE DEVERIAM NOS PREOCUPAR MENOS

Canudos de plástico realmente não têm importância

Papel e água não combinam. O papel é feito de um composto chamado celulose, que se dissolve na água. Não consigo entender por que alguém acharia uma boa ideia fazer canudos de papel. Eles são inúteis. Contudo, os "canudos de papel" se tornaram um símbolo de sustentabilidade para restaurantes e bares em todo o mundo.

245

NÃO É O FIM DO MUNDO

Não sou uma defensora dos canudos de plástico. Não me importo nem um pouco com eles. Mas me importo com políticas ineficazes, principalmente quando essas políticas tomam o lugar daquelas que poderiam realmente fazer a diferença. Canudos de plástico são simplesmente inexpressivos na escala de risco da poluição global por plásticos. Sobretudo nos países ricos, as chances de que os canudos plásticos das pessoas acabem no mar são muito pequenas. Mesmo que não sejam reciclados, esses canudos provavelmente serão enviados a aterros sanitários. Não sabemos com certeza quantos canudos de plástico vão parar no oceano, mas é provável que eles representem aproximadamente 0,02% dos plásticos nos oceanos. Se quisermos ser rigorosos com relação aos canudos de plástico descartáveis, então sejamos. Mas isso não pode ser a principal política do governo para o enfrentamento à poluição por plástico.

Algumas pessoas com deficiência precisam realmente de canudos, e proibi--los teria um impacto significativo. A maioria de nós não precisa de canudos, mas sabe que canudos não são nenhum grande problema e que não é necessário sentir culpa por usar um de vez em quando. Só torço para que superemos rapidamente a fase do canudo de papel.

A eventual sacola plástica não é um problema

Para um ambientalista, usar sacola plástica descartável é pecaminoso. Muitos de nós conhecem a dor angustiante de estar no mercado e perceber que nossa sacola de compras reutilizável ficou em casa. Os dez minutos seguintes são de pura comédia: tentamos descobrir quantos itens podemos enfiar nos bolsos, carregar nos braços e até levar presos entre os dentes. Não trairemos a causa pedindo uma sacola plástica.

Ainda que eu faça a mesma coisa, não ignoro os fatos: os dados nos mostram que uma eventual sacola plástica não é nenhum grande problema. Na verdade, de muitas maneiras, uma sacola plástica descartável é melhor que algumas alternativas. Pelo menos a pegada de carbono da sacola plástica é bem menor que a das outras opções. Para "empatar" com a sacola de plástico, uma pessoa precisaria usar um saco de papel diversas vezes, e uma sacola de algodão de dezenas a centenas de vezes.[35, 36] Isso também vale para outros impactos ambientais, como o uso da água, a acidificação e a poluição da água com nutrientes como o nitrogênio. Isso não significa que você deve voltar a usar sacolas descartáveis: significa apenas que você deve se certificar de que está reutilizando os outros tipos de sacolas muitas vezes. Se você compra uma nova sacola cada vez que vai ao mercado, então só está

246

7. PLÁSTICO NOS OCEANOS

piorando as coisas. E como já vimos em capítulos anteriores, você deveria prestar muito mais atenção no que *coloca dentro* da sacola do que na sacola propriamente dita. Isso terá um impacto ambiental bem maior.

O problema com as sacolas plásticas é que elas podem poluir os canais de navegação. Como com qualquer outra forma de refugo, porém, isso acontecerá somente se não conseguirmos lidar com essas sacolas de maneira apropriada. Nos países ricos, a não ser que você descarte lixo perto de um rio ou da costa, as sacolas plásticas não irão parar no oceano. Mandar esse material para aterros também não é um grande problema. Isso *é* um problema em países de baixa e média renda nos quais o uso de sacolas plásticas está em crescimento, mas a infraestrutura para a destinação dos resíduos plásticos não. Nesses países, regras rígidas a respeito do uso de sacolas plásticas descartáveis e a disponibilidade de alternativas *realmente* fazem a diferença.

Portanto, fique atento à quantidade de sacolas que você usa. Pegue uma mochila ou uma sacola resistente e use-as muitas vezes. Mas não se estresse se por acaso chegar ao caixa do mercado e perceber que deixou a ecobag em casa.

Aterros sanitários geralmente não são tão ruins como parecem

Muitas vezes sinto a consciência pesada por mandar resíduos para o aterro sanitário. É uma espécie de fracasso: produzi refugo que não será reciclado nem usado novamente. Mas uma das soluções das quais falei repetidas vezes neste capítulo é a necessidade de mais e melhores aterros. Talvez isso te cause calafrios (me deixa arrepiada também), mas eles nem sempre são tão ruins como parecem.

Aterros *podem* ser ruins se não forem devidamente operados, e muitos deles espalhados pelo mundo não são. Lixões não são uma boa solução. O plástico e outros resíduos podem se dispersar, o solo pode ser contaminado e gases do efeito estufa são lançados na atmosfera.

Mas um aterro sanitário bem operado, de grande profundidade, pode ser uma solução ambiental eficaz. Muitas pessoas acreditam que o mundo está ficando sem espaço para receber aterros, mas isso não é verdade. Fiz alguns cálculos para saber de quanto espaço precisaríamos para armazenar *todos* os 9,5 bilhões de toneladas de plástico que produzimos até hoje. Isso seria como pegar todo o plástico do mundo e enterrá-lo.

Muitos aterros sanitários têm cerca de 30 metros de profundidade. O aterro sanitário Puente Hills, em Los Angeles, fica a colossais 150 metros abaixo da superfície. Imagine um aterro que se estenda por 10 metros de profundidade. Qual

NÃO É O FIM DO MUNDO

o tamanho da área que ele ocuparia? Aproximadamente 1800 quilômetros quadrados. Trata-se de uma área do tamanho de Londres, que pode parecer gigantesca, mas é de apenas 0,001% da área terrestre global. Se estivesse mais perto da superfície, esse aterro poderia ocupar um espaço um pouco maior. Se fosse mais profundo ou mais alto, seria necessário menos espaço. Independentemente das dimensões escolhidas, porém, a quantidade de área é pequena: do tamanho de uma ou duas cidades. Ninguém quer um aterro sanitário em seu quintal, mas temos espaço suficiente para que isso não seja necessário.

A maioria das pessoas acredita que aterros sanitários são horríveis, no entanto, eles podem ser locais eficazes de armazenamento de carbono, reduzindo o impacto do refugo na mudança climática. Quando se decompõe, o lixo emite CO_2 e metano, um gás de efeito estufa ainda mais forte. Isso obviamente é ruim para o clima. Aterros sanitários bem operados podem retardar ou até mesmo interromper esse processo de decomposição parando o fornecimento de oxigênio, o que impede a emissão de CO_2 ou de metano: o carbono permanece no material que fica depositado no aterro. Isso se aplica também a produtos como madeira e papel. Por exemplo: quando queimamos madeira ou deixamos que ela se decomponha, ela emite CO_2. Se em vez disso, a enterrarmos, esse carbono será "aprisionado" e alguma quantidade de CO_2 será retirada da atmosfera. Dá-se a isso o nome de "reservatório de carbono".

Ainda ocorre alguma decomposição em aterros sanitários, mas sobretudo de matéria orgânica como resíduos de alimentos e papel.[37] Aterros sanitários bem geridos podem capturar todo o metano gerado a fim de que ele não seja lançado na atmosfera. Da mesma forma, qualquer vazamento de água poluída para os ecossistemas circundantes pode ser impedido por aterros sanitários que tenham revestimentos seguros debaixo deles. Nem todos os aterros fazem isso de maneira segura, e esses revestimentos podem se degradar depois de décadas de uso. Mas esse problema pode ser contornado.

Aterros sanitários não são esteticamente agradáveis, é preciso ter cuidado na escolha do local onde serão colocados. E um aterro sanitário pode ser uma farsa ambiental se for gerido de maneira inapropriada. Contudo, na luta contra a poluição por plásticos, bons aterros sanitários são essenciais em nosso conjunto de ferramentas. Não podemos deixar que nossa preocupação e nosso sentimento de culpa sejam obstáculos ao seu uso.

8. PESCA PREDATÓRIA

Saqueando os mares

> *Os oceanos estarão praticamente vazios até 2048.*
> *Seaspiracy*, 2021

Em 2021, o documentário da Netflix *Seaspiracy* chocou o mundo. Foi um dos programas mais assistidos do ano e incendiou a mídia. Eu ouvia pessoas perto de mim repetindo sem parar: "Na metade do século já não haverá mais peixes no mar!". Até lá já teremos pilhado os oceanos até o último peixe; e quando jogarmos as linhas de pesca e redes, elas não encontrarão nada. Não restará mais vida no fundo do mar. Os maravilhosos corais que um dia abrigaram vastos ecossistemas marinhos entrarão em colapso, sem vida para sustentá-los. A Terra é o planeta água, mas os seus oceanos serão áridos.

Em sua maioria, os cientistas marinhos ficaram perplexos. Finalmente os riscos da pesca predatória e a situação dos oceanos recebiam a merecida atenção. Ainda assim, o documentário estava recheado de falsidades.

De onde veio essa afirmação sobre o oceano? Em 2006, Boris Worm e seus coautores publicaram um artigo na *Science*.[1] Worm, que agora é professor na Universidade de Dalhousie, no Canadá, é um dos mais renomados ecologistas marinhos do mundo. O seu artigo na *Science* analisou a situação da biodiversidade nos oceanos. Havia na época uma grande preocupação quanto ao estado das populações de peixes. As populações de atum-rabilho estavam seriamente ameaçadas, as de bacalhau e de merluza diminuíam, e muitas pessoas evitavam consumir salmão com base em advertências de ONGs de todo o mundo.

As conclusões desse estudo não são otimistas. Contudo, os resultados mais importantes do artigo receberam pouquíssima atenção. A mídia se concentrou em uma única estatística, um dado que apareceu uma vez apenas, na conclusão:

NÃO É O FIM DO MUNDO

As nossas evidências destacam as consequências sociais de uma contínua erosão da diversidade que parece acelerar-se em escala global. Essa tendência traz grande preocupação porque projeta para a metade do século XXI o colapso global de todas as espécies atualmente pescadas (com base na extrapolação da regressão para 100% no ano de 2048).

Não é de espantar que muitos tenham se alarmado ao lerem essa conclusão. Também não é de espantar que um jornalista, ávido por uma história dramática, tenha agarrado essa oportunidade. É claro que *The New York Times* publicou a história: "Estudo prevê 'colapso global' de espécies de peixes".[2] Outras mídias concluíram que os peixes do mundo desapareceriam até 2048. A partir de então, a cobertura sobre o assunto cresceu como uma bola de neve.

Existem dois problemas básicos com a estrutura dessa história. O primeiro é que quando ecologistas marinhos falam de "colapso global" eles estão usando uma linguagem diferente da que a maioria de nós usa. Podemos supor que um "colapso" significa que não resta mais nenhum peixe. Podemos supor que uma população colapsada é uma população que desapareceu. E foi assim que a história começou como "colapso global até 2048" e se transformou em "oceanos vazios até 2048". Mas não foi isso que os cientistas afirmaram.

Existem muitas definições de "colapso" na ciência da pesca. Na definição que Boris Worm usou, a quantidade de peixe que *pescamos* cairia para 10% dos níveis de pesca mais altos registrados na história. Assim, se a quantidade máxima de atum-rabilho do Atlântico que pescamos num determinado ano foi de 1 milhão, diríamos que esse peixe "colapsou" se a nossa pesca em dado ano caísse para menos de 100 mil. É bastante estranho que isso tenha sido definido com base na *pesca* de peixes e não no *número* real de peixes restantes. Mas não tínhamos muitos dados sobre a abundância de peixe no oceano na época do artigo de Worm. Para termos uma ideia da situação das populações de peixes, mediríamos o grau de dificuldade da pesca de alguns. É fácil pescar quando há abundância deles. Mas a pesca se torna cada vez mais difícil à medida que suas populações vão encolhendo.

Quando Boris Worm afirmou que a tendência indicava um "colapso global na metade do século XXI", ele não quis dizer que não restaria mais nenhum peixe. Mesmo que a sua projeção de colapso se *realizasse*, o mar não ficaria vazio. Obviamente, se a projeção se tornasse realidade seria algo terrível tanto para os peixes como para as pessoas que os pescam — mas isso não significaria um oceano vazio.

E temos o segundo grande problema: de que maneira Worm obteve uma projeção para um colapso global na metade do século. Ele calculou o estado dos

250

8. PESCA PREDATÓRIA

estoques de peixe do mundo com base nos dados disponíveis (que não eram muitos). Apesar da falta de dados, esse trabalho foi importante: os cientistas têm de buscar compreender onde estamos e para onde vamos, baseados nos melhores dados que puderem obter. Worm estimou que em 2003 quase 30% dos estoques de peixe do mundo foram definidos como "colapsados". Então ele simplesmente prolongou essa linha de tendência até que ela alcançasse 100%. O ecologista supôs que os estoques de peixe continuariam a entrar em colapso um após o outro, até o colapso de todos em 2048.

Trata-se de uma extrapolação um tanto inocente. É uma experiência mental interessante para um cientista: "Se as coisas continuarem ocorrendo como ocorreram no passado, quando isso chegará a 100%?". Eu mesma faço esses cálculos com frequência. Eles são divertidos. Porém essa abordagem realça um problema fundamental que já vimos diversas vezes neste livro. É uma perspectiva que alimenta a mentalidade apocalíptica na qual nos aprisionamos. Excedemos números populacionais explosivos, passamos a acreditar que eles nunca pararão de crescer e entramos em pânico por isso. Pelo menos até que eles colapsem. Nos deparamos com emissões crescentes de CO_2 e presumimos que elas simplesmente continuarão a crescer. Fertilizantes, pesticidas, carvão, poluição do ar: produziremos cada vez mais. Se você não acredita que as coisas possam mudar, então é natural que adote essa visão. Mas não há uma base científica para essa hipótese. Na verdade, existem sinais claros de que as coisas já *não são* mais assim para a maioria dos nossos problemas ambientais. Somos capazes de corrigir o rumo das coisas, e estamos fazendo isso.

Portanto, houve dois grandes sinais de perigo no modo como esse estudo foi divulgado pela mídia. Em primeiro lugar, "colapso global de peixes" não significa um "oceano sem peixes". Em segundo lugar, continuar em frente numa tendência até que ela atinja 100% não é lá muito científico. É difícil responsabilizar seriamente os jornalistas da época pelo ocorrido. Mas não existe justificativa para continuar cometendo o mesmo erro hoje, depois de mais de quinze anos — porque essa controvérsia desencadeou uma revolução nos dados relacionados à pesca. Esses dados nos mostram que nos distanciamos muito do cenário pessimista que no início ganhou tão rapidamente as manchetes.

Muitos cientistas marinhos ficaram em júbilo quando os peixes chegaram às manchetes de veículos de imprensa do porte do *The New York Times*, *The Washington Post* e da BBC. Outros, porém, não conseguiam entender o que estava acontecendo, mesmo depois de descobrirem o erro de interpretação que transformara "colapso global" em "oceano sem peixes". Esse panorama sombrio não correspondia ao que eles viam na prática — isto é, no mar. Evidentemente, alguns estoques

251

de peixe do mundo não iam bem. Mas outros não estavam nem perto do colapso. Na verdade, a sustentabilidade de alguns estava *melhorando*. Ou seja, havia indicações de que haveria *mais* peixes em 2048, não menos. Pouco tempo depois do aparecimento do estudo de Worm, a *Science* publicou vários trabalhos científicos de outros especialistas em pesca contestando as conclusões de Worm.

Um dos críticos mais ferozes do estudo de Worm foi Ray Hilborn, outro gigante da área, que trabalhava como cientista pesqueiro na Universidade de Washington. Na época, Hilborn já era um pesquisador de longa carreira e acumulava prêmios por seu trabalho acadêmico desde os anos 1970. Ele também tinha uma visão um pouco mais otimista acerca das perspectivas para os peixes do mundo.

Em entrevistas, Hilborn definiu o trabalho como "inacreditavelmente desleixado", e suas projeções como "espantosamente estúpidas". No mesmo mês que o artigo de Worm foi publicado, Hilborn respondeu na revista *Fisheries* com um artigo intitulado "Faith-based Fisheries" [Pesca baseada na fé].[3] Nesse artigo, ele atacou não somente a comunidade científica marinha como também as principais revistas científicas do mundo, que estavam favorecendo notícias de primeira página e deixando em segundo plano a ciência baseada em evidências.

Worm e Hilborn enxergavam o problema de maneira diferente, talvez porque o considerassem com base em pontos de vista diferentes sobre o mundo. Boris Worm era um ecologista marinho e Ray Hilborn era um cientista pesqueiro. Numa visão um tanto simplista sobre ecologistas marinhos, poderíamos argumentar que eles desejam que os ecossistemas voltem ao seu estado primitivo original, de antes do aparecimento dos humanos. Os cientistas pesqueiros, por sua vez, preocupam-se em encontrar maneiras de pescarmos tanto peixe quanto possível mantendo, ao mesmo tempo, os ecossistemas saudáveis.

Os dois cientistas foram convidados para um debate ao vivo na US National Public Radio. Os apresentadores provavelmente esperavam uma batalha acalorada entre especialistas, mas no final das contas o encontro foi mais amigável do que se esperava. Hilborn e Worm concordaram em muitos aspectos e mostraram respeito um pelo outro. Tanto que continuaram a discutir o assunto por e-mail nas semanas que se seguiram.

Ficou evidente que ainda não havia sido elaborado o conjunto de dados necessário para que realmente se entendesse o que estava acontecendo nos oceanos. Ambos decidiram unir forças e trabalhar juntos para obter esse conjunto de dados. Como Boris Worm recordou: "Independentemente dessa questão [a controvérsia pública], Ray e eu percebemos que isso não traria bem nenhum à ciência, porque você corre o risco de limitar o seu campo de visão".[4] Eles solicitaram — e receberam — um subsídio para formar uma equipe de vinte cientistas. A missão

8. PESCA PREDATÓRIA

era reunir dados sobre a *abundância* de peixes — o número de peixes no oceano, e não a quantidade de peixes capturados.

Em 2009, eles obtiveram os dados de que necessitavam. Escrito em parceria, o estudo — intitulado "Rebuilding Global Fisheries" [Reconstruindo as áreas de pesca globais] — foi publicado na *Science*.[5] A revista apresentou o artigo como o final da altercação sobre peixes: "Depois de uma projeção controversa dando conta de que o peixe pescado desapareceria, pesquisadores de ponta fizeram as pazes para analisar a situação das áreas de pesca — e o que fazer a respeito".

Os resultados das pesquisas mostraram que em média não houve diminuição nesses estoques de peixes. Mas eles tiveram resultados diferentes em diferentes regiões. Alguns estoques tinham bom desempenho e estavam de fato aumentando. Outros iam mal e eram motivo de preocupação. Foi por essa razão que na média não houve uma mudança clara, as boas notícias anulavam as más. Mas uma coisa ficou bastante evidente: não houve indícios de que um "colapso global" ocorreria na metade do século. Se uma nova projeção fosse traçada com base nesses cálculos, ela definitivamente não alcançaria 100%. Nem mesmo no ano 3000.

OS OCEANOS NÃO ESTARÃO "VAZIOS EM 2048"
Depois da publicação de um artigo em 2006, muitas manchetes anunciaram que os "oceanos estariam vazios em 2048". O gráfico a seguir mostra de onde surgiu essa alegação, e as evidências mais recentes que a refutam.

Essa foi uma atualização crucial para a nossa compreensão acerca da pesca no mundo. Porém "não ficou muito melhor nem muito pior" não prende tanto a atenção quanto "os estoques globais de peixe vão entrar em colapso em breve". Notícias negativas vendem. Notícias positivas até podem vender às vezes. Notícias neutras raramente vendem.

No mundo da ciência existem muitas desavenças, disputas entre acadêmicos, divisões políticas, barreiras ideológicas. Pode ser difícil deixar de lado as diferenças e avançar lado a lado. Worm e Hilborn nos mostraram como se faz isso. Quando não tinham as evidências necessárias para resolverem suas diferenças, eles trabalharam juntos para encontrar essas evidências.

Infelizmente, nem todos atualizam as suas posições quando as evidências mudam. Foi por isso que as mentiras do "oceano sem peixes em 2048" foram repetidas em *Seaspiracy* em 2021.

Claro que isso não significa que a situação dos peixes do mundo é perfeita e que não temos motivo para nos preocupar. Mas espero que — caso você tenha acreditado em *Seaspiracy* — algumas das suas piores preocupações tenham se abrandado um pouco. Agora que já lidamos com o pior do pânico, podemos examinar com mais profundidade a história do modo como tratamos o oceano, em que ponto estamos hoje e o que precisamos fazer para tornar novamente o oceano saudável.

COMO CHEGAMOS ATÉ AQUI

A ascensão e a queda da caça às baleias

Atualmente mostramos predomínio sobre algumas das menores criaturas do mar. No passado, porém, buscávamos dominar as maiores. Com mais de 150 toneladas de peso, a baleia-azul é o maior animal que já viveu na Terra. Seria de imaginar que o seu tamanho a protegeria da exploração humana. Na verdade, porém, o tamanho desse animal tornou o seu destino ainda pior. Como vimos no capítulo 6, as maiores criaturas sempre atraíram os seres humanos. Baleias são fontes abundantemente valiosas de óleo, carne e gordura.

A caça à baleia em tempos mais remotos talvez traga à nossa mente a história de *Moby Dick* escrita por Herman Melville em 1851. Mas a nossa batalha com as baleias data de muito antes disso. No início do ano de 2000, pesquisadores exploravam Bangudae, um sítio arqueológico da Coreia do Sul que remonta ao ano

8. PESCA PREDATÓRIA

6000 a.C.[6] Lá eles descobriram muitas impressionantes gravuras de baleias nas pedras. As baleias não estavam sozinhas nesses registros, ao lado delas figuram barcos com homens armados de lanças. Esses petróglifos talvez sejam o primeiro acesso que temos aos tempos iniciais da caça à baleia.

A caça à baleia remonta a *pelo menos* vários milhares de anos. Essa prática se tornou cada vez mais popular por toda a Europa durante o período medieval — de cerca de 500 a 1600 d.C. — quando uma elite de londrinos, escoceses e holandeses fazia lampiões e ornamentos com ossos de baleia e se banqueteava com sua carne preciosa.[7, 8] Mas as ferramentas de caça não eram muito eficazes na época. Tudo isso mudou nos séculos XVIII e XIX, sobretudo quando a caça à baleia chegou aos Estados Unidos, onde se tornou uma indústria importante. Embora os usos para o óleo de baleia tenham se diversificado, os norte-americanos o usavam principalmente para a iluminação.

Hoje parece loucura pensar que mataríamos criaturas tão majestosas apenas para acender velas. Mas isso ilustra perfeitamente como eram limitadas as provisões dos nossos ancestrais. Eles não matavam as baleias por maldade. Buscavam encontrar uma fonte de energia, e o óleo de baleia acabou se tornando uma das melhores fontes que eles tinham.

Durante a primeira metade do século XIX, a produção norte-americana de óleo de baleia e de cachalote continuou a crescer. Em 1800, a produção era de dezenas de milhares de barris por ano. Em meados dos anos de 1840 foi de mais de meio milhão de barris. Porém — como tantas tendências que vimos até aqui — tudo o que sobe um dia tem que descer, inevitavelmente. A produção alcançou o seu pico nos anos 1840 e caiu tão rapidamente quanto havia crescido. Se traçarmos a tendência da produção do óleo de baleia ao longo do século XIX teremos uma forma de U invertido quase perfeita.

O que levou ao pico e depois à queda da produção do óleo de baleia? Combustíveis fósseis, em parte. Na época em questão o óleo de petróleo foi descoberto, e o querosene começou a substituir o óleo de baleia na iluminação, porque era mais barato. A caça à baleia tornou-se cada vez mais desvantajosa.[9] Nos Estados Unidos, a caça à baleia estava morrendo, mas em outras partes do mundo estava apenas começando. Quase no final do século XIX, novas tecnologias estavam sendo desenvolvidas para que fosse possível capturar uma quantidade muito maior de baleias. No lugar dos típicos barcos a vela ou a remo que os norte-americanos usavam, os noruegueses contavam com navios a vapor mecanizados, equipados com canhões e arpões. Isso tornou a caça à baleia muito mais eficiente. Agora não apenas podíamos capturar mais baleias como também podíamos capturar espécies de baleia que eram rápidas demais para a nossa antiga tecnologia.

NÃO É O FIM DO MUNDO

Quando baleias grandes são mortas, elas costumam afundar. Na década de 1880 descobriu-se uma maneira de evitar isso: bombeando ar dentro da baleia morta para mantê-la flutuando.

Esse foi o início da era "moderna" da caça à baleia, na virada do século XX, que além de trazer inovações no modo de rastrear e caçar baleias também trouxe avanços no modo como podíamos usar o seu óleo, sua gordura e seus ossos. No início, o óleo de baleia era utilizado como combustível para iluminação e como lubrificante para maquinários. Com os avanços na área de cosméticos e química de alimentos, os seus subprodutos logo passaram a ser usados em sopas, têxteis e até em margarinas. Âmbar-gris — substância encontrada no intestino de cachalotes — era, e ainda é, usada para fazer perfume. Você encontrará essa substância no Chanel Nº 5, por exemplo. As baleias também aparecem na indústria da moda. Em lugar de dentes, baleias de barbatana têm longas cerdas de queratina (proteína encontrada em unhas e pelos humanos) — essas cerdas foram usadas em todo tipo de coisas, desde saias e espartilhos femininos até guarda-chuvas, barracas de praia, varas de pescar e balestras.[10]

Repentinamente nos tornamos muito mais hábeis para caçar baleias, e tínhamos um mercado próspero. Ano após ano, mais baleias eram mortas. De alguns poucos milhares por ano passamos a 10 mil, depois a 20 mil — até que na década de 1960 eram mortas 80 mil baleias por ano. O único breve período de pausa aconteceu na Segunda Guerra Mundial, quando os homens lançavam os seus navios de caça uns contra os outros. Quando os combates terminaram, porém, as baleias voltaram a ser o alvo.

A caça às baleias cresceu de modo acentuado na primeira metade do século. Curiosamente, porém, tornou-se o que se poderia chamar de uma história de conservação de sucesso. A prática diminuiu substancialmente nos anos 1970, e então despencou para níveis baixos nas décadas de 1980, 1990 e 2000. Nos dias atuais caçamos muito poucas baleias — e quase nenhuma por razões comerciais. De que maneira o mundo conseguiu reverter a situação? Havia muitos fatores em jogo. Nos anos 1960, as populações de baleias escasseavam cada vez mais, devido a essa escassez tornou-se caro caçá-las, porque era difícil localizá-las e capturá-las. O óleo e os ossos de baleia estavam perdendo a sua vantagem competitiva. Existiam agora alternativas mais baratas e mais acessíveis para as indústrias têxtil, de cosméticos e de alimentos. Os combustíveis fósseis começavam a substituir o óleo de baleia.

A ação política se tornou necessária. Em 1946, percebendo que a caça à baleia estava se tornando insustentável, vários países haviam formado a International Whaling Commission [Comissão Baleeira Internacional]. Depois de muitas décadas de fracassos em acordos de cotas, em 1987 a International Whaling Commission concordou com uma moratória global. Isso tornou ilegal a caça comercial à baleia, com algumas poucas exceções.*

A pressão humana no século XX teve ainda um profundo impacto nas populações de baleias. Pouco antes do início do século XX havia 2,6 milhões de baleias nos oceanos.[11, 12] Um século depois, restavam somente 880 mil. O número de baleias caiu para dois terços, e algumas espécies em particular foram barbaramente afetadas. Tenho certeza de que você já entendeu o padrão. As maiores baleias foram os principais alvos. A baleia-minke sofreu um declínio de "apenas" 20%. A baleia-azul foi acossada até quase ser extinta. As suas populações caíram de 340 mil para apenas 5 mil — uma redução de 98,5%.

A CAÇA À BALEIA É HOJE APENAS UMA FRAÇÃO DO QUE JÁ FOI NO PASSADO
O gráfico mostra o número por década de baleias no mundo que foram caçadas e mortas.

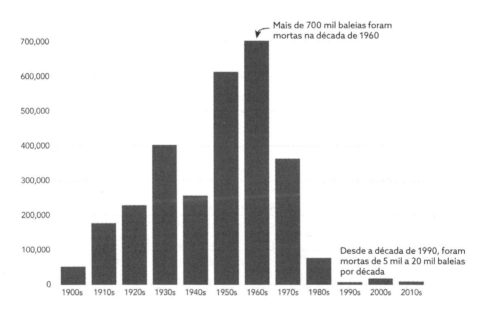

Ainda levará muito tempo para que as populações de baleias se recuperem. Mas o mundo agiu bem a tempo para permitir que isso fosse possível. Essa

---

* A moratória se aplica apenas à caça comercial à baleia, sendo assim, ainda se permite a caça à baleia para fins de pesquisa científica e de subsistência de povos nativos.

NÃO É O FIM DO MUNDO

história poderia ter acabado de maneira bem diferente. Muitas espécies rumavam diretamente para a extinção, e nós pisamos no freio — no último segundo.

A história da pesca

Os restos de um dos primeiros humanos modernos mostram que esse humano se alimentava de peixe. Fragmentos de ossos do Homem de Tianyuan foram descobertos na caverna Tianyuan perto de Pequim, e sugerem que ele viveu há aproximadamente 40 mil anos. Análises de isótopos mostram que ele se alimentava bastante de peixes de água doce.

Com base em pinturas rupestres, ossos de peixe descartados e anzóis improvisados, também sabemos que a nossa história associada à pesca remonta a dezenas de milhares de anos atrás. Durante a maior parte desse tempo, as ferramentas eram muito limitadas. As inovações tecnológicas podem ter sido o anzol e a linha, ou uma lança. Muitos tinham apenas cestos simples de junco entrelaçado. Mas isso começou a mudar no século XV, quando os primeiros grandes barcos de pesca surgiram na Europa. Esses barcos atiravam longas "redes de emalhar", as quais formavam uma parede ou cortina de rede para aprisionar peixes. Essas redes eram bem mais eficazes para capturar grandes quantidades de peixe, e também de vida marinha não desejada. As expedições costumavam durar semanas, e os pescadores retornavam com um suprimento considerável.

Os esforços de pesca em larga escala se intensificaram a partir disso e se expandiram pelo mundo. Não apenas havia redes e métodos mais sofisticados como também os barcos se tornaram maiores e mais velozes. E mais tarde ainda surgiu o reforço do motor: os pescadores podiam posicionar a rede, mover-se rapidamente para impedir que os peixes escapassem e capturar mais deles enquanto avançavam.

Um colapso nos estoques de peixe tornou-se realidade para muitos países ricos. Se tomarmos como exemplo a pesca do bacalhau-do-atlântico de Terra Nova e Labrador, no leste do Canadá, veremos que ela começou a se intensificar a partir do século XVII. No século XVIII eram pescadas cerca de 100 mil toneladas por ano. No século XX eram pescadas aproximadamente 250 mil toneladas. Esse crescimento chegou ao seu ápice em 1968, antes que um colapso nos estoques levasse a um acentuado declínio. Foi necessário encerrar completamente as pescas no início dos anos 1990.

Outra inovação que abriu para a pesca um mundo totalmente novo foi o arrastão a vapor, que apareceu no Reino Unido nos anos 1880. Os navios podiam se distanciar mais da costa e permanecer no mar por períodos de tempo mais longos, e contavam com equipamentos melhores para alcançar as profundezas do oceano. A pesca cresceu acentuadamente ao longo da primeira metade do século xx,[13] embora tenha sido interrompida por duas guerras mundiais.[14]

A pesca de arrasto pelo fundo espalhou-se pelo mundo, mas, sem um monitoramento cuidadoso das populações de peixes, os estoques começaram a diminuir. A pesca de arrasto pelo fundo no Reino Unido — e em outros países ricos — teve uma grande queda no final do século xx e início do século xxi.

Como ainda veremos, muitos países aprenderam a gerir os seus estoques de peixe de maneira bem mais sustentável. Os estoques de peixe ameaçados estão se recuperando. Mas técnicas de pesca sem monitoramento nem regulação — mediante as quais grandes quantidades de peixe são capturadas indiscriminadamente — estão ganhando terreno em algumas partes do mundo. Precisamos nos certificar de que isso não leve ao mesmo caminho destrutivo que no passado muitos seguiram na atividade da pesca.

ONDE ESTAMOS HOJE

Quantos peixes no mundo são supervisionados de maneira sustentável?

Até que ponto os nossos hábitos de pesca se tornaram realmente insustentáveis? Essa pergunta parece simples, mas causa bastante controvérsia. Para respondê-la precisamos concordar com o que significa de fato "pesca sustentável". Nem todos concordam.

Podemos discordar quanto a detalhes técnicos e números: quantos peixes capturamos, quantos peixes restaram ou se as populações estão sendo esgotadas. Muitas vezes, porém, não é nessas questões que o real desentendimento reside. Ele surge um passo adiante, no conflito ético ocasionado pelo modo como vemos o peixe. Você já deve ter percebido que não discutimos sobre os peixes do mesmo modo que discutimos sobre outros animais selvagens. No capítulo sobre biodiversidade, a nossa meta era protegê-los a todo custo. Alguns veem o peixe da mesma maneira, mas a maioria os enxerga como animais que existem para serem pescados. E quando as pessoas enxergam o peixe através de lentes diferentes, esses debates não avançam muito. Eles nem mesmo chegam ao estágio no qual os números podem ser discutidos.

Existem duas importantes correntes de pensamento quando se trata de peixes. Uma dessas correntes — frequentemente adotada por ambientalistas,

NÃO É O FIM DO MUNDO

ecologistas e defensores do bem-estar animal — considera o peixe um animal que possui direitos. Essa é uma visão que temos da maioria dos outros animais, como elefantes ou macacos. Aqui, nossa meta é restaurar as populações de vida animal, fazendo-as retornar aos seus níveis pré-humanos. O mesmo se aplicaria aos peixes: deveríamos permitir que as populações cresçam até voltarem aos seus níveis históricos, antes de começarmos a pesca. Aqui, sustentabilidade significaria pescar poucos peixes, ou mesmo não pescar.

A outra corrente de pensamento considera o peixe um recurso. A maioria de nós se alimenta de peixes, e centenas de milhões de pessoas dependem deles como fonte de renda. Não é possível permitir que os peixes retornem aos seus níveis anteriores à existência da pesca *e ao mesmo tempo* pescar grandes quantidades. Portanto, "sustentabilidade", segundo essa concepção, significa pescar a maior quantidade de peixe possível, ano após ano, sem esgotar as populações de peixes *ainda mais*. Isso satisfaz a definição clássica de sustentabilidade de Brundtland: pescamos a quantidade máxima de peixes possível para satisfazer as necessidades das pessoas vivas hoje, sem, porém, nos exceder nessa captura a ponto de sacrificar a atividade da pesca para as gerações futuras.

Os cientistas podem calcular esse "ponto ideal": o ponto exato até onde podemos capturar tanto peixe quanto possível sem esgotar suas populações abaixo dos seus níveis mais produtivos. Dá-se a isso o nome de rendimento máximo sustentável. Se você se deixa levar pela ganância e pesca além desse ponto, então exaure as populações de peixes para as gerações futuras. Se você pesca abaixo desse ponto, então está sacrificando alimento e renda para as atuais gerações. Isso é o que a maioria busca na atividade da pesca: não capturar demais nem pouco, só a justa medida.

A tensão entre essas correntes de pensamento é óbvia. A definição de "sustentabilidade" é completamente diferente. O mesmo acontece com o objetivo final. Quando um estoque de peixe está em seu rendimento máximo sustentável, isso é cerca da metade dos seus níveis originais de antes da existência da pesca.[15] Desse modo, o que é sustentável para a segunda corrente é apenas a metade do que a primeira corrente considera sustentável. É um impasse difícil de superar. Posso entender ambas as posições. A concepção que temos dos peixes tende a ser diferente da que temos dos outros animais terrestres, e isso me parece estranho. Ao mesmo tempo, parece fantasioso que o mundo vá parar com a pesca da noite para o dia. Se as pessoas vão continuar pescando, temos de assegurar que iremos monitorar e gerenciar do melhor modo possível os estoques de peixes selvagens. Isso significa capturar os peixes cuidando para que não haja exploração excessiva dos estoques, e mantê-los num equilíbrio salutar. O que nos faz decidir inequivocamente pela segunda corrente.

260

8. PESCA PREDATÓRIA

A Organização das Nações Unidas para a Alimentação e a Agricultura (FAO) tem uma divisão dedicada à pesquisa e a relatórios sobre a atividade da pesca. Todos os anos ela produz estimativas relacionadas à sustentabilidade das atividades de pesca no mundo.[16] As décadas de 1980 e 1990 foram assustadoras. No início dos anos 1970 quase 90% dos estoques de peixe do mundo eram geridos de maneira sustentável. Daí para a frente, porém, as coisas foram rapidamente ladeira abaixo. A demanda global por peixe continuou a crescer. O número de estoques de peixe forçados além do seu limite parecia aumentar a cada ano. Seria um erro perdoável pensar que essa tendência continuaria a crescer, assim como Boris Worm pensou, conforme vimos no início deste capítulo.

No início da década de 2000, aproximadamente um quarto dos estoques de peixe do mundo sofriam exploração excessiva. Em 2008, essa proporção subiu para um terço. Mas a escalada perdeu força. Desde então, a porcentagem de estoques explorados manteve-se em cerca de um terço. Isso significa que dois terços dos estoques globais de peixe são geridos de forma sustentável.*

Esse número não chega a ser motivo para celebração, evidentemente. Já não temos mais a subida acentuada que se viu nas décadas de 1980 e 1990, conseguimos pelo menos desacelerar ou interromper essa subida. Fizemos o suficiente para ganhar tempo a fim de descobrir *o que* está dando certo e aplicar isso onde for necessário.

Agora criamos mais peixes do que pescamos

Alguma coisa não faz sentido aqui. Conseguimos parar o crescimento de populações de peixe que estão sendo sobre-exploradas. Desde 1990, porém, a produção mundial de frutos do mar mais do que dobrou. Como isso foi possível? Em vez de pescar mais peixes, começamos a *criá-los*. Dá-se a isso o nome de "piscicultura" ou "aquicultura", e podemos pensar nesse processo como algo semelhante a criar gado, porcos e frangos em terra. Em vez de dependermos de populações de peixes selvagens (o equivalente terrestre seria depender de pássaros selvagens ou gazelas), podemos criar os nossos próprios peixes. Os criadores alimentam e criam peixes sob condições controladas — seja em jaulas no mar ou em rios, seja em instalações artificiais em terra — antes de matá-los para os vender.

---

* A porcentagem de *captura* de peixes que é gerida de forma sustentável é de mais de 80%. Isso ocorre porque alguns estoques de peixe — populações de peixe em locais determinados — são maiores que outros. Em vez de calcular a porcentagem de estoques que são geridos de maneira sustentável, podemos avaliar isso pela quantidade de peixe que capturamos. Segundo essa medida, 83% das pescas vieram de fontes sustentáveis.

UM TERÇO DOS ESTOQUES DE PEIXE DO MUNDO SÃO EXPLORADOS EM EXCESSO
Os estoques de peixe são excessivamente explorados quando a captura de peixes ultrapassa o rendimento máximo sustentável — a medida na qual as populações de peixe podem se regenerar.

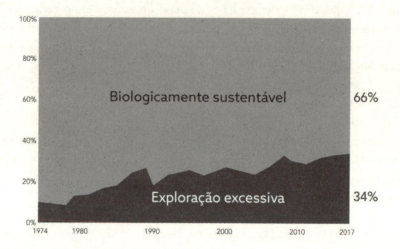

A criação de peixes é uma indústria relativamente nova, que cresceu vertiginosamente desde os anos 1990. Em 1990, a piscicultura em todo o mundo produzia apenas 20 milhões de toneladas de frutos do mar. Em 2000, esse número dobrou. E voltou a dobrar em 2010. Atualmente, a piscicultura produz bem mais de 100 milhões de toneladas de frutos do mar. O mundo agora produz mais frutos do mar com a piscicultura do que com a pesca no mar. A captura de peixes selvagens quase não mudou desde 1990. A piscicultura compensou toda a demanda extra. Se tivéssemos tentado satisfazer essa demanda apenas com a captura de peixes selvagens, os oceanos poderiam estar em uma situação deplorável.

A salvação que chegou com a piscicultura não é tão diferente da transição para a agricultura e a pecuária. Imagine como seria se tentássemos alimentar uma enorme e crescente população recorrendo apenas a mamíferos selvagens. Eles desapareceriam em um instante (e nós também). A nossa capacidade de plantar nosso próprio alimento e de criar o nosso próprio gado permitiu que alimentássemos mais pessoas sem colocar pressão ainda maior sobre os mamíferos selvagens. O mesmo vale para os oceanos.

A piscicultura nem sempre proporcionou essa rede de segurança. No seu início ela era sem dúvida ineficaz. Muitos peixes de viveiro são alimentados com outros peixes selvagens de menor qualidade. Alguns precisam de grande quantidade disso. Essa é a proporção "um peixe por outro peixe": quantos peixes selvagens são necessários para que seja produzido um peixe de viveiro. Em 1997, essa proporção era de dois para um.[17, 18] Isso obviamente não faz sentido, e significa causar mais impacto ainda sobre as populações de peixes selvagens.

O MUNDO AGORA PRODUZ MAIS FRUTOS DO MAR POR MEIO DA PISCICULTURA DO QUE COM A PESCA NO MAR
A maior parte do crescimento na produção de frutos do mar nas últimas décadas veio da aquicultura. Isso é bom para a proteção dos estoques de peixes selvagens.

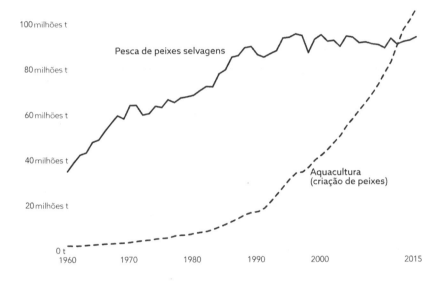

Felizmente o processo vem se tornando bem mais eficaz desde então. Aprimoramos bastante o processo de criação e desenvolvemos rações à base de plantas que podem ser usadas em vez de peixes silvestres. Para muitos peixes, a proporção é agora de 0,3 para um. Algumas espécies fazem ainda melhor: não precisam de absolutamente nenhum insumo de peixe. Isso significa que o retorno financeiro total é ainda maior. Dos 90 milhões de toneladas de peixe selvagem capturado por ano, aproximadamente 11% são usados como alimento na aquicultura (que inclui, além de peixes, frutos do mar). A aquicultura nos dá então cerca de 100 milhões de toneladas de frutos do mar. Não é mau negócio. A menos que você seja um peixe, claro. Assim como a hierarquia de animais de criação — do menor ao maior — que vimos anteriormente, a eficiência do peixe significa que matamos muitos deles. Trilhões todos os anos. E os padrões de bem-estar em viveiros de peixes costumam ser bastante ruins.

O grande avanço da aquicultura me fez temer que a demanda por peixes selvagens para a criação de peixes cultivados se tornasse insustentável. Isso não aconteceu. Na verdade, são necessários *menos* peixes selvagens para a alimentação dos peixes cultivados do que eram necessários algumas décadas atrás, e a produção da aquicultura supera em cinco vezes a produção de décadas atrás.

A criação de peixes é uma inovação que salvou muitas populações de peixes em todo o mundo. Mas não foi só nisso que tivemos sucesso.

Muitas espécies de peixe icônicas estão agora em boa situação e são geridas de maneira sustentável

Quando eu era criança, o grande dilema envolvendo peixes era comer ou não comer atum. Eu sempre ouvia que no mundo todo o atum estava com sérios problemas. Eu não sabia *por que* o atum era mais visado e atacado que os outros peixes. Simplesmente supunha que era porque todos, assim como eu, adoravam esse peixe.

Apenas recentemente procurei saber como estava a situação do atum no mundo. Ele continuava mais popular do que nunca, então imaginei que estivesse numa situação horrível. Na verdade, porém, isso deveria ter me sugerido o contrário. É difícil para uma espécie de peixe ser popular — e acessível — durante décadas se as suas populações se encontram à beira do colapso.

Ao longo da minha vida aconteceu uma das grandes reviravoltas do atum. Na década de 1930 existiam mais de 8,5 milhões de atuns-rabilho-do-sul. Na década de 1970 esse número caiu para 4 milhões, e na virada do milênio chegou a ficar abaixo de 1 milhão. Os estoques despencaram quase 90%.* As populações de atum-albacora do Atlântico também diminuíram 75%. Mas as coisas parecem bem melhores no século XXI. O acentuado declínio de muitas populações de atum foi revertido. Com tecnologias de monitoramento mais avançadas e regulamentos mais rígidos sobre onde, como e quando um grande número de pescadores poderia pescar, os países conseguiram assegurar que as populações desse peixe fossem geridas de maneira sustentável. Os atuns-albacora passaram da condição de "quase ameaçada" para a de "menor preocupação". O atum-rabilho-do-sul passou da

---

* Surgiram alegações de que todas as populações de todas as espécies de atum haviam caído 90%. Essas alegações se provaram incorretas. A queda de 90% diz respeito ao atum-rabilho-do-sul, mas não a todos os estoques de atum no Atlântico e no Pacífico.

condição de "seriamente ameaçada" para a de "ameaçada". Obviamente essas populações ainda se encontram em situação ruim, mas as coisas estão tomando o rumo certo.

As pessoas geralmente demonstram espanto ao saber que as populações de atum selvagem foram reduzidas à metade. Mas lembre-se de que o rendimento máximo sustentável — a quantidade máxima que podemos capturar o peixe sem esgotar as suas populações — para a maioria das espécies de peixes é de aproximadamente 50% dos seus níveis anteriores à atividade da pesca. Portanto, se quisermos um suprimento sustentável de peixe, é esperado que as populações de atum sejam apenas a metade do que eram no passado.

Muitas populações de atum são agora geridas de maneira responsável, o mundo ainda conta com um suprimento constante de atum para alimentação, mas não são capturados em quantidades que levem a sua população a cair. Porém, nem todas as notícias são boas. No oceano Índico, o atum está em situação preocupante. Simplesmente o estão capturando em grandes quantidades muito rapidamente. Como veremos adiante, a esperança é que possamos realizar com sucesso outra reviravolta antes que os estoques se esgotem.

As populações de atum não são as únicas a mostrar recuperação. As populações de bacalhau despencaram ao longo das décadas de 1980 e 1990. O bacalhau-do-atlântico caiu de 8 milhões de toneladas em 1980 para menos de 3 milhões de toneladas no ano de 2000. Mas o mundo agiu em conjunto em busca de soluções. No intervalo de uma década, as populações voltaram a crescer novamente e mais que dobraram.

Atum, bacalhau, merluza e salmão procedentes da Europa e da América do Norte são monitorados de perto: pescamos a quantidade deles que for possível pescar, porém não tanto a ponto de reduzir suas populações.

Estoques de peixe na Ásia, na África e na América do Sul

"Você não pode controlar o que não mede" — essa citação costuma ser atribuída ao grande pensador da gestão empresarial Peter Drucker. O que é relevante no mundo empresarial também se aplica à conservação ambiental.

A recuperação de espécies icônicas de peixes da Europa e da América do Norte só foi possível porque monitoramos de perto essas espécies.

Infelizmente, nem todos os países investem nesse nível de monitoramento. Temos grandes lacunas de dados em muitas partes da Ásia, da África e da América do Sul. É evidente que alguma falta de dados não significa necessariamente que as coisas vão mal. Se você não tem um relógio sofisticado que monitore o seu sono, isso não significa que você não durma bem. No caso em questão, porém, o fato de que há países que não monitoram de perto os estoques de peixe provavelmente significa que esses estoques não vão bem. Isso porque é muito difícil manter equilibrados os estoques de peixe *sem* essa informação. Esses países precisam desses dados para saber quanto peixe capturar, e quando. Eles precisam disso para estabelecer cotas que garantam uma distribuição justa entre os pescadores.

A ignorância pode ser uma bênção por um breve período de tempo, mas não por muito tempo. Existe na verdade um motivo bastante egoísta para monitorar de perto as populações de peixes. Os países precisam fazer esse acompanhamento para terem uma indústria de pesca lucrativa no médio prazo. Como vimos nos exemplos do Canadá e do Reino Unido, eles terão de trabalhar com mais e mais afinco para conseguirem bons resultados na pesca. Pescar torna-se menos lucrativo. A ganância no curto prazo os castigará mais tarde, puxando-os para baixo e fazendo-os afundar.

Há outros sinais de que o peixe vem passando por problemas nessas regiões. Sabemos que a atividade da pesca é intensa. A pesca por arrasto de fundo é muito comum em países como a China e a Índia. Manter um ritmo intenso de pescarias sem monitorá-las de perto torna improvável que os estoques de peixe estejam em condições saudáveis. Não temos pesquisas em larga escala nas quais nos basear, mas temos alguns estudos em menor escala de localidades específicas. Todos mostram uma grande diminuição nos estoques de peixe.[19]

O primeiro passo para ter peixes saudáveis em muitos países é começar a contá-los. Até resolverem fazer isso, continuaremos nadando no escuro.

Os corais do mundo estão sendo branqueados até a morte

Decidir o que você quer fazer da sua vida é difícil. Eu conhecia em linhas gerais a trajetória do caminho que desejava seguir: era apaixonada por ciências, e sempre quis ser escritora, por isso o jornalismo científico parecia perfeito. Mas eu tinha de fazer uma escolha: me formar em jornalismo e redação criativa e deixar em segundo plano a paixão por ciência; ou o contrário, me formar em ciência e deixar a redação em segundo plano. A ciência acabou vencendo. Pelo menos foi dessa forma que gostei de justificar a minha decisão. Na verdade, outra coisa pode ter influenciado a minha decisão. O programa universitário que escolhi tinha uma excursão à Jamaica. É difícil quando você tem de suportar uma viagem a uma ilha tropical do Caribe para mergulhar para conseguir o seu diploma.

8. PESCA PREDATÓRIA

Quando não estávamos em alguma festa na praia ou numa incursão à floresta tropical, mergulhávamos nas águas de Discovery Bay, no litoral norte. Estávamos lá para fazer pesquisas ecológicas e coleta de amostras dos recifes de coral. Foi a minha primeira experiência da "vida real" envolvendo alterações ambientais. E eu fiquei chocada. Eu havia passado vários anos lendo artigos, escrevendo ensaios e analisando segmentos de corais no microscópio. Mas não estava preparada para a realidade.

Eu esperava que, ao mergulhar entre os recifes de coral, veria imagens parecidas com as do *Procurando Nemo*, da Pixar. Os corais que vemos em filmes são estruturas maravilhosas: cor-de-rosa, vermelhas, laranja, azuis. Eles estão vivos. Estão cercados de vida marinha e de peixes. Peixes-palhaço, como Nemo, e cirurgiões-patela, como Dory, entrando e saindo dos labirintos de corais. Era isso que eu esperava ver quando mergulhasse no mar naquela viagem à Jamaica.

Mas a realidade me mostrou um cenário totalmente diferente disso. Mergulhei nas águas e não consegui encontrar o coral. Se eu não soubesse que estava lá, nem o teria percebido. Não passava de rocha branca e pedregulho. O recife estava coberto de algas. E não havia peixes. A coisa mais excitante que vimos em nossa coleta de amostras em toda a linha costeira foram ouriços-do-mar. Esses ouriços eram o único sinal de vida.

Nesse momento, a realidade do que estávamos fazendo ao nosso planeta me atingiu em cheio. Não falei aos meus colegas sobre o meu espanto naquela viagem. Não sei se eles sentiram o mesmo que eu. Me calei por vergonha. Eu havia estudado a teoria exaustivamente. Por que então as minhas expectativas com relação àqueles mergulhos foram tão pouco realistas?

Recifes de coral — que são um conjunto de corais individuais — são algumas das mais lindas e diversificadas formas de vida no planeta. O fato de viverem nos oceanos significa que, assim como grande parte da vida marinha do planeta, apenas um pequeno número de pessoas os verá de perto. Contudo, eles conferem imenso valor a comunidades do mundo inteiro. Mais de 450 milhões de pessoas em mais de cem países vivem perto de recifes de corais e dependem deles para a sua subsistência.[20] Eles são tão valiosos porque formam a base de vários ecossistemas. Os corais revestem apenas 0,5% do fundo do mar, embora sustentem quase 30% das espécies marinhas de peixe do mundo.

Por esse motivo é tão trágico que muitos dos corais do mundo estejam morrendo. Para entender *por que* os corais estão se deteriorando, precisamos saber um pouco sobre eles — o que são e como se mantêm vivos.

Corais são animais que pertencem ao filo Cnidaria — um grupo de mais de 11 mil animais aquáticos. A maioria vive em ambientes marinhos, e a maior parte dos corais de águas rasas é encontrada nos trópicos.* Eles usam o carbonato de cálcio das águas do oceano para formarem um exoesqueleto duro. Mas o segredo do seu sucesso é seu modo de obter energia. Corais contêm algas microscópicas chamadas zooxantela, com as quais mantêm uma relação simbiótica. As algas fazem fotossíntese para os corais, fornecendo a eles a maior parte da sua energia. Eles não são capazes de sobreviver sem as algas. Só conseguem fazer isso vivendo perto da superfície, onde há luz abundante.

Os recifes de coral enfrentam várias ameaças — algumas naturais, algumas provenientes dos humanos. Essas ameaças — o aquecimento das águas oceânicas, a acidificação do oceano, mudanças na química do oceano e as dinâmicas de ecossistemas — não são nenhuma novidade. Os corais sofreram diversos tipos de pressão ao longo da história da Terra.

Em um passado muito distante, algumas dessas pressões foram extremas. Cada uma das cinco grandes extinções em massa (abordadas no capítulo 6) envolveu mudanças enormes no clima global e na química dos oceanos do mundo. Esses eventos foram devastadores para os corais. Depois de cada um deles, não existiram recifes vivos por milhões de anos. Mesmo em momentos menos rigorosos os corais ainda enfrentam pressões. Eles são atingidos por ciclones e tempestades. Sofrem eventos branqueadores, como sofreram principalmente nos anos quentes do El Niño. E passam por mudanças na dinâmica do seu ecossistema. Os corais são submetidos a grandes pressões, mas costumam se recuperar nos anos seguintes.

O que mudou é que as pressões humanas estão aumentando a frequência e a intensidade dos eventos que assolam os corais. Estamos impondo ameaças umas sobre as outras. Pescamos excessivamente, e ao mesmo tempo despejamos esgoto e fertilizantes em águas litorâneas. Para piorar as coisas ainda mais, aumentamos simultaneamente o termostato.

O que mais me preocupa é o branqueamento dos corais no mundo inteiro. Esse branqueamento ocorre quando os corais expelem as algas das quais dependem para absorver luz solar. Isso os priva de sua fonte de energia e pode levá-los à morte. Eles expelem as algas quando são expostos a um aquecimento extremo. O fenômeno recebe o nome de "branqueamento" porque os corais perdem a maior parte da sua cor. Eles acabam se assemelhando a cascalho branco — nada mais que uma sombra das lindas formas de vida que costumavam ser.

---

* Existem dois tipos principais de corais: os corais de águas profundas, frias, e os corais de águas rasas, quentes. A diferença óbvia entre os dois é que os corais de água quente vivem perto da superfície do mar — geralmente em águas litorâneas —, enquanto os recifes de águas frias podem se estender até profundidades de 3 mil metros abaixo da superfície. Aqui nos concentramos em corais de águas quentes.

8. PESCA PREDATÓRIA

Ainda que não houvesse nem humanos nem mudança climática no mundo, o branqueamento de coral aconteceria da mesma maneira. Os corais muitas vezes são atingidos pelo branqueamento nos anos em que o El Niño ocorre. El Niño é um ciclo climático normal que ocorre a cada sete anos aproximadamente, e causa calor localizado em partes específicas do oceano. Quando os eventos de branqueamento são espaçados, os corais têm tempo para se recuperar. Eles só precisam de algum descanso.

O problema é que, devido às alterações climáticas, os eventos branqueadores não se reservam mais apenas aos anos de aquecimento provocado pelo El Niño. Esses eventos têm acontecido todos os anos, mesmo na fase de "resfriamento" do La Niña. Isso significa que os corais não têm tempo suficiente para se recuperar. Eles também estão sendo atingidos por ciclones com maior frequência ou com mais intensidade. E o impacto da pesca excessiva e da proliferação de algas faz aumentar ainda mais o estresse desses corais. Podemos comparar essa situação à de um atleta que passa por um intenso treinamento físico várias vezes por dia, sem dormir, sem beber água e sem comer. Não demorará muito tempo até que seu corpo entre em colapso.

Não faltam evidências de que os recifes de corais estão sendo atingidos por eventos de branqueamento mais frequentes e mais graves. Dados obtidos por satélite permitem rastrear mudanças nas temperaturas da água em torno dos recifes, e o nível de estresse térmico ao qual esses recifes estão expostos. O primeiro estudo a realizar esse levantamento em escala global constatou que a porcentagem de recifes no mundo impactados pelo branqueamento triplicou entre 1985 e 2012.[21]

Em um estudo mais recente, publicado na *Science*, Terry Hughes, respeitado ecologista de recifes de corais, e seus colegas rastrearam a frequência dos eventos de branqueamento de corais em cem localidades pantropicais de 1980 a 2016. Isso incluiu todos os principais pontos de acesso a corais abarcando 54 países, do Pacífico Ocidental até o Atlântico, do oceano Índico até a Grande Barreira de Corais da Austrália.

Os pesquisadores analisaram o *número* total de eventos branqueadores, bem como a sua intensidade. Eventos branqueadores "moderados" são os que afetam menos de 30% dos corais, e os "severos" são os que afetam 30% ou mais dos corais. Descobriu-se que houve um aumento no número de episódios de branqueamento nos cem recifes. Na década de 1980 podíamos esperar que um recife de coral fosse atingido por um evento severo de branqueamento uma vez a cada 27 anos. Em 2016, esse intervalo de tempo caiu para uma vez a cada seis anos.

Esses intervalos de tempo mais curtos para recuperação indicam que é muito mais provável que um recife de coral morra completamente. Essa é a grande preocupação, tendo em vista que o oceano continua a aquecer. Estamos forçando os limites de alguns dos mais diversificados, complexos e primorosos ecossistemas. E ano após ano continuamos a impor essa pressão.

A maneira mais óbvia de proteger os recifes de corais é limitar a alteração climática mundial. Muitos governos priorizarão outros meios, mais baratos, de promover a conservação dos recifes. Não se deixe enganar: a maior ameaça aos recifes de coral do mundo é o oceano em aquecimento. Se os países não estiverem reduzindo as emissões de gases do efeito estufa, então estão tentando desviar a sua atenção.

As evidências não deixam dúvida: para salvar os recifes de corais do mundo precisamos deter a mudança climática.

COMO PARAR DE CAUSAR DANOS AOS OCEANOS?

Comer menos peixe

A reação instintiva a documentários como *Seaspiracy* é desistir completamente de comer peixe. Tenho muitos amigos que tomaram essa decisão. Se você puder e quiser parar de comer peixe, é uma escolha perfeitamente válida. Permite que você evite o dilema da ética animal. Se você prefere produtos à base de vegetais, essa também é uma boa escolha para o meio ambiente. Mas muitas pessoas não querem — ou não podem, em alguns casos — abrir mão do peixe completamente. O mais realista seria acreditar que, no futuro, pelo menos no curto prazo, as pessoas passem a comer menos peixe.

Essa não é uma recomendação casual. Nos capítulos anteriores, quando o assunto abordado foi diminuir o consumo de carne, chamei a atenção para o fato de que esse não era um conselho válido para todas as pessoas no mundo. Para algumas pessoas, sobretudo nos países mais pobres, a carne é um dos poucos alimentos disponíveis ricos em proteínas e micronutrientes. Com boas alternativas para substituição e uma dieta diversificada, podemos satisfazer nossas necessidades nutricionais. Contudo, bilhões de pessoas não conseguem arcar com uma dieta nutricionalmente completa e precisam aproveitar ao máximo tudo o que estiver disponível.

O mesmo vale para o consumo de peixe. Algumas comunidades dependem dele como fonte importante para a sua nutrição. E elas muitas vezes não têm substitutos de origem vegetal ricos em proteína enfileirados nas prateleiras dos mercados, nem suplementos com ômega 3 na farmácia mais próxima. Até que essas alternativas se tornem menos caras e mais acessíveis no mundo todo, não recomendarei como solução sustentável que as pessoas não comam carne ou peixe, ou que comam menos carne ou peixe. Mas muitos consumidores em países ricos podem sem dúvida comer menos sem notarem nenhuma diferença.

Que peixe devo comer?

O peixe *pode* ser uma fonte de proteína favorável ao clima. Muitos dos nossos alimentos favoritos provenientes do mar têm uma pegada de carbono menor que a do frango — o tipo de carne mais favorável ao clima. Estou convencida de que muitos peixes são fonte de proteína favorável ao clima, e posso evitar os que têm pegada de carbono alta. Lagostas estão fora do meu cardápio. Mas não me importo apenas com a pegada de carbono. Também me preocupo com o impacto na biodiversidade — como a produção de alimentos afeta outras espécies. E o seu impacto sobre os estoques de peixe, é claro. Quero escolher um peixe de uma população que não seja alvo da pesca predatória. Como posso ter certeza?

Os rótulos são um bom lugar para se começar, mas tome cuidado: é fácil se deixar enganar por eles. Ainda me lembro do dia em que descobri que a palavra "frescos" estampada nas caixas de ovos não significava que eram de galinhas criadas soltas. Na verdade, significava muitas vezes o contrário — era uma maneira "bonita" de dizer que os ovos vinham de galinhas enjauladas. Não se deixe levar por rótulos de embalagens de peixe. Isoladamente, rótulos com expressões como "totalmente natural", "capturado de forma sustentável" ou "capturado de forma responsável" não significam muita coisa. Eles raramente passam por processos claros de verificação ou por avaliações independentes.

É melhor procurar por peixes com o selo de certificação de organizações como o Marine Stewardship Council (MSC) ou o Aquaculture Stewardship Council (ASC). Essas organizações operam em conjunto com terceiros para monitorar e checar a sustentabilidade do peixe em relação a uma lista de padrões, como a situação dos estoques pesqueiros, de que maneira as práticas de gerenciamento são implementadas e o impacto sobre outras formas de vida marinha. Eles realizam um trabalho de triagem razoável, separando o sustentável do insustentável. Mas essas organizações também não são perfeitas. Vários grupos de conservação os têm criticado por ocasionalmente fazerem vista grossa ou por falta de transparência. Embora a maior parte dos peixes com selo de certificação no rótulo *seja de fato* de alto padrão, alguns não tão bons podem escapar à vigilância. Isso aponta para uma solução importante: melhorar a possibilidade de rastreamento e os padrões de certificação desses rótulos.

NÃO É O FIM DO MUNDO

Mas o que os consumidores podem fazer no momento presente? Há muitos guias de consumo de pescado que fornecem boas recomendações. No Reino Unido, o Good Fish Guide, da Marine Conservation Society, é o meu guia preferido.[22] Nos Estados Unidos, o Seafood Watch, do Monterey Bay Aquarium, é o melhor guia.[23] Outros países têm seus próprios guias. Suas classificações de populações específicas de peixe variam de "melhor escolha" a "evitar" e se baseiam em rigorosas avaliações independentes. A maioria deles conta com sites e aplicativos nos quais você pode pesquisar qualquer tipo de peixe que quiser e se informar a respeito da origem desse peixe e do método usado em sua captura. O problema é que o consumidor tem de ir atrás da informação. *Você* precisa saber disso antes de entrar no supermercado.

Parar a pesca predatória implementando cotas rígidas de pesca

Precisamos tomar conhecimento do tamanho de uma população de peixe e da velocidade com que se reproduz. Com esses dados podemos calcular a quantidade deles que pode ser capturada de maneira sustentável. Quando o peixe se reproduz lentamente, é preciso pescá-lo menos para manter o equilíbrio. Quando se reproduz muito rapidamente, então podemos pescá-lo mais. Peixes maiores — e animais maiores em geral — tendem a demorar mais tempo para alcançar a maturidade e então se reproduzirem. Por esse motivo que existe uma grande preocupação em relação ao atum.

Depois que nos inteiramos a respeito da quantidade de peixe que podemos pescar, precisamos ser rigorosos quanto ao monitoramento e policiamento da quantidade de peixes que os pescadores capturam. O que torna isso difícil é que raramente há apenas um barco de pescadores em cada área do oceano. É necessário calcular quantos peixes apanhamos no total e encontrar uma maneira de repartir essa cota para cada grupo. Parece complicado, mas pode ser feito.

Uma coisa é certa: o bom gerenciamento de pescas pode funcionar. As populações de peixes podem se recuperar, e as pessoas não deixarão de ter sua parcela de pesca. Cada barco tem uma cota rigorosa, os peixes pescados são contados quando o barco retorna a terra. Se for constatada pesca predatória, multas e penalidades devem ser aplicadas.

O uso de cotas rígidas de pescaria é mais comum em países ricos, mas mesmo em países da Europa essas cotas podem produzir resultados imprecisos. Elas funcionam quando são praticadas de maneira correta, mas quando cientistas são ignorados ou quando falta intenção, não funcionam. A União Europeia conta com uma política de pescas, a Common Fisheries Policy, que estabelece regras para a gestão sustentável das suas populações de peixes. Coletivamente, os países estão de acordo quanto ao modo de compartilhar essas responsabilidades. A União Europeia realizou muitos avanços. Em 2007, quando a pesca excessiva atingiu o seu ponto máximo, 78% dos estoques de peixe da região sofreram sobrepesca.[24] Em 2020, apenas 30% sofreram sobrepesca.[25]

Isso foi um sucesso, mas também um fracasso. As coisas melhoraram muito, não resta dúvida, mas em 2013 a União Europeia concordou em dar fim à sobrepesca até 2020, e falhou de modo flagrante em atingir essa meta. Por quê? Os países estabeleceram muitas das suas cotas de pescaria acima dos limites recomendados pelos cientistas. Alguns estoques de peixe aumentaram bastante. Consideremos o exemplo do linguado europeu. Entre o final da década de 1980 e a década de 1990 o número de peixes caiu para menos da metade.[26] A União Europeia tomou providências em 2007, e o número de linguados quase triplicou. Contudo, as populações de outras espécies tomaram a direção oposta: o bacalhau no mar Báltico e no mar Céltico sofreram sobrepesca continuamente.

Essa situação reflete de maneira perfeita as três afirmações verdadeiras: o mundo ainda está horrível (30% ainda são pescados em excesso, e a União Europeia não cumpriu a sua meta); o mundo está muito melhor (30% são muito menos que os 78% de antes); o mundo pode ser muito melhor. Sabemos como colocar em prática políticas boas e sustentáveis. Se pudermos implementá-las em toda parte, dar fim à pesca predatória estará ao nosso alcance.

Regras rígidas a respeito de captura acidental e descartes

Você já deve ter visto isso em vídeos e fotografias. Grandes navios de pesca industrial lançam uma rede enorme e um equipamento semelhante a um arado — conhecido como rede de arrasto — no fundo do mar, e a rede apanha tudo o que está em seu caminho: os peixes que querem capturar, mas também outros peixes, tartarugas, golfinhos, arraias e focas. Eles se debatem e tentam escapar, mas sem sucesso.

Em seguida, vemos os pescadores puxando para dentro do barco o que pescaram. Eles fazem uma triagem. O atum, o salmão ou o bacalhau são jogados em caixotes de armazenamento. O restante é lançado de volta na água. É doloroso ver os animais se debaterem, e também é um grande desperdício. Eles são "efeitos colaterais". Mesmo que para você não seja um dilema ético matar animais para comer, mutilá-los e matá-los a troco de *nada* parece bastante ruim. Ninguém tem nada a ganhar quando isso acontece.

NÃO É O FIM DO MUNDO

Os peixes que pescamos por acidente e que são devolvidos ao mar são chamados *descartes*. Mundialmente, cerca de 10% dos animais que pescamos são descartados.[27], [28] É difícil determinar com alguma clareza se 10% é um número grande ou pequeno. É evidente que esse número poderia ser menor. O ideal seria que caísse a zero. Contudo, 10% também é muito menos do que costumava ser. Se voltarmos às décadas de 1950 e 1960, 20% do peixe que pescávamos era lançado novamente ao mar. Portanto, as coisas melhoraram. Mas agora também estamos pescando mais peixe. Felizmente, a quantidade total de peixe descartado também é menor do que costumava ser. Nos anos 1970 aproximadamente 14 milhões de toneladas de peixe eram descartadas todos os anos. Desde então esse descarte foi reduzido em um terço. Como conseguimos reduzir esse número, e como conseguiremos chegar o mais perto possível de zero?

Um dos motivos para a diminuição do descarte é que o valor de mercado do peixe aumentou com o passar do tempo. No passado, se um pescador apanhasse por acidente um peixe diferente ele poderia pensar que não conseguiria vendê-lo. Ou que não valeria muito mesmo que o vendesse. Então acabava simplesmente descartando-o. Atualmente, os pescadores são mais incentivados a levarem consigo para terra todos os peixes apanhados, porque sabem que serão vendidos.

Alguns países tomaram uma medida impressionante: colocaram em prática uma proibição de descartes no mar. Isso é às vezes chamado de "obrigação de desembarque", e significa que os pescadores devem manter a bordo todos os peixes que pescaram e declará-los como "desembarques". Essa política é implementada pela União Europeia, e foi parte fundamental da reforma da Common Fisheries Policy em 2013. Se os pescadores tiverem uma cota ou limite para a quantidade de peixes que apanharem, eles precisarão ser muito mais cuidadosos com relação às capturas acidentais — os peixes pescados por acidente também entrarão na sua cota do dia. Essas políticas têm se mostrado muito eficazes. Se outros países as adotassem poderíamos reduzir de modo significativo os descartes de peixes.

Por fim, não podemos falar de descartes sem mencionar o tipo de equipamento de pesca utilizado. Captura-se muito mais vida marinha com uma grande rede de malha do que com uma vara de pescar. As grandes redes de arrasto são as piores. Elas recolhem tudo o que está em seu caminho. Aproximadamente um quinto do que se apanha em redes de arrasto é descartado. Com determinados tipos de redes de arrasto — como as usadas para camarões — esse descarte pode chegar a 50%.

Uma maneira de reduzir os descartes é diminuir ou cessar completamente o arrasto de fundo. Outra maneira é melhorar o equipamento usado. Ao longo do tempo desenvolvemos equipamentos melhores e mais seletivos — eles capturam somente os peixes que queremos. Algumas pescarias de arrasto bem operadas apresentaram taxas de descarte de menos de 10%. Fizemos isso de várias maneiras: mudando o tamanho e a forma da malha e do gancho; acrescentando "painéis de fuga" à armação fixa; usando luzes subaquáticas e alarmes.[29, 30] Esses melhoramentos têm de fato funcionado. Países como Belize, por exemplo, estão um passo à frente e proibiram o uso de equipamento de pesca que não seja seletivo para peixes específicos.

Eliminar completamente a captura acidental pode ser pouco realista. Mas o fato de que os descartes têm diminuído significa que ainda podemos fazer algo a respeito disso. Se cada país seguisse os passos de Belize, nos aproximaríamos bastante de um mundo livre de peixes descartados.

OS DESCARTES GLOBAIS DE PEIXES DIMINUÍRAM
Descartes são animais lançados de volta ao mar (mortos ou vivos) depois de serem capturados durante atividades de pesca.

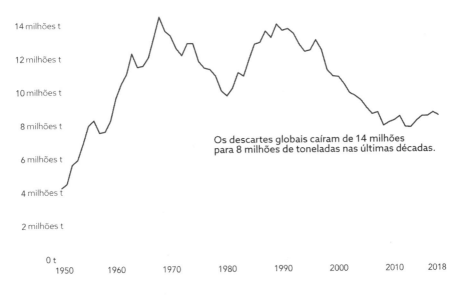

Os descartes globais caíram de 14 milhões para 8 milhões de toneladas nas últimas décadas.

Áreas Marinhas Protegidas podem ajudar um pouco, mas não são uma solução milagrosa

Uma das maneiras de garantir que certas partes dos oceanos não sejam exploradas à exaustão é tentar isolá-las totalmente dos impactos da ação humana. Em terra temos propriedades tombadas e parques nacionais que são rigorosamente policiados. Contamos com locais especiais de biodiversidade que ficam livres de perturbações.

NÃO É O FIM DO MUNDO

Oito por cento dos oceanos do mundo são definidos como Áreas Marinhas Protegidas (AMPs).[31] São áreas de oceanos — que incluem coluna de água e solo oceânico — que foram reservadas por lei para proteção. As regras relacionadas às AMPs variam de lugar para lugar, mas incluem intervenções tais como zonas de pesca proibida, restrições quanto ao tipo de equipamento que se pode utilizar, proibições ou restrições de atividades como escavação e regulamentos sobre insumos no oceano provenientes de rios e efluentes industriais.

Como vimos no capítulo sobre biodiversidade, o grau de eficácia das AMPs não é uma ciência estabelecida. Em um mundo perfeito proibiríamos a exploração de determinada parte do mar, e os impactos negativos desapareceriam completamente. Porém a realidade é um pouco mais complicada. Em vez de desaparecerem, essas atividades muitas vezes se transferem para outra parte — desprotegida — do oceano. O impacto total nos oceanos não é diferente. Na verdade, pode ser pior em alguns casos, quando tais atividades são transferidas para lugares com regulamentos mais frágeis ainda ou para pontos de biodiversidade mais rica.

Aumentar simplesmente a quantidade do oceano que é protegida não é uma solução milagrosa. Tudo depende do modo como gerimos as AMPs, e de regras serem de fato aplicadas. AMPs com restrições e aplicação fracas farão pouca diferença para a vitalidade dos oceanos.[32] Na verdade, designar uma área como "protegida" sem implementar de maneira apropriada as medidas de proteção pode piorar ainda mais a situação — a ilusão pode nos tornar complacentes.

Apesar da controvérsia sobre a sua eficácia, o mundo estabeleceu metas arrojadas para ampliar a quantidade de oceano que as AMPs cobrem. Já falhamos em nossa primeira meta de proteger 10% dos oceanos até 2020 — em 2021, apenas 8% estavam protegidas. A próxima meta a ser alcançada é de 30% até 2037, e depois metade do oceano do mundo até 2044. Se quisermos ter alguma chance de atingir esses objetivos, precisamos nos apressar.

As Áreas Marinhas Protegidas são somente uma chave inglesa em nossa caixa de ferramentas. Amplie-as sem colocar em prática as outras soluções indicadas neste capítulo e as nossas generosas metas não ajudarão o oceano. Elas apenas turvarão as águas para que não possamos ver os danos.

276

8. PESCA PREDATÓRIA

COISAS QUE DEVERIAM NOS PREOCUPAR MENOS

A pegada de carbono do peixe: o peixe pode ser uma fonte de proteína benéfica ao ambiente — se escolhermos o peixe certo

Você não precisa perder o sono pensando no impacto climático da maioria dos peixes. Se fizermos as escolhas certas, poderemos comer peixe sem deixar de ter uma pegada de carbono bastante baixa.

Produzir peixe *emite* gases do efeito estufa — embora não de maneira direta, como no caso de bois, que arrotam. Quando se trata de peixes selvagens, é necessário queimar combustível nos barcos para pescá-los, eles precisam ser congelados ou refrigerados para permanecerem frescos, nós os transportamos e os embalamos. Na aquicultura, há um custo climático para se produzir a comida com a qual alimentamos os peixes, assim como há um custo climático para se criar frangos, porcos ou gado da mesma maneira.

Como vimos no capítulo 5, coisas como transporte e embalamento tendem a gerar poucas emissões. Uma grande meta-análise publicada na *Nature* investigou o impacto ambiental do peixe de milhares de fazendas de peixe e de pescas naturais.[33] Descobriu-se que a maioria dos peixes populares que comemos — atum, salmão, bacalhau, truta, arenque — são os tipos de carne mais benéficos ao clima. O peixe não é tão bom quanto as fontes de proteína de origem vegetal, mas ainda pode ser uma escolha com baixo teor de carbono. A maioria dos peixes tem bom desempenho em outros indicadores ambientais também. Quase todos eles são melhores do que o frango.

Porém é preciso ter atenção. Algumas iguarias podem vir acompanhadas de uma alta pegada de carbono, além de um preço salgado. Alimentos provenientes do mar como o linguado e a lagosta podem ter uma pegada alta de carbono. É melhor evitá-los se você quiser comer de maneira sustentável. Boas escolhas são os moluscos cultivados — mariscos, ostras, mexilhões, vieiras — e pequenos peixes selvagens como o arenque e a sardinha.

Peixe criado em cativeiro, uma solução que parece desagradável

Justamente quando os estoques de peixe do mundo eram empurrados para o desaparecimento, a aquicultura entrou em cena. Desde o final dos anos 1980, quase todo o aumento da produção de peixe veio da aquicultura.

PEGADA DE CARBONO
Emissões de gases estufa por quilograma. O frango é o produto de carne com a pegada de carbono mais baixa. Muitas espécies de peixe têm uma pegada de carbono ainda mais baixa.

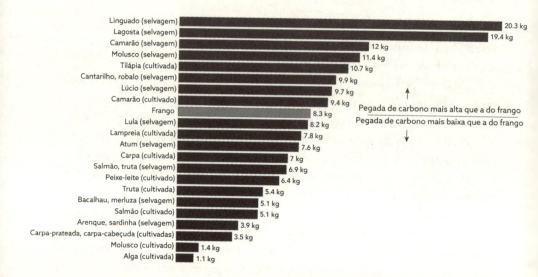

Ainda assim, muitos de nós sentem-se incomodados com a ideia de comer um peixe criado em cativeiro. Talvez isso se deva ao sentimento de que o que é "natural" é melhor. Consumir peixe pescado na natureza parece muito mais instintivo do que consumir peixe proveniente de um ambiente que foi construído por humanos. Mas se o mundo quiser continuar comendo a quantidade de peixe que sempre consumiu (ou mais), os consumidores terão de se acostumar com o peixe criado em viveiro.

As pessoas se preocupam com a quantidade de peixes selvagens usados para alimentar peixes criados em cativeiro. Por que se faz isso, afinal? Porque assim se fornece aos peixes criados a nutrição que eles normalmente teriam em mar aberto, onde peixes carnívoros maiores costumam se alimentar de peixes menores; desse modo esses peixes obtêm uma fonte de proteína e aminoácidos de alta qualidade, além de ácidos graxos essenciais ômega 3.

O mundo já está se distanciando das rações de peixe selvagem, graças ao aumento da eficiência na aquicultura, e também a uma mudança para rações à base de vegetais que podem proporcionar toda a nutrição que a farinha e o óleo de peixe proporcionam. Podemos, por exemplo, fabricar rações mais concentradas a partir de algas. Mais uma vez, os humanos conseguirão solucionar esse

8. PESCA PREDATÓRIA

problema realizando o que normalmente aconteceria na natureza. Tornou-se uma possibilidade bastante real um futuro no qual possamos cultivar peixes sem usar nenhum peixe selvagem. Portanto, o consumidor não deveria se preocupar. E os inovadores, legisladores e financiadores poderiam nos ajudar a alcançar esse objetivo mais depressa.

A PRODUÇÃO DA AQUICULTURA SE AFASTOU DO USO DO PEIXE SELVAGEM PARA ALIMENTAÇÃO
No passado, muito peixe selvagem era usado como alimento para peixes criados em cativeiro. Uma mudança para rações à base de vegetais e uma produção mais eficaz permitiram que a produção da aquicultura tivesse um grande crescimento, enquanto o uso do peixe selvagem declinou.

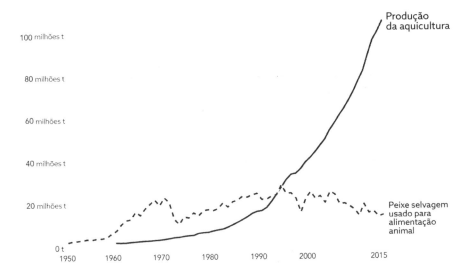

CONCLUSÃO

A sustentabilidade é a estrela-guia da humanidade. Ela assegura às gerações atuais oportunidades para que tenham uma boa qualidade de vida, reduz nosso impacto ambiental para que as futuras gerações também tenham as mesmas oportunidades (ou até melhores), e deixa que a vida selvagem se desenvolva ao nosso lado. Esse é o sonho. E espero que tenha conseguido mostrar neste livro por que acredito que conseguiremos fazer disso uma realidade em nossas vidas.

Nenhuma geração havia feito isso antes. Como vimos no capítulo 1, a sustentabilidade é composta de duas partes. Os nossos ancestrais jamais foram sustentáveis porque não realizaram a primeira parte — a satisfação das necessidades da sua geração. Metade de todas as crianças morriam, doenças evitáveis eram comuns e a nutrição muitas vezes era deficiente.

No decorrer do século passado houve uma melhora sem precedentes dos padrões de vida no mundo todo. Em alguns lugares esse avanço foi lento, mas *todos* os países melhoraram em saúde, educação, nutrição e outros indicadores importantes de bem-estar. Mas ainda não terminamos, é claro. O mundo continua horrível de muitas maneiras: crianças e mães morrem de doenças preveníveis, quase uma pessoa em cada dez passa fome, e nem todas as crianças têm a oportunidade de frequentar a escola. Ainda temos muito trabalho pela frente. No entanto, muitas soluções estão ao nosso alcance — sabemos o que fazer, e muitos países já fizeram. Será possível obter essas conquistas em todos os lugares nas próximas décadas se nos comprometermos a fazer o que tem de ser feito.

Este livro trata da segunda parte da sustentabilidade: assegurar que deixaremos o meio ambiente em um estado bem melhor do que aquele em que o encontramos. Percorremos sete grandes problemas, analisando em que pé estamos, como chegamos ao ponto em que estamos e qual é o próximo passo a ser dado. Em cada um desses problemas, ou estamos num momento decisivo de reviravolta para um impacto menor ou já passamos dessa fase.

NÃO É O FIM DO MUNDO

A poluição do ar mata milhões de pessoas todos os anos, mas isso não precisaria acontecer. Sabemos como manter bem baixos os seus níveis. Estou respirando o ar mais limpo do Reino Unido em séculos, ou até em milênios. A solução é simples: parar de queimar coisas. Garantir que as pessoas tenham acesso à eletricidade para cozinhar e ter aquecimento, parar de queimar plantações e combustíveis fósseis, regular instalações industriais e priorizar redes de transporte público limpo. Essas mudanças podem ser rápidas: a China reduziu praticamente à metade a sua poluição do ar em sete anos apenas. Os resultados talvez não sejam tão rápidos em outros países, mas uma redução drástica na poluição do ar é realizável nas próximas décadas. Essa mudança ficará mais fácil à medida que a energia limpa se tornar mais barata, os países mais pobres poderão ter acesso direto ao que proporciona uma vida com mais conforto sem terem de queimar combustíveis fósseis para isso.

Pular um longo caminho de desenvolvimento movido a combustíveis fósseis será fundamental se quisermos enfrentar a mudança climática. Os países ricos construíram a sua riqueza sobre economias alimentadas por combustíveis fósseis. Isso levou a um enorme crescimento do bem-estar humano. Mas trouxe, obviamente, um custo em termos climáticos. Daqui para a frente precisamos nos certificar de que todos tenham a chance de trilhar esse caminho de prosperidade, porém utilizando uma fonte de energia com baixas emissões de carbono. Essa opção jamais existiu para os nossos ancestrais. Para eles era madeira, combustíveis fósseis ou nada, eles não tinham escolha. O cenário hoje é bem diferente. O preço da energia renovável despencou, e o mesmo ocorreu com baterias e veículos elétricos. Não demorará para que a via com baixa emissão de carbono seja a mais barata. Costumava ser um dilema: queimar combustíveis fósseis ou continuar pobre. Seremos as primeiras gerações que não têm de enfrentar esse dilema. As coisas já estão mudando, e parecerão irreconhecíveis na metade do século.

O dilema relacionado à energia também valia para as florestas. Em primeiro lugar, por causa da obtenção de lenha e materiais de construção, e depois para limpar terra para a agricultura. Era derrubar a floresta ou ficar sem terra para plantar o alimento. A produtividade das culturas aumentou: triplicou, quadruplicou, quintuplicou no século passado, acabando com esse impasse. Podemos cultivar mais alimento sem usar mais terra. O desmatamento global atingiu o seu ponto máximo na década de 1980, e atualmente também atingiu o seu pico nas nossas florestas mais preciosas, como a Amazônia, e muitas economias emergentes se comprometeram a dar fim ao desmatamento até 2030. Nas próximas décadas, o desmatamento cessará se continuarmos a investir em culturas agrícolas produtivas e se tomarmos decisões mais acertadas a respeito do que comer. Nos

CONCLUSÃO

últimos 10 mil anos perdemos um terço das florestas do mundo. Essa perda está diminuindo e pode ser interrompida, e então veremos regressarem florestas do mundo que já haviam caído no esquecimento.

Não conseguiremos dar solução às alterações climáticas, parar o desmatamento nem proteger a biodiversidade sem mudar o modo como nos alimentamos. As taxas de fome caíram rapidamente nos últimos cinquenta anos, porém uma em cada dez pessoas ainda não tem o suficiente para comer. E isso não acontece porque não podemos plantar alimento suficiente. Acontece porque damos o que produzimos para o gado comer, colocamos nos carros ou desperdiçamos jogando fora. A boa notícia é que temos nas mãos o poder de reformular o sistema alimentar. Há tecnologias mudando o modo como produzimos alimentos. Podemos fabricar produtos idênticos à carne sem abater animais nem causar impacto ambiental. Essa mudança pouparia uma inacreditável quantidade de recursos e ao mesmo tempo ajudaria a diminuir a desnutrição mundial. Precisamos apenas tornar esses produtos nutritivos, saborosos e baratos o suficiente em escala global. Dentro de cinquenta anos não estaremos mais usando metade da terra do mundo para plantar comida nem para criar para abate bilhões de animais todos os anos a fim de nos alimentar. Todos no mundo poderão se alimentar bem num planeta que não devore a si mesmo.

Os humanos sempre estiveram em guerra com outros seres vivos no planeta. Ou os caçávamos ou lutávamos com eles por espaço. A diferença agora é que os animais selvagens enfrentam uma lista variada de ameaças: não somente a caça, mas também a mudança climática, o desmatamento, a poluição por nutrientes de sistemas agrícolas, concorrência com o gado, plásticos, acidificação dos oceanos e pesca predatória. É de fato uma "morte por mil cortes". Enfrentar isoladamente a perda da biodiversidade parece impossível, mas não precisamos enfrentá-la de maneira isolada, teremos êxito principalmente resolvendo os outros problemas. Se fizermos isso nas próximas décadas, veremos uma grande reviravolta na vida selvagem. Chegarão ao fim milhares de anos de humanos contra outras espécies, e humanos e vida selvagem poderão prosperar ao mesmo tempo.

A poluição por plástico é o problema mais tratável deste livro. Basta impedir que o plástico seja lançado no meio ambiente e que 1 milhão de toneladas de plástico sejam lançadas no mar todo ano. Investindo em sistemas de controle de desperdício podemos evitar isso. O dinheiro é o maior obstáculo. A maior parte da poluição plástica do mundo é agora proveniente de países de renda baixa e média. Na condição de produtores e parceiros comerciais, os países ricos têm a responsabilidade de ajudar outros países a tornarem aterros sanitários e centros de reciclagem uma prioridade. Se os países trabalharem juntos, a poluição por plástico será

NÃO É O FIM DO MUNDO

resolvida em algumas poucas décadas. Se esse problema receber prioridade máxima na agenda, então poderá ser solucionado em uma fração desse tempo apenas.

Para terminar, temos o problema da pesca predatória, ou sobrepesca. A sobrepesca é quase inevitável em mares com muitos pescadores e nenhuma maneira de monitorar as condições das populações de peixe abaixo da superfície. Ter conhecimento da quantidade de peixes e de como essa população está mudando é fundamental para que se saiba quanto peixe pode ser capturado de modo sustentável. Nossos recursos para pescar eram limitados quando éramos sociedades pequenas, mas nos tornamos especialistas em saquear os oceanos. Contudo o problema está sendo controlado: as taxas de sobrepesca têm diminuído, a aquicultura nos permite produzir mais peixe com menos pressão, e em algumas regiões as espécies icônicas de peixe apresentam recuperação. Foram necessárias uma ou duas décadas apenas para que essas espécies reaparecessem. Podemos fazer isso no mesmo ritmo — ou mais rápido — em qualquer lugar.

Os problemas que enfrentamos estão fortemente interconectados. A preocupação é que isso nos traga dilemas sem solução possível, e seríamos obrigados a priorizar um problema à custa de outro. Mas não é o que ocorre nesse caso — na verdade, essas interdependências significam que podemos resolver vários problemas de uma só vez. Mudar para energia renovável ou nuclear para reduzir a poluição do ar e as alterações climáticas, comer menos carne bovina para beneficiar o clima e a biodiversidade e reduzir o desmatamento, o uso da terra e a poluição da água. Aumentar a produtividade agrícola a fim de beneficiar o clima e os humanos.

A outra semelhança entre os nossos problemas ambientais é que o seu arco histórico é o mesmo. Nós nos convencemos de que todos os nossos problemas ambientais são recentes. Acreditamos que eles tiveram origem nas últimas décadas pela explosão populacional e pela ganância. Na verdade, quase todos eles têm uma longa história. Os impactos ambientais gerados pela humanidade remontam a centenas de milhares de anos. Esses impactos danosos não foram deliberados — os nossos ancestrais geralmente não tinham alternativa. Mas as suas ações tiveram consequências para o meio ambiente e para as espécies com as quais compartilhamos esse meio ambiente.

O que esses problemas também têm em comum é que avanços estão acontecendo, e rapidamente. Não tão rápido quanto gostaríamos, mas, mesmo assim, atitudes, investimentos e atenção a essas questões mudaram substancialmente. Soluções sustentáveis vêm se tornando a opção mais barata. As pessoas cobram ação da parte dos líderes políticos, que por sua vez não podem mais ignorar tais apelos.

CONCLUSÃO

Existe uma oportunidade real de dar uma solução a todos esses problemas nos próximos cinquenta anos. Se tudo correr bem, ainda estarei viva para testemunhar isso. Terei uma idade avançada, mas ainda assim continuarei reivindicando mudanças até o momento final.

TRÊS COISAS QUE DEVEMOS TER EM MENTE

[1] Ser um ambientalista eficiente pode levá-lo a sentir-se mal

Algumas das "soluções" contidas neste livro podem ter deixado você incomodado. Elas não caem bem. Durante anos lutei contra esse dilema pessoal: ser uma ambientalista eficiente muitas vezes fez com que eu me sentisse uma fraude. Minha visão sobre "cozinhar" parece um desastre ambiental. Sempre uso o micro-ondas. Tento cozinhar o mais rápido possível. Minha comida quase sempre vem de um pacote. Meus abacates vêm do México, e as minhas bananas, de Angola. Minha comida raramente é produzida localmente. Seja como for, não verifico o rótulo o bastante para saber.

Se eu perguntar às pessoas o que elas acreditam que seja uma refeição "sustentável", elas descreverão o oposto dos meus hábitos. Uma "refeição ecologicamente correta" é fornecida pelo mercado local, é produzida numa fazenda orgânica sem as odiadas substâncias químicas, e levada para casa em um saco de papel, não embalada em plástico. Esqueça o lixo processado: a carne e os vegetais devem ser os mais frescos possíveis. E devem ficar um bom tempo cozinhando, no forno.

Mas sei que a minha maneira de comer é de baixo carbono. Micro-ondas é o modo mais eficiente de cozinhar, comida local muitas vezes não é melhor do que a comida que chega de outros continentes, alimentos orgânicos costumam ter uma pegada de carbono mais alta, e as embalagens correspondem a uma pequena fração da pegada ambiental e muitas vezes prolongam a sua vida útil.

Mas ainda assim *parece* errado. Sei que faço escolhas úteis para o meio ambiente, mas no fundo ainda me sinto uma espécie de traidora. Posso ver a confusão no rosto das pessoas quando lhes falo sobre algumas das minhas decisões. Receio que elas possam pensar que eu seja uma "má" ambientalista.

Isso provavelmente remete à boa e velha "falácia natural": as coisas que parecem mais associadas a propriedades "naturais" devem ser melhores para nós: natural é bom, e não natural é ruim. Somos céticos em relação ao que vem de uma fábrica. É fácil zombar de um pensamento do tipo "natural é melhor". Tempos atrás eu classificaria esse comportamento como "não científico" porque *não é* científico.

Mas o ridículo nunca é uma maneira eficaz de promover mudanças, e agir dessa forma faria de mim uma hipócrita, porque eu também não me livrei completamente desses sentimentos. Ainda sou instintivamente atraída por soluções "naturais". Trabalhar contra isso exige esforço repetido e por vezes incômodo.

Ainda assim, esse pensamento é algo que precisamos superar. A nossa intuição está bastante "inoperante", o que é um problema. Num momento em que o mundo precisa comer menos carne, vemos uma oposição contra produtos que a substituem porque eles são "processados". Quando precisamos usar menos terra para agricultura, vemos o recente ressurgimento de uma fazenda orgânica, porém mais ávida por terra. Num momento em que tantos de nós precisam viver em cidades densas, vejo mais pessoas sonhando com uma vida romântica no campo com uma horta autossuficiente.

Se o que precisamos fazer está em conflito com o que parece certo, então temos um problema. Isso significa que a imagem social da sustentabilidade precisa mudar. Carne produzida em laboratório, cidades densas e energia nuclear necessitam de uma reclassificação. Esses devem ser alguns dos novos símbolos de um caminho sustentável daqui por diante. Espero que este livro possa ajudar a mudar essa narrativa. Só então — quando a imagem de comportamentos "ambientalmente correto" se alinhar com comportamentos de fato eficazes — ser um bom ambientalista deixará de ter uma fama ruim.

[2] Mudança sistêmica é o segredo

A verdade é que não resolveremos os problemas ambientais apenas mudando comportamentos individualmente. Isso ficou óbvio durante a pandemia de coronavírus. O mundo passou o ano de 2020 quase inteiro em casa, com enorme prejuízo da qualidade de vida para milhões de pessoas. A vida de todos foi reduzida ao mínimo necessário. Dificilmente apareciam carros nas estradas e aviões no céu. Shopping centers e casas de entretenimento foram fechados. Economias em todo o mundo se estagnaram. Houve uma mudança radical e quase universal no modo como todos nós vivíamos. O que aconteceu com as emissões globais de CO_2? Elas caíram 5% aproximadamente.

É uma realidade difícil de aceitar. Queremos acreditar no "poder do povo" — que, se trabalharmos todos em conjunto e agirmos com um pouco mais de responsabilidade, obteremos êxito. Infelizmente, para conseguirmos um avanço verdadeiro e duradouro necessitamos de uma mudança sistêmica e tecnológica em larga escala. Precisamos mudar os incentivos políticos e econômicos.

CONCLUSÃO

Isso não significa que não podemos contribuir como indivíduos. Como vimos ao longo deste livro, existem alguns comportamentos específicos que podem fazer a diferença. Mas existem três atitudes realmente importantes que servem de base para todo o restante. São ações que proporcionam o impulso vital para a mudança sistêmica.

A primeira atitude é se envolver na ação política e votar em líderes que apoiem ações sustentáveis. Uma mudança política positiva pode sobrepujar quase imediatamente os esforços individuais de milhões de pessoas. Na década de 1970, o presidente Nixon criou a hoje fundamental Agência de Proteção Ambiental e assinou a Lei do Ar Limpo e a Lei da Água Limpa para sanar o ar e os rios poluídos dos Estados Unidos. Essas políticas promoveram uma transformação no ambiente natural e salvaram muitas vidas da poluição tóxica. Mudanças gradativas de comportamento da população nunca alcançariam o mesmo êxito — pelo menos não tão rapidamente.

Precisamos nos certificar de que a ação ambiental seja levada a sério pelos governos. Os líderes têm de saber que a população se importa. Nixon é considerado um dos líderes mais "ecológicos" da história, mas a verdade é que ele não ligava muito para a questão do meio ambiente.[1] Não era uma prioridade para ele pessoalmente. Ele tinha de fingir que se importava porque o público se importava. Se as prioridades dos políticos não são compatíveis com as do público, eles não se elegem.

A segunda atitude que podemos fazer é "votar" com a nossa carteira. Sempre que compramos alguma coisa, enviamos ao mercado — e àqueles que levam os produtos às prateleiras — um claro recado: é com isso que nos importamos. Sempre que compramos um veículo elétrico, painéis solares ou um hambúrguer à base de plantas, comunicamos aos inovadores do mundo todo que existe demanda, gritando: "Nós estamos aqui, sirva-nos".

Esses produtos são tecnologias novas, e as tecnologias na maioria das vezes custam mais quando são lançadas. Elas seguem uma curva de aprendizado: quanto mais produzimos, mais aprendemos como fazer isso de maneira eficiente. Quanto mais compramos, mais o preço cai. Os consumidores mais ricos podem desempenhar um papel essencial nesse processo, sendo os primeiros a comprarem o novo produto e fazendo o seu preço cair. No início, isso pode ter um custo adicional para eles. Mas o principal é que eles podem atuar como os primeiros a sinalizarem que há um mercado crescente para esses bens. Sentindo a oportunidade, os inovadores começam a avançar como abutres. Essa competição estimula todo o mercado. E antes que percebamos, produtos incríveis disputam a atenção do consumidor numa guerra de preços. Na década de 1990, uma bateria de carro elétrico poderia custar em torno de 1

NÃO É O FIM DO MUNDO

milhão de dólares. Agora custa apenas entre 5 mil e 10 mil dólares, e há no mercado uma grande concorrência para produzir a bateria mais barata.

Outra forma de usar bem o seu dinheiro é doando-o para causas úteis. Nem todos podem tomar tal atitude, mas aqueles que têm recursos suficientes podem causar um impacto positivo, que se estende para muito além deles próprios. Alguns anos atrás, assumi o compromisso de doar pelo menos 10% da minha renda anual para causas úteis. A causa à qual destinamos o nosso dinheiro é tão importante quanto o dinheiro que doamos, ou até mais. Um dólar pode ser centenas, milhares ou até milhões de vezes mais proveitoso para algumas causas em comparação com outras. Podemos doar para organizações voltadas para o meio ambiente, mas as instituições focadas em outras áreas, tais como a da saúde, da educação ou diminuição da pobreza também ajudam em nosso caminho rumo à sustentabilidade.* Lembre-se: sustentabilidade diz respeito a proporcionar um bom padrão de vida a todos os que vivem hoje, bem como a todos os que virão depois de nós. Uma das maiores tragédias resultantes dos danos que causamos ao meio ambiente é que as pessoas mais pobres no mundo todo são as mais vulneráveis a esse impacto. Tirar as pessoas da pobreza tem de ser prioridade máxima entre os nossos objetivos. Se você pensa em doar e busca recomendações (baseadas em evidências) sobre a melhor destinação para os seus donativos, a GiveWell, organização que avalia projetos sociais, é a minha referência mais confiável.[2]

Há mais uma atitude que cada um de nós pode tomar em prol do meio ambiente. Os problemas mostrados neste livro não se resolverão por si mesmos, será necessário o esforço determinado e criativo de pessoas envolvidas em diversas funções. Precisaremos de inovadores e empreendedores que criem novas tecnologias e aprimorem as que já existem. Precisaremos de financiadores que invistam dinheiro nisso. Precisaremos de autoridades que deem apoio à ação ambiental e tomem boas decisões relacionadas a essa área.

Um cidadão comum passará cerca de 80 mil horas no trabalho ao longo de sua vida.** Escolha uma excelente carreira na qual você possa realmente fazer a diferença, e o seu impacto poderá ser centenas de vezes ou até milhares de vezes maior do que seriam os seus esforços individuais para reduzir a sua pegada de carbono.

---

* Destino a maior parte das minhas doações a organizações não governamentais para a saúde global e para a diminuição da pobreza. Minhas doações vão principalmente para a Against Malaria Foundation, e para a compra de suplementos nutricionais para crianças em países de baixa renda. São causas das mais eficazes quando se trata de melhorar e salvar vidas.

** Por esse motivo, existe uma grande organização sem fins lucrativos fundada pelo filósofo Will MacAskill chamada 80.000 Hours [80.000 Horas]. A organização oferece conselhos, baseados em evidências, para que as pessoas produzam o maior impacto positivo possível escolhendo uma carreira na qual possam contribuir.

CONCLUSÃO

[3] Permaneça com aqueles que avançam na mesma direção

Para tornar realidade as soluções apresentadas neste livro, precisamos trabalhar junto com aqueles que também querem continuar em frente.

Vá a qualquer espaço de discussão sobre o meio ambiente e você encontrará diferentes opiniões sobre o que se deve fazer. Energia nuclear ou renovável. Bicicletas ou veículos elétricos. Rigorosamente vegano ou flexitariano. É estranho e contraproducente quando as pessoas decidem que as soluções têm de ser radicais — tudo ou nada. Um contra o outro. Você precisa escolher um "time" e deve censurar o outro lado. Mas isso não nos levará para onde queremos ir. Para mim, porém, a maioria de nós está no mesmo time.

É assim, como um time, que todos nós devemos nos ver enquanto tentamos elaborar soluções. A analogia que usarei agora não é minha, mas na minha opinião capta essa tensão de maneira brilhante.* Imagine que você seja uma seta, e que esteja avançando na direção para a qual acredita que devamos ir. Digamos que você seja um grande apoiador da energia nuclear. Outras pessoas em torno de você também abraçam com entusiasmo a ideia da criação de uma infraestrutura de energia com baixas emissões de carbono, mas elas odeiam energia nuclear e adoram as renováveis. Essas pessoas estão avançando num ângulo um pouco diferente do seu — talvez dez graus à sua direita ou à sua esquerda. Mas o ponto mais importante é que você e as outras setas avançam quase na mesma direção: a que leva à energia com baixas emissões de carbono o mais rápido possível. Vocês são companheiros de equipe, mesmo que não percebam isso.

O problema é que passamos a maior parte do tempo em conflito com as setas mais próximas de nós. Colocamos a energia nuclear em disputa com a energia solar, ou a solar com a eólica. Discutimos a respeito do que seria melhor as pessoas comerem, hambúrguer processado à base de soja ou de lentilhas. Alguns de nós acham que a prioridade deveria ser a redução de emissões da comida, outros que deveríamos focar em diminuir emissões da energia — e isso traz conflito. O importante é que, no final das contas, todas as pessoas envolvidas nessas discussões estão tentando avançar na mesma direção.

Enquanto brigamos entre nós, as setas apontadas para a direção oposta à nossa trabalham contra nós. As empresas de combustíveis fósseis, os grupos de pressão favoráveis à carne e aqueles que se opõem à ação ambiental tiram proveito disso. Eles anulam os nossos esforços com mais facilidade. Estamos distraídos

---

* Tomei conhecimento dessa metáfora por Andrew Dressler e Ken Caldeira.

demais com disputas internas para oferecer resistência aos que realmente se opõem ao progresso. Portanto, é um bom princípio ser cauteloso ao atacar pessoas que estão totalmente do nosso lado. Isso não significa que não possa haver debate de ideias — precisamos muito de uma visão crítica para nos assegurarmos de que as soluções que escolhemos sejam eficazes —, mas é preciso que sejamos construtivos e generosos nessas discussões.

As setas apontadas na mesma direção que a minha são as que estão voltadas para a busca de soluções que nos façam avançar. Catastrofistas e arautos da desgraça *não estão* interessados em soluções. Eles já desistiram. Quase sempre tentam ficar no caminho das soluções. Na melhor das hipóteses são um contrapeso aos avanços. Na pior das hipóteses, eles favorecem ativamente nossos opositores: causam tanto prejuízo quanto os que se opõem à ação ambiental.

PERMANEÇA COM AQUELES QUE AVANÇAM NA MESMA DIREÇÃO
Talvez nós tenhamos opiniões um tanto diferentes sobre o modo como resolver os problemas ambientais, mas jogamos no mesmo time.

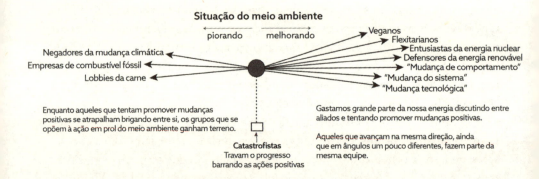

É TEMPO DE TORNAR-SE A PRIMEIRA GERAÇÃO

Agora você se encontra numa posição verdadeiramente única para conquistar algo com que os nossos ancestrais nem sequer podiam sonhar: proporcionar um futuro sustentável. Acredito que nós possamos ser a geração que satisfará as necessidades de todos, deixando ao mesmo tempo o meio ambiente numa situação melhor do que aquela na qual o encontramos.

O que nos torna diferentes dos nossos ancestrais é que as mudanças econômicas e tecnológicas significam que temos *opções*. Não somos vulneráveis à falta

CONCLUSÃO

de óleo de baleia, de carvão ou da madeira de árvores cortadas. Desenvolvemos alternativas que nos permitem fazer as mesmas coisas de um modo muito melhor. Essa gama de opções vem com responsabilidade. Podemos fazer escolhas responsáveis que nos façam avançar. Mas podemos também nos contentar com o *status quo*. Um futuro sustentável não é garantido — se desejarmos um, teremos de criá-lo. Ser a *primeira geração* é uma oportunidade, mas não é algo já conquistado.

O que me deixa mais otimista é o número de pessoas que vejo tomarem esse caminho. Procure cercar-se dessas pessoas. Deixe-se inspirar por elas. Ignore aqueles que dizem que estamos condenados. Não estamos condenados. Podemos construir um futuro melhor para todos. Vamos transformar essa oportunidade em realidade.

AGRADECIMENTOS

Nenhum de nós pode criar um mundo sustentável sozinho. E este livro não existiria como empreendimento individual. A sua capa leva o meu nome, mas eu devo receber apenas uma parte do crédito.

Ao meu agente Toby Mundy, da Aevitas Creative Management: obrigada por plantar a ideia de escrever um livro, e por me ajudar a navegar pelo mundo literário.

Não há palavras para expressar toda a minha gratidão à maravilhosa equipe da Chatto e da Windus na Penguin Random House. À minha editora Becky Hardie: obrigada por apostar nessa autora iniciante, e por se apaixonar por este volume como eu me apaixonei. Eu não poderia estar mais satisfeita. À assistente editorial da Chatto, Asia Choudhry, por seu inestimável feedback e apoio. A Katherine Fry, que preparou os originais deste livro com tanta precisão e atenção aos detalhes. A Rhiannon Roy, por me orientar ao longo do processo. A Carmella Lowkis e a Anna Redman Aylward, por colocarem este trabalho nas mãos dos leitores. Minha gratidão à longa lista de pessoas que trabalharam incansavelmente nos bastidores: vendendo direitos, desenhando capas, fazendo marketing e promoção. Todos vocês merecem figurar na capa. Esta obra não seria o que é sem vocês — e essa escritora também não. Meus calorosos agradecimentos também à minha editora norte-americana Marisa Vigilante e à equipe da Little, Brown Spark. Vocês todos têm o meu reconhecimento.

Levei pelo menos seis anos para escrever este livro. Grande parte da pesquisa e dos dados que lhe servem de base são do meu tempo como pesquisadora na Our World in Data. Comecei a trabalhar lá em 2017, depois de enviar à organização um e-mail oferecendo-me como voluntária. Para Max Roser e Esteban Ortiz-Ospina: obrigada por não ignorarem o meu e-mail e me darem uma chance. Vocês para mim não são apenas mentores incríveis, são amigos incríveis também. Amo vocês dois, e tenho orgulho do que construímos juntos. Agradeço à Oxford Martin School por

NÃO É O FIM DO MUNDO

dar um lar a essa acadêmica desajustada. Agradeço aos meus colegas da Our World in Data: é especial estar cercada de pessoas tão determinadas a fazer do mundo um lugar melhor. Um agradecimento especial a Fiona Spooner por ler o primeiro rascunho de cada capítulo e dar a sua opinião sobre o trabalho. E agradeço a Edouard Mathieu por ser uma das pessoas mais encorajadoras que conheço: há poucas pessoas no mundo com as quais eu preferiria trabalhar.

Este livro trata do nosso investimento no futuro. Foi muita sorte a minha de poder contar com mentores fantásticos que investiram e acreditaram em mim. A Dave Reay e Pete Higgins: vocês não fazem ideia de quanto lhes devo. Já me bastaria ter na vida a metade da integridade que vocês têm. A Hans e Ola Rosling, e a Anna Rosling Rönnlund por virarem meu mundo de cabeça para baixo (de uma maneira boa) e por transformarem uma pessimista impotente numa otimista impaciente. A Liz Grant e Kate Storey por seu apoio constante. E a uma longa lista de outras pessoas que me incentivaram ao longo do caminho: Saloni Dattani, Sam Bowman, Ben Southwood e Nick Whitaker da Works in Progress; Will MacAskill, Gavin Weinberg e Abie Rohrig por seus esforços para tentar tornar este trabalho um sucesso.

Sou afortunada por ter ao meu lado os maiores especialistas do mundo. Meus agradecimentos a Joseph Poore, Boyan Slat, Matthias Egger, Laurent Lebreton, Ray Hilborn, Michael Melnychuk, Max Mossler e Dave Reay por lerem os primeiros capítulos deste livro e darem sua opinião sobre eles.

Todos nós precisamos de amigos que nos amem, mesmo que nossos livros sejam um fracasso. Um agradecimento especial a Sarah Cannon e a Matt Harwood pelas intermináveis risadas e por todo o estímulo. Também a Emma Storey-Gordon por ter incansavelmente me encorajado a continuar em frente. A Michael Hughes por me ajudar a voar (e a cair). E cito agora alguns outros com cujo apoio pude contar nos últimos anos: Meredith Corey, Shivam Hargunani, Thomas Alexander, Shona Denovan, Andy Hamilton, Erin Miller, Eve Smith, Jeny Dybeck, Yanni Smith, Lyndsey Vipond, Isla, Allison e Hamish. Agradeço a David, Gillian e Andrew Kerr por todo o seu apoio.

Eu não seria nada sem a minha adorada família. Para Andrea, Tommy e Kieran, que foram o segundo casal de pais e o irmão dos quais eu não precisava, mas que eu quis. Vocês significam o mundo para mim. Aos meus avós, que guardaram e mostraram apreciação por todos os "livros" que escrevi para eles quando era criança. Minha avó está convencida de que fará fortuna com eles se se tornarem best-sellers. A Aaron, que me ensinou a ter "couro duro" no futebol para que eu pudesse também ter no Twitter. Tenho muito orgulho de chamar você de irmão.

AGRADECIMENTOS

E a Megan, uma das pessoas mais gentis que conheço. Espero que possamos construir um mundo melhor para a pequenina que está a caminho.

E agradeço principalmente aos meus pais, Karen e David, aos quais dediquei este livro. O nosso coração nos leva a agir, mas precisamos de nossa mente para sabermos *o que* fazer. Meus pais são a mistura perfeita de coração e mente: o mais inteligente e gentil casal que conheço. Espero que estas páginas transmitam algo do que eles me ensinaram. Obrigada pelo amor incondicional, por me deixarem ler meus livros no canto da festa, e por serem os pais que toda criança merece.

E por fim agradeço a Catherine, a minha pessoa favorita no mundo. Você me faz sentir uma pessoa melhor, e faz desse mundo um lugar melhor. Obrigada por suportar meus inícios de atividade às quatro da manhã e minhas maratonas de escrita nos finais de semana. Eu não poderia querer uma pessoa melhor ao meu lado, e espero que você saiba que também pode contar comigo. Este livro é somente um pequeno capítulo da minha vida, e não há outra pessoa com a qual eu gostaria de escrever o restante dessa história.

NOTAS

INTRODUÇÃO

1. S. Helm, J. A. Kemper e S. K. White, "No future, no kids — no kids, no future?", *Popul Environ*, v. 43, p. 108-29, 2021.

2. C. Hickman et al., "Climate anxiety in children and young people and their beliefs about government responses to climate change: A global survey", *Lancet Planet Health*, v. 5, p. 863-73, 2021.

3. Morning Consult, *National Tracking Poll #200926*, 2020. Disponível em: https://assets. morningconsult.com/wp-uploads/2020/09/28065126/200926_crosstabs_MILLENIAL_ FINANCE_Adults_v4_RG.pdf.

4. M. Schneider-Mayerson e K. L. Leong. "Eco-reproductive concerns in the age of climate change", *Clim Change*, v. 163, p. 1007-23, 2020.

5. B. Lockwood, N. Powdthavee e O. Andrew. *Are Environmental Concerns Deterring People from Having Children?*. IZA Institute of Labor Economics, 2022.

6. A. Maxmen, "Three minutes with Hans Rosling will change your mind about the world", *Nature*, v. 540, p. 330-3, 2016.

7. E. Klein, "Your Kids Are Not Doomed", *The New York Times*, 2022.

8. P. Romer, "Conditional Optimism", 2018. Disponível em: https://paulromer.net/ conditional-optimism-technology-and-climate/.

9. P. R. Ehrlich, *The Population Bomb*. Ballantine Books, 1989.

10. M. Roser, "The world is awful. The world is much better. The world can be much better", Our World in Data, 2022. Disponível em: https://ourworldindata.org/much-better-awful-can-be-better.

1. SUSTENTABILIDADE: UMA HISTÓRIA COM DUAS PARTES

1. K. Klein Goldewijk et al., "Anthropogenic land use estimates for the Holocene — HYDE 3.2", *Earth Syst Sci Data*, v. 9, p. 927-53, 2017.

2. A. D. Barnosky, "Megafauna biomass tradeoff as a driver of Quaternary and future extinctions", *Proceedings of the National Academy of Sciences*, v. 105, p. 11543-8, 2008.

3. E. C. Ellis et al., "People have shaped most of terrestrial nature for at least 12,000 years", *Proceedings of the National Academy of Sciences*, v. 118, n. e2023483118, 2021.

4. V. Reyes-García e P. Benyei, "Indigenous knowledge for conservation", *Nat Sustain*, v. 2, p. 657-8, 2019.

5. K. M. Hoffman et al., "Conservation of Earth's biodiversity is embedded in Indigenous fire stewardship", *Proceedings of the National Academy of Sciences*, v. 118, n. e2105073118, 2021.

6. M. Roser, "Mortality in the past — Every second child died", Our World in Data, 2019. Disponível em: https://ourworldindata.org/child-mortality-in-the-past.

7. A. A. Volk e J. Atkinson, "Infant and child death in the human environment of evolutionary adaptation", *Evolution and Human Behavior*, n. 34, p. 182-92, 2013.

8. F. E. Johnston e C. E. Snow, "The reassessment of the age and sex of the Indian Knoll skeletal population: Demographic and methodological aspects", *Am J Phys Anthropol*, v. 19, p. 237-44, 1961.

9. M. Roser, H. Ritchie e B. Dadonaite, "Child and Infant Mortality", Our World in Data, 2013.

10. H. Ritchie e M. Roser, "Maternal Mortality", Our World in Data, 2023. Disponível em: https://ourworldindata.org/maternal-mortality.

11. M. Roser, E. Ortiz-Ospina e H. Ritchie, "Life Expectancy", Our World in Data, 2013.

12. IFAD; UNICEF; WFP; WHO, *The State of Food Security and Nutrition in the World 2022*. FAO, 2022.

13. H. Ritchie e M. Roser, "Clean Water and Sanitation", Our World in Data, 2021.

14. H. Ritchie, M. Roser e P. Rosado, "Energy", Our World in Data, 2020.

15. M. Roser e E. Ortiz-Ospina, "Literacy", Our World in Data, 2016.

16. J. Hasell et al., "Poverty", Our World in Data, 2022. Disponível em: https://ourworldindata.org/poverty.

17. M. Roser, H. Ritchie e E. Ortiz-Ospina, "World Population Growth", Our World in Data, 2013.

18. M. Roser, "Fertility Rate", Our World in Data, 2023. Disponível em: https://ourworldindata.org/fertility-rate.

19. United Nations Department of Economic and Social Affairs, *World Population Prospects 2022: Summary of Results*, 2022.

NOTAS

20. M. Roser, "How much economic growth is necessary to reduce global poverty substantially?", Our World in Data, 2021. Disponível em: https://ourworldindata.org/poverty-minimum-growth-needed.

21. M. Roser, "Global poverty in an unequal world: Who is considered poor in a rich country? And what does this mean for our understanding of global poverty?", Our World in Data, 2021. Disponível em: https://ourworldindata.org/higher-poverty-global-line.

2. POLUIÇÃO ATMOSFÉRICA: RESPIRANDO AR PURO

1. O. Wainwright, "Inside Beijing's airpocalypse — A city made 'almost uninhabitable' by pollution", *The Guardian*, 2014.

2. W. Wang et al., "Atmospheric Particulate Matter Pollution during the 2008 Beijing Olympics", *Environ Sci Technol*, v. 43, p. 5314-20, 2009.

3. S. Wang et al., "Quantifying the Air Pollutants Emission Reduction during the 2008 Olympic Games in Beijing", *Environ Sci Technol*, v. 44, p. 2490-6, 2010.

4. J. Yeung, N. Gan e S. George, "From 'air-pocalypse' to blue skies. Beijing's fight for cleaner air is a rare victory for public dissent", CNN, 2021. Disponível em: https://www.cnn.com/2021/08/23/china/china-air-pollution-mic-intl-hnk/index.html.

5. M. Greenstone, H. Guojun e K. Lee, *The 2008 Olympics to the 2022 Olympics China's Fight to Win its War Against Pollution*. Energy Institute of the University of Chicago, 2022.

6. E. Wong, "China Lets Media Report on Air Pollution Crisis", *The New York Times*, 2013.

7. Sêneca e R. M. Gummere, *Ad Lucilium epistulae morales*. Harvard University Press, 1917.

8. D. Fowler et al., "A chronology of global air quality", *Philosophical Transactions of the Royal Society A*, 2020. Disponível em: https://doi.org/10.1098/rsta.2019.0314.

9. Hippocrates, trad. W. H. S. Jones, *Hippocrates*. Heinemann/Putnam, 1923.

10. M. A. Sutton et al., "Alkaline air: Changing perspectives on nitrogen and air pollution in an ammonia-rich world", *Philosophical Transactions of the Royal Society A: Mathematical, Physical and Engineering Sciences*, v. 378, n. 20190315, 2020.

11. J. A. J. Gowlett, "The discovery of fire by humans: a long and convoluted process", *Philosophical Transactions of the Royal Society B: Biological Sciences*, v. 371, n. 20150164, 2016.

12. K. Hardy et al., "Dental calculus reveals potential respiratory irritants and ingestion of essential plant-based nutrients at Lower Palaeolithic Qesem Cave Israel", *Quaternary International*, v. 398, p. 129-35, 2016.

13. O. Jarus, "Egyptian mummies hold clues of ancient air pollution", Live Science, 2011. Disponível em: https://www.livescience.com/14420-ancient-egyptian-mummies-lung--disease-pollution.html.

14. A. S. Mather, J. Fairbairn e C. L. Needle, "The course and drivers of the forest transition: The case of France", *J Rural Stud*, v. 15, p. 65-90, 1999.

15. R. Fouquet, "Long run trends in energy-related external costs", *Ecological Economics*, v. 70, p. 2380-9, 2011.

16. R. M. Hoesly et al., "Historical (1750-2014) anthropogenic emissions of reactive gases and aerosols from the Community Emissions Data System (ceds)", *Geosci Model Dev*, v. 11, p. 369-408, 2018.

17. P. J. Crutzen, "The influence of nitrogen oxides on the atmospheric ozone content", *Quarterly Journal of the Royal Meteorological Society*, 1970.

18. M. J. Molina e F. S. Rowland, "Stratospheric sink for chlorofluoromethanes: Chlorine atom-catalysed destruction of ozone", *Nature*, v. 249, p. 810-12, 1974.

19. Nasa, "Atmospheric ozone 1985. Assessment of our understanding of the processes controlling its present distribution and change", 1985. Disponível em: https://www.osti.gov/biblio/6918528-atmospheric-ozone-assessment-our-understanding-processes-controlling-its-present-distribution-change-volume.

20. P. M. Morrisette, "The evolution of policy responses to stratospheric ozone depletion", *Natural Resources Journal (usa)*, v. 29, n. 3, 1989.

21. D. D. Doniger, "Politics of the ozone layer", *Issues Sci Technol*, v. 4, p. 86-92, 1988.

22. United Nations Environment Programme (Unep), "The Montreal Protocol on Substances that Deplete the Ozone Layer", 1987. Disponível em: https://ozone.unep.org/treaties/montreal-protocol.

23. Ozone Secretariat, "Summary of control measures under the Montreal Protocol", 1987. Disponívelem:https://ozone.unep.org/treaties/montreal-protocol/summary-control-measures-under-montreal-protocol.

24. M. I. Hegglin et al., *Twenty questions and answers about the ozone layer: 2014 Update: Scientific assessment of ozone depletion: 2014*. World Meteorological Organization, 2015.

25. J. E. Aldy et al., "Looking Back at 50 Years of the Clean Air Act", *J Econ Lit*, v. 60, p. 179-232, 2022.

26. K. Clay e W. Troesken, "Did Frederick Brodie Discover the World's First Environmental Kuznets Curve? Coal Smoke and the Rise and Fall of the London Fog", 2010. doi: 10.3386/w15669.

27. J. Lelieveld et al., "Effects of fossil fuel and total anthropogenic emission removal on public health and climate", *Proceedings of the National Academy of Sciences*, v. 116, p. 7192-7, 2019.

28. K. Vohra et al., "Global mortality from outdoor fine particle pollution generated by fossil fuel combustion: Results from GEOS-Chem", *Environ Res*, v. 195, n. 110754, 2021.

29. H. Ritchie et al., "Causes of Death", Our World in Data, 2023. Disponível em: https://ourworldindata.org/causes-of-death.

30. C. J. L. Murray et al., "Global burden of 87 risk factors in 204 countries and territories, 1990-2019: a systematic analysis for the Global Burden of Disease Study 2019", *Lancet*, v. 396, p. 1223-49, 2020.

31. H. Ritchie, blog, "Delhi's Odd-Even Rule Is At Odds With What Needs To Be Done [Part 2]", 2016. Disponível em: hannahritchie.com.

32. S. Kurinji, A. Khan e T. Ganguly. *Bending Delhi's Air Pollution Curve: Learnings from 2020 to Improve 2021*, Nova Delhi, Council on Energy, Environment and Water (CEEW), 2021.

33. S. Sarkar, R. P. Singh e A. Chauhan, "Increasing health threat to greater parts of India due to crop residue burning", *Lancet Planet Health*, v. 2, p. 327-8, 2018.

34. S. Bikkina et al., "Air quality in megacity Delhi affected by countryside biomass burning", *Nat Sustain*, v. 2, p. 200-5, 2019.

35. P. Shyamsundar et al., "Fields on fire: Alternatives to crop residue burning in India", *Science* (1979), v. 365, p. 536-8, 2019.

36. OECD, *The Economic Consequences of Outdoor Air Pollution*, 2016.

37. World Bank, *The Global Health Cost of PM2.5 Air Pollution: A Case for Action Beyond 2021*. World Bank, 2022.

38. J. Dornoff e F. Rodriquez, *Gasoline* versus *diesel: Comparing CO_2 emissions of a modern medium sized car model under laboratory and on-road testing conditions*. International Council on Clean Transportation (ICCT), 2019.

39. H. Ritchie, "What was the death toll from Chernobyl and Fukushima?", Our World in Data, 2022. Disponível em: https://ourworldindata.org/what-was-the-death-toll-from-chernobyl-and-fukushima.

40. United Nations, *Sources and Effects of Ionizing Radiation, unscear 2008 Report*, 2011.

41. K. M. Leung et al., "Trends in Solid Tumor Incidence in Ukraine 30 Years After Chernobyl", *J Glob Oncol*, v. 5, p. 1-10, 2019. doi: 10.1200/JGO.19.00099.

42. H. Ritchie, "What are the safest and cleanest sources of energy?", Our World in Data, 2020. Disponível em: https://ourworldindata.org/safest-sources-of-energy.

43. S. Chowdhury et al., "Global health burden of ambient PM2.5 and the contribution of anthropogenic black carbon and organic aerosols", *Environ Int*, v. 159, n. 107020, 2022.

3. MUDANÇAS CLIMÁTICAS: DESLIGANDO O TERMOSTATO

1. S. Connor, "Global warming: Scientists say temperatures could rise by 6°C by 2100 and call for action ahead of UN meeting in Paris", *The Independent*, 2015.

2. Climate Action Tracker, *Warming Projections Global Update. November 2022 Updated*, 2022.

3. H. Ritchie e M. Roser, "Natural Disasters", Our World in Data, 2014.

NÃO É O FIM DO MUNDO

4. EM-DAT, CRED (2021).

5. Disponível em: https://twitter.com/_HannahRitchie/status/1314141670439563264.

6. J. Hasell e M. Roser, "Famines", Our World in Data, 2013.

7. K.-H. Erb et al., "Unexpectedly large impact of forest management and grazing on global vegetation biomass", *Nature*, n. 553, p. 73-6, 2018.

8. GOV.UK, "Digest of UK Energy Statistics (DUKES): electricity", 2022. Disponível em: https://www.gov.uk/government/collections/digest-of-uk-energy-statistics-dukes.

9. P. Friedlingstein et al., "Global Carbon Budget 2022", *Earth Syst Sci Data*, v. 14, p. 4811-900, 2022.

10. H. Ritchie, M. Roser e P. Rosado, "CO_2 and Greenhouse Gas Emissions", Our World in Data, 2020.

11. Disponível em: https://x.com/GlobalEcoGuy/status/1524781923226341376?s=20.

12. G. P. Peters, "From production-based to consumption-based national emission inventories", *Ecological Economics*, v. 65, p. 13-23, 2008.

13. G. P. Peters, S. J. Davis e R. Andrew, "A synthesis of carbon in international trade", *Biogeosciences*, v. 9, p. 3247-76, 2012.

14. V. Smil, *Energy Transitions: History, Requirements, Prospects*. ABC-CLIO, 2010.

15. V. Smil, *Energy and Civilization: A History*. MIT Press, 2018.

16. V. Smil, *Energy in world history: Essays in world history*. Westview Press, 1994.

17. M. Roser, "Why did renewables become so cheap so fast?", Our World in Data, 2022. Disponível em: https://ourworldindata.org/cheap-renewables-growth.

18. Lazard, "Lazard's Levelized Cost of Energy Analysis — Version 13.0", 2021.

19. H. Ritchie, "The price of batteries has declined by 97% in the last three decades", Our World in Data, 2021. Disponível em: https://ourworldindata.org/battery-price-decline.

20. M. S. Ziegler e J. E. Trancik, "Re-examining rates of lithium-ion battery technology improvement and cost decline", *Energy Environ Sci*, v. 14, p. 1635-51, 2021.

21. H. Ritchie, "How much of global greenhouse gas emissions come from food?", Our World in Data, 2021. Disponível em: https://ourworldindata.org/greenhouse-gas-emissions-food.

22. M. Crippa. et al., "Food systems are responsible for a third of global anthropogenic GHG emissions", *Nat Food*, v. 2, p. 198-209, 2021.

23. J. Poore e T. Nemecek, "Reducing food's environmental impacts through producers and consumers", *Science* (1979), v. 360, p. 987-92, 2018.

24. "Sector by sector: where do global greenhouse gas emissions come from?", Our World in Data, 2020. Disponível em: https://ourworldindata.org/ghg-emissions-by-sector.

25. M. Ge, J. Friedrich e L. Vigna, "4 Charts Explain Greenhouse Gas Emissions by Countries and Sectors", World Resources Institute, 2020.

26. UNECE, *Lifecycle Assessment of Electricity Generation Options*, 2021.

NOTAS

27. "How does the land use of different electricity sources compare?", Our World in Data, 2022. Disponível em: https://ourworldindata.org/land-use-per-energy-source.

28. *Mineral requirements for clean energy transitions*. International Energy Agency, 2022.

29. S. Wang et al., "Future demand for electricity generation materials under different climate mitigation scenarios", *Joule*, 2023. doi: 10.1016/j.joule.2023.01.001.

30. "Cars, planes, trains: where do CO_2 emissions from transport come from?", Our World in Data, 2020. Disponível em: https://ourworldindata.org/co2-emissions-from-transport.

31. "Transport sector CO_2 emissions by mode in the Sustainable Development Scenario, 2000-2030 — Charts — Data & Statistics", International Energy Agency, 2020.

32. "The 2021 EPA Automotive Trends Report Greenhouse Gas Emissions, Fuel Economy, and Technology since 1975", EPA, 2021. Disponível em: https://www.epa.gov/automotive-trends/download-automotive-trends-report.

33. T. D. Searchinger et al., "Assessing the efficiency of changes in land use for mitigating climate change", *Nature*, v. 564, p. 249-53, 2018.

34. T. Searchinger et al., "Use of U.S. Croplands for Biofuels Increases Greenhouse Gases Through Emissions from Land-Use Change", *Science* (1979), v. 319, p. 1238-40, 2008.

35. "Factcheck: How electric vehicles help to tackle climate change", *Carbon Brief*, 2019. Disponível em: https://www.carbonbrief.org/factcheck-how-electric-vehicles-help-to-tackle-climate-change/.

36. *Global ev Outlook 2022*, International Energy Agency, 2022.

37. H. Ritchie, "Electric vehicle batteries would have cost as much as a million dollars in the 1990s", *Sustainability by numbers*, 2022. Disponível em: https://hannahritchie.substack.com/p/ev-battery-costs.

38. BloombergNEF, *Electric Vehicle Outlook 2022*, (2022).

39. D. Rybski et al., "Cities as nuclei of sustainability?", *Environ Plan B Urban Anal City Sci*, v. 44, p. 425-40, 2017.

40. R. Gudipudi et al., "City density and CO_2 efficiency", *Energy Policy*, v. 91, p. 352-61, 2016.

41. S. J. Davis et al., "Net-zero emissions energy systems", *Science* (1979), v. 360, n. eaas9793, 2018.

42. R. Twine, "Emissions from Animal Agriculture — 16.5% Is the New Minimum Figure", *Sustainability*, v. 13, n. 6276, 2021.

43. M. A. Clark et al., "Global food system emissions could preclude achieving the 1.5° and 2°C climate change targets", *Science*, v. 370, p. 705-8 (2020).

44. IPCC, *Global Warming of 1.5°C. An ipcc Special Report on the impacts of global warming of 1.5°C above pre-industrial levels and related global greenhouse gas emission pathways, in the context of strengthening the global response to the threat of climate change, sustainable development, and efforts to eradicate poverty* (2018).

45. J. Poore e T. Nemecek. Reducing food's environmental impacts through producers and consumers. *Science*, v. 360, n. 6392, p. 987-92, 2018.

46. W. Willett et al., "Food in the Anthropocene: the EAT — Lancet Commission on healthy diets from sustainable food systems", *Lancet*, v. 393, p. 447-92, 2019.

47. P. S. Fennell, S. J. Davis e A. Mohammed, "Decarbonizing cement production", *Joule*, v. 5, p. 1305-11, 2021.

48. "Concrete needs to lose its colossal carbon footprint", *Nature*, v. 597, p. 593-94, 2021.

49. D. Klenert et al., "Making carbon pricing work for citizens", *Nat Clim Chang*, v. 8, p. 669-77, 2018.

50. IPCC, *Climate Change 2022: Impacts, Adaptation, and Vulnerability. Contribution of Working Group II to the Sixth Assessment Report of the Intergovernmental Panel on Climate Change*. Cambridge University Press, 2022.

51. M. Berners-Lee, *How Bad are Bananas?: The Carbon Footprint of Everything*. Profile Books Ltd, 2010.

52. Ipsos, Ipsos Perils of Perception: climate change, 2021. Disponível em: https://www.ipsos.com/en-uk/ipsos-perils-perception-climate-change.

53. S. Wynes e K. A. Nicholas, "The climate mitigation gap: education and government recommendations miss the most effective individual actions", *Environmental Research Letters*, v. 12, n. 74024, 2017.

4. DESMATAMENTO: A MADEIRA VISTA PELA PERSPECTIVA DAS ÁRVORES

1. @EmmanuelMacron, "Our house is burning. Literally. The Amazon rain forest — the lungs which produces 20% of our planet's oxygen — is on fire. It is an international crisis. Members of the G7 Summit, let's discuss this emergency first order in two days! #ActForTheAmazon", Twitter, 2019. Disponível em: https://x.com/EmmanuelMacron/status/1164617008962527232.

2. @Cristiano, "The Amazon Rainforest produces more than 20% of the world's oxygen and its been burning for the past 3 weeks. It's our responsibility to help to save our planet. #prayforamazonia", Twitter, 2019. Disponível em: https://x.com/Cristiano/status/1164588606436106240.

3. @KamalaHarris, "Brazil's President Bolsonaro must answer for this devastation. The Amazon creates over 20% of the world's oxygen and is home to one million Indigenous people. Any destruction affects us all'", Twitter, 2019. Disponível em: https://x.com/KamalaHarris/status/1165070218009489408.

4. @StationCDRKelly, "Deforestation changes the face of our planet. Between my first flight in 1999 and last in 2016, I noticed a difference in the #Amazon. Less forest more

burning fields. The #AmazonRainforest produces more than 20% of the world's oxygen. We need O2 to survive!", Twitter, 2019. Disponível em: https://x.com/StationCDR-Kelly/status/1164608581989294082.

5. A. Symonds, "Amazon Rainforest Fires: Here's What's Really Happening", *The New York Times*, 2019.

6. Y. Malhi, "Does the Amazon provide 20% of our oxygen?", 2019. Disponível em: http://www.yadvindermalhi.org/1/post/2019/08/does-the-amazon-provide-20-of-our-oxygen.html.

7. J. Aberth, *The Black Death: A new history of the great mortality in Europe, 1347-1500*. Oxford University Press, 2021.

8. P. Brannen, "The Amazon Is Not Earth's Lungs", *Atlantic*, 2019. Disponível em: https://www.theatlantic.com/science/archive/2019/08/amazon-fire-earth-has-plenty-oxygen/596923/.

9. A. Izdebski et al., "Palaeoecological data indicates land-use changes across Europe linked to spatial heterogeneity in mortality during the Black Death pandemic", *Nat Ecol Evol*, v. 6, n. 3, p. 297-306, 2022.

10. S. A. Smith e J. Gilbert, *National Inventory of Woodland and Trees — Scotland*. Forestry Commission, 2001.

11. S. A. Smith e J. Gilbert, *National inventory of Woodland and Trees — England*. Forestry Commission, 2001.

12. A. S. Mather, "Forest transition theory and the reforesting of Scotland", *Scottish Geographical Journal*, v. 120, n. 1, p. 83-98, 2004.

13. DEFRA, UK, *Government Forestry and Woodlands Policy Statement: Incorporating the Government's Response to the Independent Panel on Forestry's Final Report*, 2013.

14. *U.S. Forest Facts and Historical Trends*, 2000. Disponível em: https://www.fia.fs.usda.gov/library/brochures/docs/2000/ForestFactsMetric.pdf.

15. M. Williams, *Deforesting the Earth: From Prehistory to Global Crisis, An Abridgment*. University of Chicago Press, 2006.

16. H. Ritchie e M. Roser, "Forests and Deforestation", Our World in Data, 2021.

17. C. H. L. Silva Junior et al., "The Brazilian Amazon deforestation rate in 2020 is the greatest of the decade", *Nat Ecol Evol*, v. 5, p. 144-5, 2021.

18. T. K. Rudel, "Is There a Forest Transition? Deforestation, Reforestation, and Development", *Rural Sociology*, v. 63, p. 533-52, 1998.

19. T. K. Rudel et al., "Forest transitions: towards a global understanding of land use change", *Global Environmental Change*, v. 15, p. 23-31, 2005.

20. J. Crespo Cuaresma et al., "Economic Development and Forest Cover: Evidence from Satellite Data", *Sci Rep*, v. 7, n. 40678, 2017.

21. P. G. Curtis et al., "Classifying drivers of global forest loss", *Science* (1979), v. 361, p. 1108-11, 2018.

22. B. R. Scheffers et al., "What we know and don't know about Earth's missing biodiversity", *Trends Ecol Evol*, v. 27, p. 501-10, 2012.

23. S. L. Lewis, "Tropical forests and the changing earth system", *Philosophical Transactions B: Biological Sciences*, v. 361, p. 195-210, 2006.

24. E. L. Bullock et al., "Satellite-based estimates reveal widespread forest degradation in the Amazon", *Glob Chang Biol*, v. 26, p. 2956-69, 2020.

25. Ben & Jerry's statement on palm oil sourcing, Disponível em: https://www.benjerry.com, https://www.benjerry.com/values/, how-we-do-business/palm-oil-sourcing.

26. E. Meijaard et al., *Oil palm and biodiversity: A situation analysis by the iucn Oil Palm Task Force*. International Union for Conservation of Nature, 2018.

27. K. G. Austin et al., "What causes deforestation in Indonesia?", *Environmental Research Letters*, v. 14, n. 24007, 2019.

28. D. L. A. Gaveau et al., "Rise and fall of forest loss and industrial plantations in Borneo (2000-2017)", *Conserv Lett*, v. 12, n. e12622, 2019.

29. Sharon Liao, "Do Seed Oils Make You Sick?", *Consumer Reports*, 2022. Disponível em: https://www.consumerreports.org/healthy-eating/do-seed-oils-make-you-sick-a1363483895/.

30. M. Marklund et al., "Biomarkers of Dietary Omega-6 Fatty Acids and Incident Cardiovascular Disease and Mortality", *Circulation*, v. 139, p. 2422-36, 2019.

31. G. Zong et al., "Associations Between Linoleic Acid Intake and Incident Type 2 Diabetes Among U.S. Men and Women", *Diabetes Care*, v. 42, p. 1406-13, 2019.

32. W. S. Harris et al., "Omega-6 Fatty Acids and Risk for Cardiovascular Disease", *Circulation*, v. 119, p. 902-7, 2009.

33. R. Ostfeld et al., "Peeling back the label — exploring sustainable palm oil ecolabelling and consumption in the United Kingdom", *Environmental Research Letters*, v. 14, n. 14001, 2019.

34. M. Weisse e E. D. Goldman, "Just 7 Commodities Replaced an Area of Forest Twice the Size of Germany Between 2001 and 2015", World Resources Institute, 2021.

35. F. Pendrill et al., "Deforestation displaced: Trade in forest-risk commodities and the prospects for a global forest transition", *Environmental Research Letters*, v. 14, n. 55003, 2019.

36. E. Barona et al., "The role of pasture and soybean in deforestation of the Brazilian Amazon", *Environmental Research Letters*, v. 5, n. 24002, 2010.

37. B. F. T. Rudorff et al., "The Soy Moratorium in the Amazon Biome Monitored by Remote Sensing Images", *Remote Sens (Basel)*, v. 3, p. 185-202, 2011.

38. F. Pendrill et al., "Agricultural and forestry trade drives large share of tropical deforestation emissions", *Global Environmental Change*, v. 56, p. 1-10, 2019.

39. K. M. Carlson et al., "Effect of oil palm sustainability certification on deforestation and fire in Indonesia", *Proceedings of the National Academy of Sciences*, v. 115, p. 121-6, 2018.

40. H. K. Jeswani, A. Chilvers e A. Azapagic, "Environmental sustainability of biofuels: A review", *Proceedings A: Mathematical, Physical and Engineering Sciences*, v. 476, n. 20200351, 2020.

41. K. Schmidinger e E. Stehfest, "Including CO_2 implications of land occupation in LCAs — Method and example for livestock products", *Int J Life Cycle Assess*, v. 17, p. 962-72, 2012.

42. C. Cederberg et al., "Including Carbon Emissions from Deforestation in the Carbon Footprint of Brazilian Beef", *Environ Sci Technol*, v. 45, p. 1773-9, 2011.

43. M. Clark e D. Tilman, "Comparative analysis of environmental impacts of agricultural production systems, agricultural input efficiency, and food choice", *Environmental Research Letters*, v. 12, n. 64016, 2017.

44. D. R. Williams et al., "Proactive conservation to prevent habitat losses to agricultural expansion", *Nat Sustain*, v. 4, p. 314-22, 2021.

45. A. Roopsind, B. Sohngen e J. Brandt, "Evidence that a national REDD+ program reduces tree cover loss and carbon emissions in a high forest cover, low deforestation country", *Proceedings of the National Academy of Sciences*, v. 116, p. 24492-9, 2019.

46. M. Norman e S. Nakhooda, "The State of REDD+ Finance", *ssrn Electronic Journal*, 2015. doi: 10.2139/ssrn.2622743.

47. W. Fraanje e T. Garnett, *Soy: Food, feed, and land use change*. Foodsource: Building Blocks, 2020.

5. ALIMENTO: COMO NÃO DEVORAR O PLANETA

1. Chris Arsenault, "Only 60 Years of Farming Left If Soil Degradation Continues", *Scientific American*, 2014. Disponível em: https://www.scientificamerican.com/article/only-60-years-of-farming-left-if-soil-degradation-continues/.

2. J. L. Edmondson et al., "Urban cultivation in allotments maintains soil qualities adversely affected by conventional agriculture", *Journal of Applied Ecology*, v. 51, p. 880-9, 2014.

3. J. Wong, "The idea that there are only 100 harvests left is just a fantasy", *New Scientist*, Disponível em: https://www.newscientist.com/article/mg24232291-100-the-idea-that-there-are-only-100-harvests-left-is-just-a-fantasy/.

4. H. Ritchie, "Do we only have 60 harvests left?", Our World in Data, 2021. Disponível em: https://ourworldindata.org/soil-lifespans.

5. D. L. Evans et al., "Soil lifespans and how they can be extended by land use and management change", *Environmental Research Letters*, v. 15, n. 0940b2, 2020.

6. H. Pontzer e B. M. Wood, "Effects of Evolution, Ecology, and Economy on Human Diet: Insights from Hunter-Gatherers and Other Small-Scale Societies", *Annu Rev Nutr*, v. 41, p 363-85, 2021.

7. F. W. Marlowe e J. C. Berbesque, "Tubers as fallback foods and their impact on Hadza hunter-gatherers", *Am J Phys Anthropol*, v. 140, p. 751-8, 2009.

8. A. Mummert et al., "Stature and robusticity during the agricultural transition: Evidence from the bioarchaeological record", *Econ Hum Biol* 9, p. 284-301 (2011).

9. V. Smil, *Enriching the Earth: Fritz Haber, Carl Bosch, and the Transformation of World Food Production*. MIT Press, 2004.

10. V. Smil, "Nitrogen and Food Production: Proteins for Human Diets", *ambio: A Journal of the Human Environment*, v. 31, n. 2, p. 126-31, 2002.

11. W. M. Stewart et al., "The Contribution of Commercial Fertilizer Nutrients to Food Production", *Agron J*, v. 97, n. 1, p. 1-6, 2005.

12. J. W. Erisman et al., "How a century of ammonia synthesis changed the world", *Nat Geosci*, v. 1, n. 10, p. 636-9, 2008.

13. C. C. Mann, *The Wizard and the Prophet: Two Remarkable Scientists and Their Dueling Visions to Shape Tomorrow's World*. Alfred A. Knopf, 2018.

14. United Nations, *International action to avert the impending protein crisis: Report to the Economic and Social Council of the Advisory Committee on the Application of Science and Technology to Development: feeding the expanding world population*, 1968.

15. P. R. Ehrlich, *The Population Bomb*. Ballantine Books, 1989, p. 130-2 e 146-8.

16. P. Alexander et al., "Human appropriation of land for food: The role of diet", *Global Environmental Change*, v. 41, p. 88-98, 2016.

17. A. Shepon et al., "Energy and protein feed-to-food conversion efficiencies in the US and potential food security gains from dietary changes", *Environmental Research Letters*, v. 11, n. 105002, 2016.

18. Food and Agriculture Organization of the United Nations, *Dietary protein quality evaluation in human nutrition. Report of an faq Expert Consultation*, 2013.

19. H. Ritchie e M. Roser, "Water Use and Stress", Our World in Data, 2017.

20. S. L. Maxwell et al., "Biodiversity: The ravages of guns, nets and bulldozers", *Nature*, v. 536, p. 143-5, 2016.

21. J. H. Ausubel, I. K. Wernick e P. E. Waggoner, "Peak Farmland and the Prospect for Land Sparing", *Popul Dev Rev*, v. 38, p. 221-42, 2013.

22. C. A. Taylor e J. Rising, "Tipping point dynamics in global land use", *Environmental Research Letters*, v. 16, n. 125012, 2021.

23. Z. Cui et al., "Pursuing sustainable productivity with millions of smallholder farmers", *Nature*, v. 555, p. 363-66, 2018.

24. H. Ritchie e M. Roser, "Crop Yields", Our World in Data, 2013.

25. A. Castaneda et al., *Who are the Poor in the Developing World?*. World Bank, 2016.

26. Good Food Institute, "2021 US Retail Market Insights: Plant-based foods", 2021.

27. S. Smetana et al., "Meat alternatives: Life cycle assessment of most known meat substitutes", *Int J Life Cycle Assess*, v. 20, p. 1254-67, 2015.

NOTAS

28. H. Ritchie, "Are meat substitutes really better for the environment than meat?", *Sustainability by Numbers*, 2022.

29. S. Grasso et al., "Effect of information on consumers' sensory evaluation of beef, plant-based and hybrid beef burgers", *Food Qual Prefer*, v. 96, n. 104417, 2022.

30. V. Caputo, G. Sogari e E. J. Van Loo, "Do plant-based and blend meat alternatives taste like meat? A combined sensory and choice experiment study", *Appl Econ Perspect Policy*, v. 45, p. 86-105, 2023.

31. V. Sandström et al., "The role of trade in the greenhouse gas footprints of EU diets", *Glob Food Sec*, v. 19, p. 48-55, 2018.

32. Mintel, "A quarter of Brits use plant-based milk". Disponível em: https://www.mintel.com/press-centre/food-and-drink/milking-the-vegan-trend-a-quarter-23-of-brits-use-plant-based-milk.

33. M. Clark et al., "Estimating the environmental impacts of 57,000 food products", *Proceedings of the National Academy of Sciences*, v. 119, e2120584119, 2022.

34. J. Gustavsson et al., "The methodology of the FAO study: 'Global Food Losses and Food Waste extent, causes and prevention'", SIK — Swedish Institute for Food and Biotechnology, 2013.

35. Food and Agriculture Organization of the United Nations, *Global food losses and food waste: extent, causes and prevention*, 2011.

36. Food and Agriculture Organization of the United Nations, *Moving forward on food loss and waste reduction: The state of food and agriculture*, 2019.

37. L. Wang e E. Iddio, "Energy performance evaluation and modeling for an indoor farming facility", *Sustainable Energy Technologies and Assessments*, v. 52, n. 102240, 2022.

38. L. Graamans et al., "Plant factories *versus* greenhouses: Comparison of resource use efficiency", *Agric Syst*, v. 160, p. 31-43, 2018.

39. Crippa, M., Solazzo, E., Guizzardi, D. et al. Food systems are responsible for a third of global anthropogenic GHG emissions. *Nature Food*, 2021.

40. A. Hospido et al., "The role of seasonality in lettuce consumption: A case study of environmental and social aspects", *Int J Life Cycle Assess*, v. 14, p. 381-91, 2009.

41. A. Carlsson-Kanyama, M. P. Ekström e H. Shanahan, "Food and life cycle energy inputs: Consequences of diet and ways to increase efficiency", *Ecological Economics*, v. 44, p. 293-307, 2003.

42. S. L. Tuck et al., "Land-use intensity and the effects of organic farming on biodiversity: A hierarchical meta-analysis", *Journal of Applied Ecology*, v. 51, p. 746-55, 2014.

43. C. K. Winter e J. M. Katz, "Dietary Exposure to Pesticide Residues from Commodities Alleged to Contain the Highest Contamination Levels", *J Toxicol*, n. 589674, 2011.

44. J. L. Vicini et al., "Residues of glyphosate in food and dietary exposure", *Compr Rev Food Sci Food Saf*, v. 20, p. 5226-57, 2021.

NÃO É O FIM DO MUNDO

45. O. Golge, F. Hepsag e B. Kabak, "Health risk assessment of selected pesticide residues in green pepper and cucumber", *Food and Chemical Toxicology*, v. 121, p. 51-64, 2018.

6. PERDA DA BIODIVERSIDADE: PROTEGENDO OS ANIMAIS SELVAGENS DO MUNDO

1. A. Horton, "Two generations of humans have killed off more than half the world's wildlife populations, report finds", *The Washington Post*, 2018.

2. World Wildlife Fund, *Living Planet Report 2022 — Building a nature positive society*, 2022.

3. G. Murali et al., "Emphasizing declining populations in the Living Planet Report", *Nature*, v. 601, p. 20-4, 2022.

4. C. D. L. Orme et al., "Global hotspots of species richness are not congruent with endemism or threat", *Nature*, v. 436, p. 1016-19, 2005.

5. K. Thompson, *Do We Need Pandas?: The Uncomfortable Truth about Biodiversity*. Green Books, 2010.

6. T. Andermann et al., "The past and future human impact on mammalian diversity", *Sci Adv*, 2020. doi: 10.1126/sciadv.abb2313.

7. F. A. Smith et al., "Body size downgrading of mammals over the late Quaternary", *Science (1979)*, 2018. doi: 10.1126/science.aao5987.

8. J. Dembitzer et al., "Levantine overkill: 1.5 million years of hunting down the body size distribution", *Quat Sci Rev*, v. 276, n. 107316, 2022.

9. H. Ritchie, "Wild mammals have declined by 85% since the rise of humans, but there is a possible future where they flourish", Our World in Data, 2021. Disponível em: https://ourworldindata.org/wild-mammal-decline.

10. V. Smil, *Harvesting the biosphere: What we have taken from nature*. MIT Press, 2013.

11. Y. M. Bar-On, R. Phillips e R. Milo, "The biomass distribution on Earth", *pnas* 115, p. 6506-11, 2018.

12. R. M. May, "Tropical Arthropod Species, More or Less?", *Science* (1979), v. 329, p. 41-2, 2010.

13. C. Mora et al., "How Many Species Are There on Earth and in the Ocean?", *PLoS Biol*, v. 9, n. e1001127, 2011.

14. B. Jarvis, "The Insect Apocalypse Is Here", *The New York Times*, 2018.

15. C. A. Hallmann et al., "More than 75 percent decline over 27 years in total flying insect biomass in protected areas", *PLoS One*, v. 12, n. e0185809, 2017.

16. E. O. Wilson, "The Little Things That Run the World (The Importance and Conservation of Invertebrates)", *Conservation Biology*, v. 1, p. 344-6, 1987.

NOTAS

17. M. A. Aizen et al., "How much does agriculture depend on pollinators? Lessons from long-term trends in crop production", *Ann Bot*, n. 103, p. 1579-88, 2009.

18. M. A. Aizen et al., "Global agricultural productivity is threatened by increasing pollinator dependence without a parallel increase in crop diversification", *Glob Chang Biol*, v. 25, p. 3516-27, 2019.

19. A.-M. Klein et al., "Importance of pollinators in changing landscapes for world crops", *Proceedings of the Royal Society B: Biological Sciences*, v. 274, p. 303-13, 2007.

20. R. van Klink et al., "Meta-analysis reveals declines in terrestrial but increases in freshwater insect abundances", *Science* (1979), v. 368, p. 417-20, 2020.

21. C. L. Outhwaite et al., "Complex long-term biodiversity change among invertebrates, bryophytes and lichens", *Nat Ecol Evol*, v. 4, p. 384-92, 2020.

22. A. J. van Strien et al., "Modest recovery of biodiversity in a western European country: The Living Planet Index for the Netherlands", *Biol Conserv*, v. 200, p. 44-50, 2016.

23. C. L. Outhwaite, P. McCann e T. Newbold, "Agriculture and climate change are reshaping insect biodiversity worldwide", *Nature*, v. 605, p. 97-102, 2022.

24. G. Andersson et al., "Arthropod populations in a sub-arctic environment facing climate change over a half-century: Variability but no general trend", *Insect Conserv Divers*, v. 15, p. 534-42, 2022.

25. M. S. Crossley et al., "Opposing global change drivers counterbalance trends in breeding North American monarch butterflies", *Glob Chang Biol*, v. 28, p. 4726-35, 2022.

26. D. L. Wagner et al., "Insect decline in the Anthropocene: Death by a thousand cuts", *pnas*, v. 118, n. e2023989118, 2021.

27. H. Ritchie e M. Roser, "Biodiversity", Our World in Data, 2021.

28. C.R. Thouless et al., "African Elephant Status Report 2016: an update from the African Elephant Database", iucn Species Survival Commission, Africa Elephant Specialist Group, 2016.

29. A. D. Barnosky et al., "Has the Earth's sixth mass extinction already arrived?", *Nature*, v. 471, p. 51-7, 2011.

30. D. Jablonski, "Background and Mass Extinctions: The Alternation of Macroevolutionary Regimes", *Science* (1979), v. 231, p. 129-33, 1986.

31. M. L. McCallum, "Vertebrate biodiversity losses point to a sixth mass extinction", *Biodivers Conserv*, v. 24, p. 2497-519, 2015.

32. Howard Hughes Medical Institute, "The Making of Mass Extinctions". Disponível em: https://media.hhmi.org/biointeractive/click/extinctions/.

33. D. S. Robertson et al., "Survival in the first hours of the Cenozoic", *gsa Bulletin*, v. 116, p. 760-8, 2004.

34. iucn, "The iucn Red List of Threatened Species, Version 2022-2". Disponível em: https://www.iucnredlist.org.

35. S. L. Pimm et al., "The biodiversity of species and their rates of extinction, distribution, and protection", *Science* (1979), v. 344, n. 1246752, 2014.

36. J. Borgelt et al., "More than half of data deficient species predicted to be threatened by extinction", *Commun Biol*, v. 5, p. 1-9, 2022.

37. N. Benecke, "The Holocene distribution of European bison", *munibe Antropologia-Arkeologia*, 2005.

38. S. E. H. Ledger et al., *Wildlife Comeback in Europe: Opportunities and challenges for species recovery. Final report to Rewilding Europe by the Zoological Society of London, BirdLife International and the European Bird Census Council.* Londres, UK: ZSL, 2022. Disponível em: https://www.rewildingeurope.com/wp-content/uploads/publications/wildlife-comeback-in-europe-2022/.

39. UNEP-WCMC e IUCN, *Protected Planet Report 2020*, (2021).

40. UN Convention on Biological Diversity, "First Draft of the Post-2020 Global Biodiversity Framework", 2021. Disponível em: https://www.cbd.int/doc/c/abb5/591f/2e46096d-3f0330b08ce87a45/wg2020-03-03-en.pdf.

41. Nature Needs Half, *Nature Needs Half*. Disponível em: https://natureneedshalf.org/.

42. B. Büscher et al., "Half-Earth or Whole Earth? Radical ideas for conservation, and their implications", *Oryx*, v. 51, p. 407-10, 2017.

43. E. Ens et al., "'Putting indigenous conservation policy into practice delivers biodiversity and cultural benefits", *Biodivers Conserv*, v. 25, p. 2889-906, 2016.

44. S. T. Garnett et al., "A spatial overview of the global importance of Indigenous lands for conservation", *Nat Sustain* 1, p. 369-74, 2018.

7 PLÁSTICO NOS OCEANOS: UM MAR DE LIXO

1. S. Kaplan, "By 2050, there will be more plastic than fish in the world's oceans, study says", *The Washington Post*, 2016.

2. World Economic Forum, *The New Plastics Economy Rethinking: The Future of Plastics*, 2016.

3. S. Jennings et al., "Global-scale predictions of community and ecosystem properties from simple ecological theory", *Proceedings B: Biological Sciences*, v. 275, p. 1375-83, 2008.

4. J. R. Jambeck et al., "Plastic waste inputs from land into the ocean", *Science* (1979), v. 347, p. 768-71, 2015.

5. "Will there be more fish or plastic in the sea in 2050?", BBC News, 2016.

6. C. Moore, "Trashed: Across the Pacific Ocean, plastics, plastics, everywhere", *Natural History*, 2003.

7. L. Lebreton et al., "Evidence that the Great Pacific Garbage Patch is rapidly accumulating plastic", *Sci Rep*, v. 8, n. 4666, 2018.

NOTAS

8. D. Crespy, M. Bozonnet e M. Meier, "100 Years of Bakelite, the Material of a 1000 Uses", *Angewandte Chemie International Edition*, v. 47, p. 3322-8, 2008.

9. C. F. Kettering, *Biographical memoir of Leo Hendrik Baekeland, 1863-1944. Presented to the academy at the autumn meeting, 1946*. National Academy of Sciences, 1946.

10. R. Geyer, J. R. Jambeck e K. L. Law, "Production, use, and fate of all plastics ever made", *Sci Adv*, v. 3, n. e1700782, 2017.

11. OECD, *Global Plastics Outlook: Economic Drivers, Environmental Impacts and Policy Options*. OECD, 2022.

12. H. Ritchie e M. Roser, "Urbanization", Our World in Data, 2021.

13. T. Thiounn e R. C. Smith, "Advances and approaches for chemical recycling of plastic waste", *Journal of Polymer Science*, v. 58, p. 1347-64, 2020.

14. A. Rahimi e J. M. García, "Chemical recycling of waste plastics for new materials production", *Nat Rev Chem*, v. 1, p. 1-11, 2017.

15. Sustainable Development Misconception Study 2020, Gapminder. Disponível em: https://www.gapminder.org/ignorance/studies/sdg2020/.

16. W. C. Li, H. F. Tse e L. Fok, "Plastic waste in the marine environment: A review of sources, occurrence and effects", *Science of the Total Environment*, v. 566-7, p. 333-49, 2016.

17. L. J. J. Meijer et al., "More than 1000 rivers account for 80% of global riverine plastic emissions into the ocean", *Sci Adv*, v. 7, n. eaaz5803, 2021.

18. L. C. M. Lebreton et al., "River plastic emissions to the world's oceans", *Nat Commun*, v. 8, n. 15611, 2017.

19. Z. Wen et al., "China's plastic import ban increases prospects of environmental impact mitigation of plastic waste trade flow worldwide", *Nat Commun*, v. 12, n. 425, 2021.

20. D. Barrowclough, C. D. Birkbeck e J. Christen, *Global trade in plastics: insights from the first life-cycle trade database*, 2020.

21. A. Brown, F. Laubinger e P. Börkey, "Monitoring trade in plastic waste and scrap", OECD Environment Working Papers, n. 194, 2022.

22. S. Reed et al., "Microplastics in marine sediments near Rothera Research Station, Antarctica", *Mar Pollut Bull*, v. 133, p. 460-3, 2018.

23. H. A. Leslie et al., "Discovery and quantification of plastic particle pollution in human blood", *Environ Int*, v. 163, n. 107199, 2022.

24. G. Liebezeit e E. Liebezeit, "Synthetic particles as contaminants in German beers", *Food Additives & Contaminants: Part A* 31, p. 1574-8, 2014.

25. G. Liebezeit e E. Liebezeit, "Non-pollen particulates in honey and sugar", *Food Additives & Contaminants: Part A* 30, p. 2136-40, 2013.

26. M. Revel, A. Châtel e C. Mouneyrac, "Micro(nano)plastics: A threat to human health?", *Curr Opin Environ Sci Health*, v. 1, p. 17-23, 2018.

NÃO É O FIM DO MUNDO

27. J. Wang et al., "The behaviors of microplastics in the marine environment", *Mar Environ Res*, v. 113, p. 7-17, 2016.

28. L. I. Devriese et al., "Bioaccumulation of PCBs from microplastics in Norway lobster (Nephrops norvegicus): An experimental study", *Chemosphere*, v. 186, p. 10-16, 2017.

29. C. M. Rochman et al., "The ecological impacts of marine debris: unraveling the demonstrated evidence from what is perceived", *Ecology*, v. 97, p. 302-12, 2016.

30. S. Kühn, E. L. Bravo Rebolledo e J. A. van Franeker, "Deleterious Effects of Litter on Marine Life". In: *Marine Anthropogenic Litter* (Orgs. M. Bergmann, L. Gutow e M. Klages). Springer International Publishing, 2015, p. 75-116.

31. S. C. Gall e R. C. Thompson, "The impact of debris on marine life", *Mar Pollut Bull*, v. 92, p. 170-9, 2015.

32. L. E. Haram et al., "Emergence of a neopelagic community through the establishment of coastal species on the high seas", *Nat Commun*, v. 12, n. 6885, 2021.

33. L. Lebreton, M. Egger e B. Slat, "A global mass budget for positively buoyant macroplastic debris in the ocean", *Sci Rep*, v. 9, n. 12922, 2019.

34. M. Eriksen et al., "Plastic Pollution in the World's Oceans: More than 5 Trillion Plastic Pieces Weighing over 250,000 Tons Afloat at Sea", *PLoS One*, v. 9, n. e111913, 2014.

35. Danish Environmental Protection Agency, "Life Cycle Assessment of grocery carrier bags", 2018. Disponível em: https://orbit.dtu.dk/en/publications/life-cycle-assessment-of-grocery-carrier-bags.

36. UK DEFRA, "Life cycle assessment of supermarket carrierbags: A review of the bags available in 2006", 2011. Disponível em: https://www.gov.uk/government/publications/life-cycle-assessment-of-supermarket-carrierbags-a-review-of-the-bags-available--in-2006.

37. J. A. Micales e K. E. Skog, "The decomposition of forest products in landfills", *Int Biodeterior Biodegradation*, v. 39, p. 145-58, 1997.

8. PESCA PREDATÓRIA: SAQUEANDO OS MARES

1. B. Worm et al., "Impacts of Biodiversity Loss on Ocean Ecosystem Services", *Science* (1979), 2006. doi: 10.1126/science.1132294.

2. C. Dean, "Study Sees 'Global Collapse' of Fish Species", *The New York Times*, 2006.

3. R. Hilborn, "Faith-based Fisheries", *Fisheries* (Bethesda), v. 31, 2006.

4. E. Stokstad, "Détente in the Fisheries War", *Science* (1979), 2009. doi: 10.1126/science.324.5924.170.

5. B. Worm et al., "Rebuilding Global Fisheries", *Science* (1979), 2009. doi: 10.1126/science.1173146.

NOTAS

6. S.-M. Lee e D. Robineau, "Les cétacés des gravures rupestres néolithiques de Bangu-DAE (Corée du Sud) et les débuts de la chasse à la baleine dans le Pacifique nord-Ouest", *Anthropologie*, v. 108, p. 137-51, 2004.

7. Y. van den Hurk, K. Rielly e M. Buckley, "Cetacean exploitation in Roman and medieval London: Reconstructing whaling activities by applying zooarchaeological, historical, and biomolecular analysis", *J Archaeol Sci Rep*, v. 36, n. 102795, 2021.

8. Y. van den Hurk et al., "Medieval Whalers in the Netherlands and Flanders: Zooarchaeological Analysis of Medieval Cetacean Remains", *Environmental Archaeology*, v. 27, p. 243-57, 2022.

9. J. L. Coleman, "The American whale oil industry: A look back to the future of the American petroleum industry?", *Nonrenewable Resources*, v. 4, p. 273-88, 1995.

10. J. N. Tonnessen e A. O. Johnsen, *The History of Modern Whaling*. Hurst & Company/ Australian National University Press, 1982.

11. A. J. Pershing et al., "The Impact of Whaling on the Ocean Carbon Cycle: Why Bigger Was Better", *PLoS One*, v. 5, n. e12444, 2010.

12. L. B. Christensen, "Marine mammal populations: Reconstructing historical abundances at the global scale", 2006. doi: 10.14288/1.0074757.

13. R. H. Thurstan, S. Brockington e C. M. Roberts, "The effects of 118 years of industrial fishing on UK bottom trawl fisheries", *Nat Commun*, v. 1, n. 15, 2010.

14. C. Roberts, *The unnatural history of the sea. A Shearwater book*. Island Press/ Shearwater Books, 2008.

15. C. M. Duarte et al., "Rebuilding marine life", *Nature*, v. 580, p. 39-51, 2020.

16. Food and Agriculture Organization of the United Nations, *The State of World Fisheries and Aquaculture 2022*. FAO, 2022.

17. R. L. Naylor et al., "Effect of aquaculture on world fish supplies", *Nature*, v. 405, p. 1017-24, 2000.

18. R. L. Naylor et al., "A 20-year retrospective review of global aquaculture", *Nature*, v. 591, p. 551-63, 2021.

19. M. C. Melnychuk et al., "Fisheries management impacts on target species status", *Proceedings of the National Academy of Sciences*, v. 114, p. 178-83, 2017.

20. T. H. Morrison et al., "Save reefs to rescue all ecosystems", *Nature*, v. 573, p. 333-6, 2019.

21. S. F. Heron et al., "Warming Trends and Bleaching Stress of the World's Coral Reefs 1985-2012", *Sci Rep*, v. 6, n. 38402, 2016.

22. Marine Conservation Society, Good Fish Guide. Disponível em: https://www.mcsuk.org/goodfishguide/.

23. Monterey Bay Aquarium, Seafood Watch. Disponível em: https://www.seafoodwatch.org/.

24. E. Jardim, C. Konrad e A. Mannini, "Monitoring the performance of the Common Fisheries Policy", European Commission, Joint Research Centre, Scientific, Technical and Economic Committee for Fisheries, 2020.

25. P. Vasilakopoulos, S. Kupschus e M. Gras, "Monitoring of the performance of the Common Fisheries Policy", European Commission, Joint Research Centre, Scientific, Technical and Economic Committee for Fisheries, 2022.

26. RAM Legacy Stock Assessment Database v4.44, 2018. Disponível em: https://zenodo.org/record/2542919.

27. M. A. Pérez Roda et al., "Third assessment of global marine fisheries discards", *fao Fisheries and Aquaculture Technical Paper (fao)*, n. 633, 2019.

28. D. Zeller et al., "Global marine fisheries discards: A synthesis of reconstructed data", *Fish and Fisheries*, v. 19, p. 30-9, 2018.

29. M. Vettiyattil, B. Herrmann e M. Bharathiamma, "Square mesh codend improves size selectivity and catch pattern for Trichiurus lepturus in bottom trawl used along Northwest coast of India", *Aquac Fish*, 2022. doi: 10.1016/j.aaf.2021.12.015.

30. J. W. Valdemarsen e P. Suuronen, "Modifying fishing gear to achieve ecosystem objectives". In: *Responsible fisheries in the marine ecosystem* (Orgs. M. Sinclair e G. Valdimarsson). CABI, 2003, p. 321-41.

31. H. Wienbeck et al., "Effect of netting direction and number of meshes around on size selection in the codend for Baltic cod (Gadus morhua)", *Fish Res*, v. 109, p. 80-8, 2011.

32. UN Environment Programme and the International Union for Conservation of Nature (IUCN) World Database on Protected Areas (WDPA). Disponível em: https://www.protectedplanet.net/en/thematic-areas/wdpa?tab=WDPA.

33. X. Zeng et al., "Assessing the management effectiveness of China's marine protected areas: Challenges and recommendations", *Ocean Coast Manag*, v. 224, n. 106172, 2022.

CONCLUSÃO

1. "Richard Nixon and the Rise of American Environmentalism", *Science History Institute*, 2017. Disponível em: https://www.sciencehistory.org/distillations/richard-nixon-and-the-rise-of-american-Environmentalism.

2. GiveWell. Charity Research. Disponível em: https://www.givewell.org/.

ASSINE NOSSA NEWSLETTER E RECEBA
INFORMAÇÕES DE TODOS OS LANÇAMENTOS

www.faroeditorial.com.br

ESTA OBRA FOI IMPRESSA
EM JANEIRO DE 2025